力：力学，熱：熱力学，波：波動，電：電磁気，原：原子 の分野の出来事を示す。

年	物理上の出来事	科学者
1752	電 雷が電気現象であることを発見	フランクリン
1761	熱 潜熱を発見	ブラック
1765	熱 蒸気機関を実用化	
1777	力 ねじりはかりを考案	
1785	電 クーロンの法則を発見	
1787	熱 シャルルの法則を発見	
1798	力 万有引力定数を測定	キャベンディッシュ
1798	熱 摩擦による熱を研究	ランフォード
1799	電 ボルタ電池を発明	ボルタ
1800	波 赤外線を発見	ハーシェル
1801	波 紫外線を発見	リッター
1802	波 光が波の一種であると述べる	ヤング
1803	原 原子説を提唱	ドルトン
1814	波 太陽スペクトルの暗線を発見	フラウンホーファー
1817	波 光が横波であることを示す	ヤング，フレネル
1820	電 電流の磁気作用を発見	エルステッド
1820	電 アンペールの法則を発見	アンペール
1827	熱 ブラウン運動を発見	ブラウン
1827	電 オームの法則を発表	オーム
1831	電 電磁誘導の法則を発見	ファラデー
1832	電 自己誘導を発見	ヘンリー
1834	電 レンツの法則を発見	レンツ
1842	力 エネルギー保存則を初めて提唱	マイヤー
1842	波 ドップラー効果を発見	ドップラー
1843	熱 熱の仕事当量を実測	ジュール
1843	電 ホイートストンブリッジを発明	ホイートストン
1847	力 エネルギー保存則を確立	ヘルムホルツ
1848	熱 絶対零度の概念を導入	ケルビン

●マイヤーの実験器具

●ジュールの実験器具

▶▶巻末年表へ続く

口絵① 物体の慣性 ➡ p.59

物体は力を受けない限り，その速度を保とうとする。このことは速度が 0 の場合にも成りたつ。つまり，静止している物体は静止し続けようとする。

⋀ 弾丸に打ち抜かれたカード
カードを弾丸で打ち抜くとカードはその場所にとどまり，弾丸だけが突き抜けていく。この後，カードは重力を受けて落ちていく。

▶ 水風船の破裂
水の入った風船を針で破裂させると，内部の水はその場にとどまろうとし，一瞬，もとの形状を見せる。

口絵❷ 摩擦を受ける物体の運動 ➡ p.69

摩擦力は自動車などの動いている物体の運動の動きを妨げたり，重い物体を引きずって移動させようとするとき，障害になるものである。しかし，摩擦力がはたらいていないと歩くこともできないし，椅子に腰かけようとしたり，机にものを置こうとしてもすべり落ちてしまう。

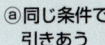 綱引き　勝敗は足と地面の間にはたらく摩擦力に大きく関係している。

▶ 模型の象の綱引き

どちらの象も同じパワーのモーターで歩行するようになっている。
ⓐのように同じ状態の面上では引き分けになるが，ⓑのように左側に紙やすりをしいて摩擦力を大きくすると，左の象が勝つ。
また，ⓒのように左の象の背中におもりをのせると，象の足と面との間の摩擦力が大きくなるのでやはり左の象が勝つ。

ⓐ 同じ条件で引きあう
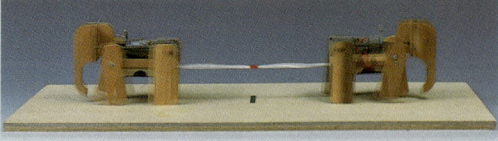

ⓑ 左の面に紙やすりをしく
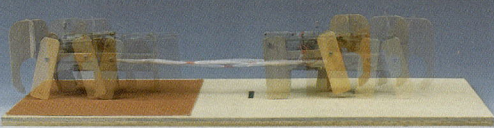

ⓒ 左の象におもりをのせる

口絵 ③ 空気の抵抗 → p.77

落下する物体の速さはどんどん大きくなり，落下を始めてから約 35 秒後には音の速さに達する。しかし実際には空気抵抗があり，速くなるほど空気抵抗が大きくなる。このため，やがて物体は一定の速さ（終端速度）で落下するようになる。

▲ スカイダイビング
終端速度は雨粒のように軽いものだと時速数 km 程度だが，スカイダイビングをしている人間の場合，時速 200 km をこえることもある。

▷ 球と羽の落下
（ストロボ写真）
真空中では重い物体も軽い物体も同じ加速度で落下する（図ⓐ）が，空気中では軽い物体の方が空気抵抗の影響を大きく受ける（図ⓑ）。

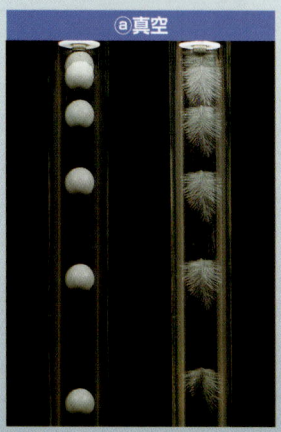
ⓐ 真空

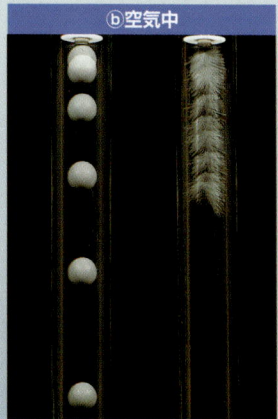
ⓑ 空気中

口絵④ 物体の重心の運動 → p.88

物体の重心は，その物体全体に広がっている質量の代表点である。大きさのある物体の運動は，一見複雑であるが，物体の重心の動きに注目すると放物運動などの単純な運動をしていることがわかる。

◎ 走り幅跳び（ストロボ写真）
走り幅跳びの踏みきりの場面。このときにも体の重心は放物線を描いている。

◇ 斜めに投げた木槌の運動
　（ストロボ写真）

木槌を回転させながら投げたときも，重心（木槌につけた赤印）に着目すると放物運動をしていることがわかる。

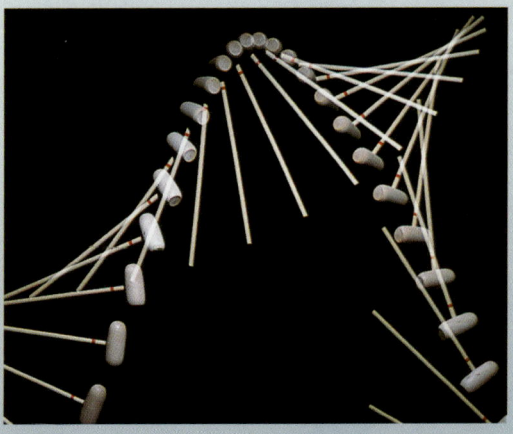

木槌の重心の真下では，1点でバランスをとり，支えることができる。

口絵⑤ 力学的エネルギー ➡ p.105

運動している物体がもつ運動エネルギーと，高い所にある物体などがもつ位置エネルギーの和を，力学的エネルギーという。

◀ ジェットコースターのもつ力学的エネルギー

頂上まで引き上げられたコースターは，その後，動力なしに走り続ける。降下中は，重力による位置エネルギーが運動エネルギーに変化している。写真は，一定時間ごとにコースターを撮影して合成したもの。

▽ 曲面の運動（ストロボ写真）

ⓐのように摩擦などがなく力学的エネルギーが保存される場合は，最初の状態と同じ高さまで物体は上がる。一方，ⓑのように摩擦がある場合は，最初の状態と同じ高さまで物体は上がらない。これは，力学的エネルギーの一部が熱に変わるからである。

ⓐ 摩擦がない場合	ⓑ 摩擦がある場合
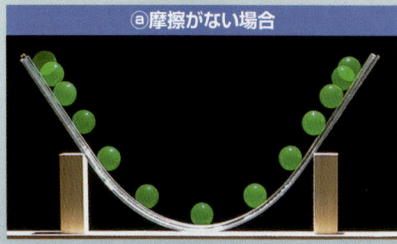	

口絵⑥ 慣性力 → p.140

運動の法則（加速度は力に比例し，質量に反比例するという法則（→p.60））は，運動を観察する人が，静止または一定の速度で移動（つまり，等速直線運動）する場合のみ成りたち，加速度運動する場合は成りたたない。このような場合でも，実際にはたらく力のほかに，慣性力という見かけの力をあわせて考えると，運動の法則は成りたつ。

◀ 一定の加速度で運動する水槽

台車とともに運動する人から見ると，台車の加速度（右向き）と逆向きに慣性力（左向き）を受ける。おもりをつるした糸はこの慣性力と重力の合力の向きに傾き，水面はそれと垂直に傾く。

水面の傾きと糸の傾きは互いに垂直

加速

▶ 回転する水槽

水槽が一定の回転数で回転する回転台の上にある。このとき，回転台の周辺部ほど遠心力（回転運動する立場から見た慣性力）が大きくなり，水面の傾きも急になる。

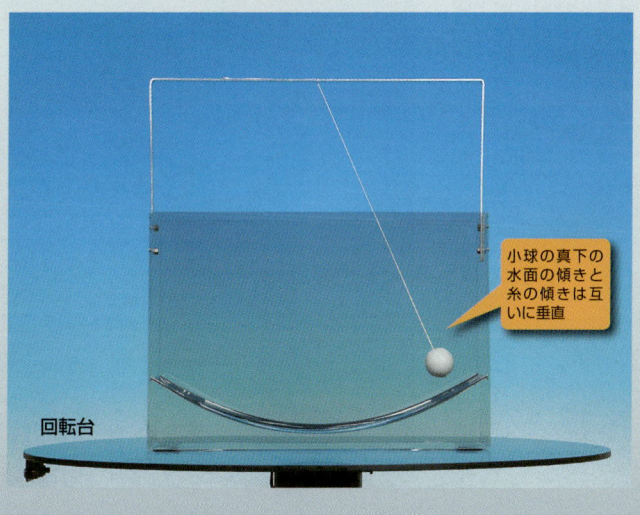

小球の真下の水面の傾きと糸の傾きは互いに垂直

回転台

口絵 ⑦ サーモグラフィー → p.178,180,186,193

通常の写真では，私たちの目に見える光を記録するだけなので，物体の温度まではわからない。物体が放射する赤外線を分析し，物体表面の温度分布を画像化する方法や装置のことを(赤外線)サーモグラフィーという。

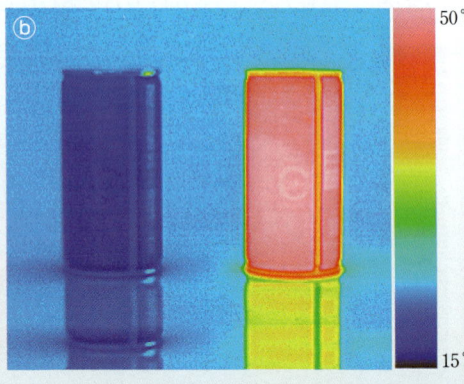

▲ 缶コーヒーのサーモグラフィー画像
ⓐの写真のように一見同じ状態の缶コーヒーがあるように見えるが，ⓑのサーモグラフィー画像を見ると左がコールド，右がホットであることがわかる。

▶ 熱の移動と熱平衡
お湯を入れた急須からコップにお湯を注ぐ。お湯はコップの底で少し冷め，熱はコップ全体へと伝わっていく。最終的には，コップ全体が同じ温度(同じ色)になる。

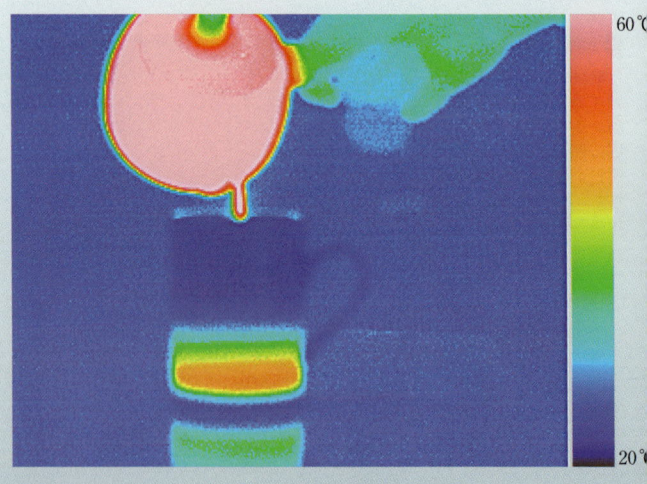

▶ 摩擦熱の発生

のこぎりで木を切ると摩擦熱が発生し，切断面の温度が上昇していることがわかる。

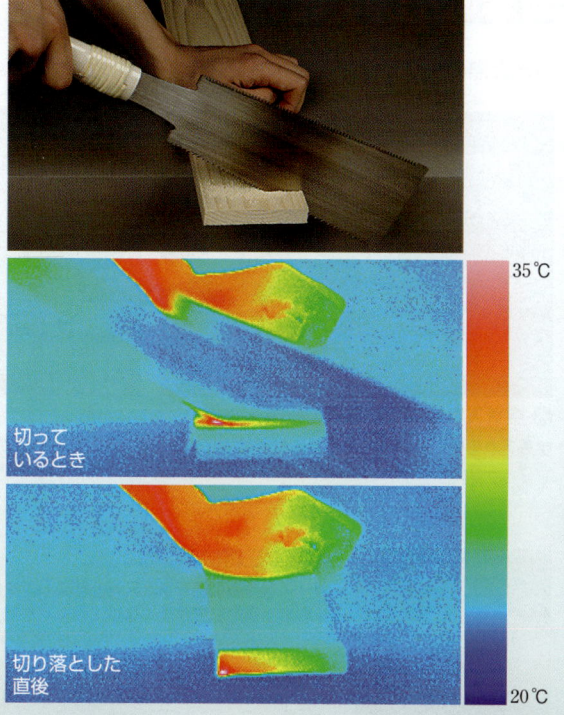

切っているとき

切り落とした直後

◀ 白熱電球（左）とLED電球（右）

写真（ⓐ）のように白熱電球とLED電球の両者の明るさには大きな違いはない。サーモグラフィー画像（ⓑ）を見ると表面温度が明らかに異なっている。これは電気エネルギーが熱エネルギーとなる割合の違いである。つまり，右のLED電球のほうが電気エネルギーを光エネルギーに変える効率が高いことがわかる。

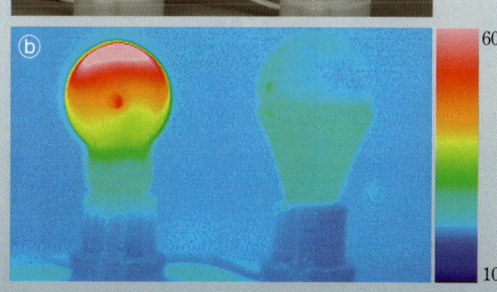

口絵⑧ 断熱変化 → p.213

外部と熱のやりとりがない状態変化を，断熱変化という。

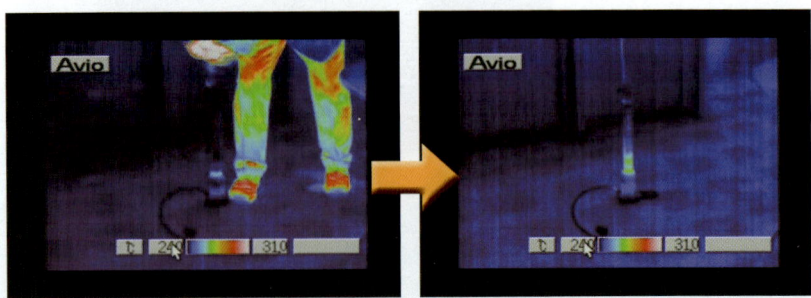

Ⓐ 空気入れを用いた空気の圧縮
空気入れの空気の噴射口をふさいだ状態でピストンを押し下げ，内部の空気を圧縮する実験。サーモグラフィー画像を見ると内部の空気が最初よりも高温になっていることがわかる。

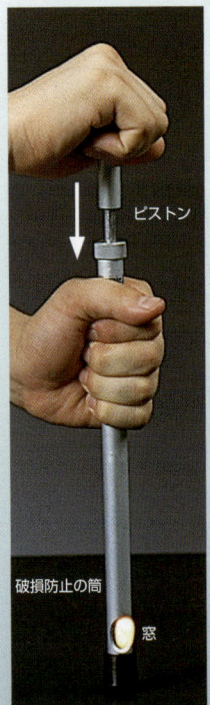

Ⓑ 断熱圧縮による発火
ガラス管の底に綿くずを入れ，ピストンを急激に押し込むと管内温度が高くなり，綿くずが燃える。

Ⓒ 断熱膨張による水蒸気の凝縮
内側に水滴をつけた丸底フラスコに注射器をつなぎ（ⓐ），ピストン急激に引くと，管内温度が下がり，水蒸気が凝縮する（ⓑ）。

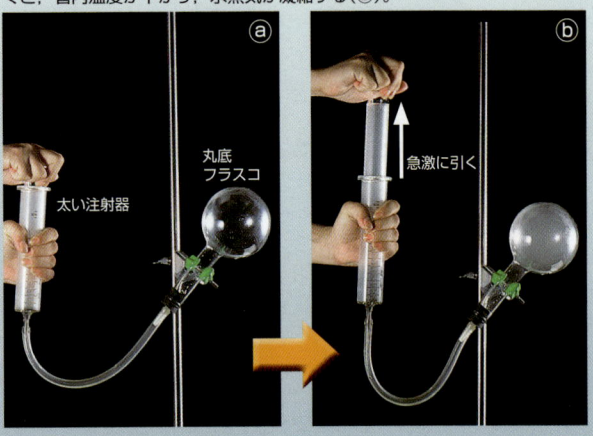

もういちど読む
数研の高校物理 第1巻

数研出版

読者のみなさんへ

　本書は山川出版社と数研出版が発行している「もういちど読む」シリーズの物理版であり，高校物理に興味のある方や，もういちど高校物理を学びたいと思っている大学生や社会人のために企画された書籍です。

　また，本書は平成23，24年に検定合格した最新の教科書「物理基礎」と「物理」をもとに，それぞれの教科書の範囲にとらわれず分野別に再構成したものです。本書第1巻は，物理の基本となる「力学」と「熱力学」の分野から成ります。続巻の第2巻は，くらしや科学技術，最先端の物理学により密接に関連する「波動」，「電磁気」，「原子」の分野で構成されています。この2冊で高校物理が一通りカバーされています。

　本書では，わかりやすく，関心をもてるような要素を随所に設けました。「特集」では，つまずきやすい内容について，誤解の例を盛り込みながら，先生と生徒の対話形式で，丁寧に解説しています。この他にも，口絵のカラーページでは，身近な物理現象を実験とあわせて関連づけて取り上げ，各節末では，物理学史コラム「物理の小径」を設けました。

　かつて学んだ物理を懐かしむ気持ちで，初めて物理を学ぶ方は読書をするような気持ちで，本書を手に取っていただき，本書が，読者のみなさんが物理と親しむひとつのきっかけになれたらうれしく思います。

編集部

目次

第1編 力と運動

I 運動の表し方
1. 直線運動と速度 …… 6
2. 平面運動と速度 …… 13
3. 加速度 …… 19
4. 落体の運動 …… 31
- 物理の小径　落下運動 …… 42

II 運動の法則
1. 力とそのはたらき …… 44
2. 力のつりあい …… 48
3. 運動の法則 …… 59
4. 摩擦を受ける運動 …… 69
5. 液体や気体から受ける力 …… 73
6. 剛体にはたらく力のつりあい …… 79
- 物理の小径　慣性の法則と力学の成立 …… 90

III 仕事と力学的エネルギー
1. 仕事 …… 92
2. 運動エネルギー …… 98
3. 位置エネルギー …… 101
4. 力学的エネルギーの保存 …… 105
- 物理の小径　仕事とエネルギー …… 114

IV 運動量の保存
1. 運動量と力積 …… 115
2. 運動量保存則 …… 120
3. 反発係数 …… 126
- 物理の小径　運動量と活力（エネルギー） …… 133

V 円運動と万有引力
1. 等速円運動 …… 134
2. 慣性力 …… 140
3. 単振動 …… 147
4. 万有引力 …… 156
- 物理学が築く未来 …… 167
- 物理の小径　天動説と地動説・惑星の運動 …… 173

第2編 熱と気体

I 熱と物質
1. 熱と熱量 ……………………………………………… 178
2. 熱と物質の状態 ……………………………………… 183
3. 熱と仕事・エネルギー ……………………………… 186
4. エネルギー資源とその利用 ………………………… 188
   ▪ 物理の小径　熱の本性 ……………………………… 194

II 気体のエネルギーと状態変化
1. 気体の法則 …………………………………………… 196
2. 気体分子の運動 ……………………………………… 202
3. 気体の状態変化 ……………………………………… 207
4. 不可逆変化と熱機関 ………………………………… 217
   ▪ 物理の小径　真空・大気圧と気体の法則 ………… 223

資料編

本文の資料
1. 物理のための数学の知識 …………………………… 226
2. 量の表し方 …………………………………………… 235
3. 表 ……………………………………………………… 237

問・類題の略解 ………………………………………… 241
実験 Question の答え ………………………………… 245
索　　引 ……………………………………………… 246

※本文中，一部の用語には，英語による表記をそえた。
　なお，（　）は省略してもよい部分，［　］は別の英語表現を表している。

物理量と単位の表記について

一般に，物理量（物理で扱われる量）は，1.5m，0.80m/s など，「数値」と「単位」の積で表される。ただし本書では，表記を簡潔にするなどのため，物理量の単位を省略して数値のみで表すことがある。また，物理量を記号（時間 t，速さ v など）で表す場合は，記号は数値と単位の積を表すので，記号の後に単位をつける必要はない。ただし，その物理量がもつ単位を明示したほうがわかりやすい場合，本書では，記号の後に〔　〕で単位を示した。

第1編

力と運動

第Ⅰ章　運動の表し方　　　　　p.6
第Ⅱ章　運動の法則　　　　　　p.44
第Ⅲ章　仕事と力学的エネルギー　p.92
第Ⅳ章　運動量の保存　　　　　p.115
第Ⅴ章　円運動と万有引力　　　p.134

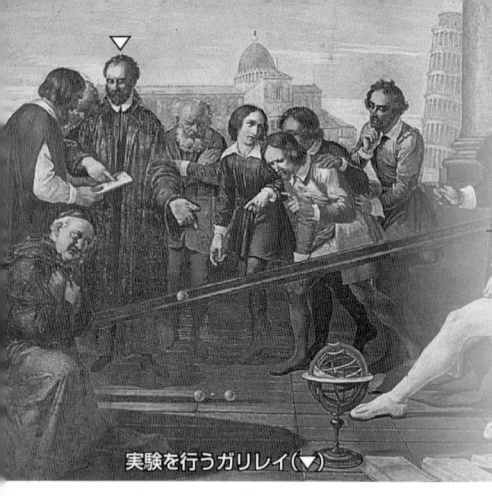

実験を行うガリレイ(▼)

ガリレイは,斜面を利用して,物体が落下するようすを調べた(→p.42)。

第 I 章

運動の表し方

小球の落下や,投げたボールの軌跡など,地上における物体の運動は17世紀ころの科学者たちによって調べられた。
この章ではまず,物体の運動を表す量として速度と加速度について学び,速さが変化する物体の運動を式で表す。
次にその例として,落体の運動について学んでいく。

1 直線運動と速度

A 速さと等速直線運動

❶速さ 物体が運動するとき,その移動距離を経過時間でわったもの(単位時間当たりの移動距離)を**速さ**という。移動距離を x,経過時間を t とすれば,速さ v は次のように表される。

$$v = \frac{移動距離}{経過時間} = \frac{x}{t} \quad (1)$$

表1 いろいろな速さの例
(おおよその値)

項目	速さ(m/s)
人(徒歩の典型的な値)	1.3
100m走の世界記録	10
新幹線	89
音(空気中,常温)	340
国際宇宙ステーション	7700
地球の公転	30000
光(真空中)	300000000

速さの単位は,距離と時間の単位のとり方によって異なる。距離の単位をメートル(m),時間の単位を秒(s)とすれば,速さの単位は**メートル毎秒**(記号**m/s**)となる。また,**キロメートル毎時**(記号**km/h**)もよく用いられる(→キロ(k)についてはp.237参照)。

問1. 自動車が30秒間に360m移動したとき,自動車の速さは何m/sか。

問2. 72km/hは何m/sか。また,15m/sは何km/hか。

❷**等速直線運動** 一直線上を一定の速さで進むとき，この運動を**等速直線運動**という。

図1は，水平な面上で等速直線運動をする模型自動車のストロボ写真(暗い部屋で一定時間ごとに光を当てて撮影した写真)である。この写真からわかるように，運動の「速い」，「遅い」は一定時間に移動する距離の大小で比較すればよい。

> (**実習**) ❶ **身近な速さの計測**
>
> ストップウォッチを用いて，乗りものなどの身近な物体の速さを計測してみよう。
>
> **例** 電車が見える所から，電車が標識や電柱などの目印を何秒で通過するか測定する。電車の全長を書籍やインターネットなどで調べ，測定時間でわると速さが求められる。

図1 模型自動車のストロボ写真（ⓐ，ⓑともに発光間隔 0.05 秒）
ⓐ，ⓑのそれぞれにおいて像の間隔が等しいことから，模型自動車は一定の速さで進んでいることがわかる。また，ⓑのほうが像の間隔が広いことから，ⓐよりもⓑのほうが速いことがわかる。

等速直線運動をする物体の進む向きに x 軸をとる。物体が原点Oを通ってからの経過時間を t [s] とすると，物体の位置 x [m] は，t 秒間の移動距離に等しい。物体の速さを v [m/s] とすると，次の式が成りたつ。

等速直線運動

$$x = vt \qquad (2)$$

x[m]　移動距離
t[s]　経過時間(time)
v[m/s]　速さ *2)
条件　一直線上の運動で，速さ v が一定

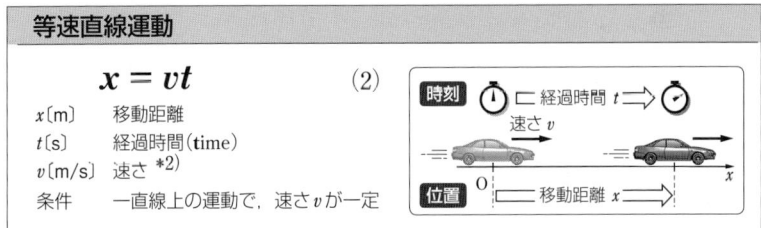

問 3. エレベーターが一定の速さ 2.0 m/s で上昇中のとき，15秒間に上昇する距離は何mか。

---

*1) 1 時間(h)当たりの移動距離(キロメートル，km)。h は hour (時間)の頭文字を表す。
*2) 英語（の物理用語）では，速さを speed，速度（→p.8）を velocity という。しかし，速さを文字記号で表すときは，velocity の頭文字である v を用いるのが一般的である。

❸**等速直線運動のグラフ**　等速直線運動では，移動距離 x と経過時間 t との関係を表すグラフ（これを x-t 図という）は，原点を通る直線になる。この直線の傾きの大きさは速さ v を表す（図 2 ⓐ）。

　また，速さ v と経過時間 t との関係を表すグラフ（これを v-t 図という）は，速さ v が一定であるから，t 軸に平行な直線になる。この直線と t 軸間の部分の面積 ▨ は移動距離 x を表す。

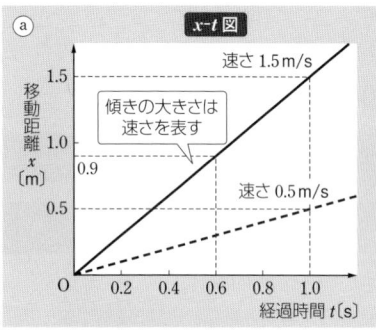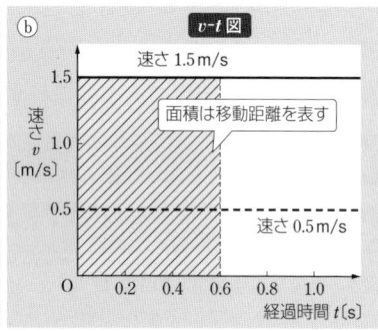

図 2　等速直線運動のグラフ
速さ 1.5 m/s で 0.6 秒間移動したときの移動距離　1.5 m/s × 0.6 s = 0.9 m は，ⓑの斜線で示した部分の面積に等しい。

問 4.　図は，一直線上を運動する物体の，移動距離 x と経過時間 t の関係をグラフに表したものである（x-t 図）。このグラフの区間における，物体の速さは何 m/s か。

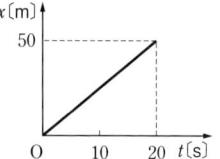

B　直線運動の速度

　道路を東向きに速さ 10 m/s で走る自動車と，西向きに速さ 10 m/s で走る自動車とでは，速さは等しいが運動の向きが異なる。このように，運動のようすは速さと向きを与えないと決まらない。そこで，速さと向きをあわせてもつ量を考え，これを**速度**という。[*1)]
velocity

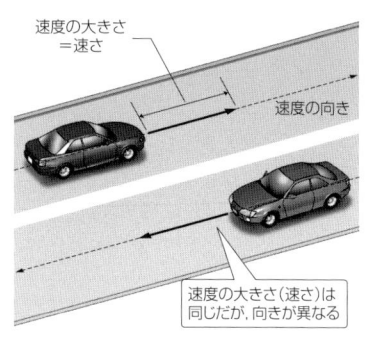

図 3　速度

速度の図示は，速さv〔m/s〕に相当した長さの矢印を，速度の向きに合わせてかく(図3)。このように，大きさと向きをもつ量を一般に**ベクトル**といい，記号では$\vec{v}$のように文字の上に矢印をつけて表す。一直線上の運動では，どちらが正の向きかを定めることで，速度の向きを正・負の符号で表すことができる。この場合，速度はvのように矢印を省略して表すことが多い。

問5. 北向きに12m/sの速さで走っている自動車Aと，南向きに15m/sの速さで走っている自動車Bがある。北向きを正の向きとしたときの，自動車A，自動車Bの速度をそれぞれ求めよ。

C 直線運動の変位

物体がどの向きにどれだけ移動したかを表す量を**変位**(displacement)という。速度と同様に，変位も大きさと向きをもつベクトルである。一直線上の運動の場合は，その向きを正・負の符号で表すことができる。

一直線上の運動で，運動の向きが変わらない場合，変位(図4 ⓐ ⇨)の大きさは進んだ距離(→)に等しい。一方，途中で折り返したり，一直線上でない運動をする場合は，変位(同図ⓑ，ⓒ ⇨)の大きさと進んだ距離(⟲，⌣)は異なる。

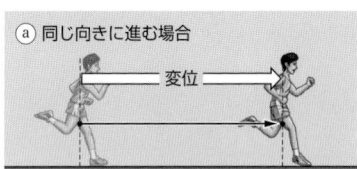
ⓐ 同じ向きに進む場合

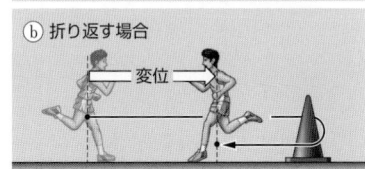
ⓑ 折り返す場合

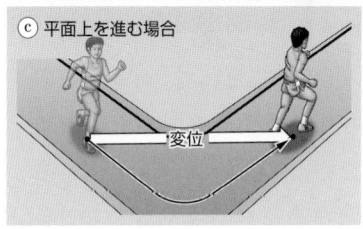
ⓒ 平面上を進む場合

図4 変位

---

*1) 等速直線運動は物体の速度が一定の運動なので，**等速度運動**ということもある。
*2) 質量・速さ・温度などのように，大きさだけで定まる量を**スカラー**という。一方，力(→p.44)や速度のように，大きさと向きをもつ量を**ベクトル**という。ベクトルは，その大きさに相当した長さの矢印をその向きに合わせて図示する。記号は$\vec{a}$のように書き，その大きさはaまたは$|\vec{a}|$で表す。

D 平均の速度

図5のような，一直線上の100m走を考える。時刻t_1〔s〕での走者の位置をx_1〔m〕，時刻t_2〔s〕($t_1 < t_2$)での位置をx_2〔m〕とする。この2点間の変位(位置の変化)Δx(デルタ *1)(⇨)は$x_2 - x_1$，経過時間(時刻の変化)Δt(⇨)は$t_2 - t_1$で表される。このとき

$$\overline{v}^{*2)} = \frac{x_2 - x_1}{t_2 - t_1} = \frac{\Delta x}{\Delta t} \tag{3}$$

は，この区間における単位時間当たりの変位を表している。このようにして求められる速度を**平均の速度**という。

問6. 図5で，スタートから3.0秒後までの間の平均の速度は何m/sか。また，5.0秒後の地点からゴールまでの間の平均の速度は何m/sか。

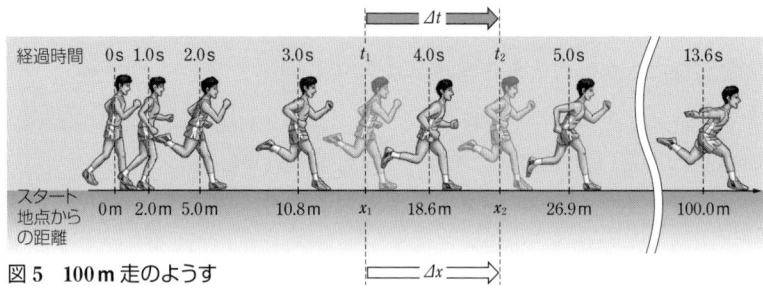

図5　100m走のようす

E 瞬間の速度

(3)式において，t_2をt_1に限りなく近づける，つまりΔtをきわめて小さくしていくと，平均の速度$\overline{v}$は時刻t_1における**瞬間の速度**を表すようになる。

図6のような，横軸に時間t，縦軸に変位xをとったx-t図を考える。このとき，t_1～t_2間の平均の速度$\overline{v} = \dfrac{\Delta x}{\Delta t}$は，点Pと点Qを結ぶ直線の傾きで

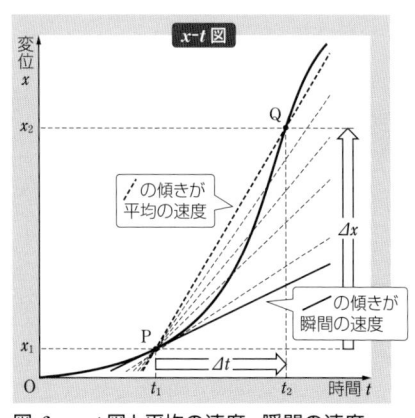

図6　x-t図と平均の速度・瞬間の速度

表される。ここで，t_2 を t_1 に近づけていくと，この直線は，グラフと点 P で接する直線 ╱ に近づいていく。このような直線を点 P における**接線**という。つまり，ある時刻における瞬間の速度 v は，x-t 図上でその時刻の点に引いた接線の傾きとして表される。

ふつう速度(速さ)というときは，瞬間の速度(瞬間の速さ)をさす。自動車のスピードメーターや野球のスピード測定器などは，瞬間の速さを表していると考えてよい。

F 直線運動の速度の合成

図7ⓐのように，船が川の流れに対して平行に，下流に向かって進んでいる。川に流れがないとき(これを静水時という)の船の速度を v_1 [m/s]，流水の速度を v_2 [m/s] とすると，川岸で静止している人から見た船の速度 v [m/s] は次のように表される。

$$v = v_1 + v_2 \tag{4}$$

速度 v を，速度 v_1 と速度 v_2 の**合成速度**といい，合成速度を求めることを**速度の合成**という。船が流れに対して平行で，上流に向かって進むときの合成速度 v' は同図ⓑのようにして求められる。

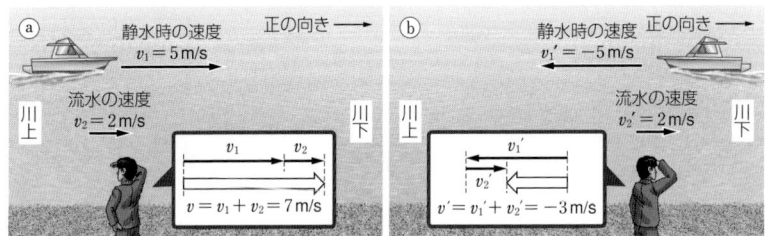

図7 川の流れの方向に進む船の速度

問7. 流水の速さが 1.5 m/s のまっすぐな川を静水時の速さが 5.0 m/s の船が進んでいる。下流に向かって進んでいるときと，上流に向かって進んでいるときの，川岸から見た船の速さ(速度の大きさ)はそれぞれ何 m/s か。

---

*1) ある量 Q の変化量であることを示すために ΔQ (デルタ Q) と表すことがある。これは Δ と Q の積を表すのではない。

*2) $\bar{v}$ の ¯ は，v の平均値を表す記号である。

G 直線運動の相対速度

直線道路をバイクとバスが正の向きにそれぞれ 30 km/h，40 km/h の速さで走行している(図8)。このとき，バイクに乗っている人から見ると，バスは速さ 10 km/h で前方へ向かって進んでいくように見え，バスに乗っている人から見ると，バイクは速さ 10 km/h で後方へ(つまり，速度 −10 km/h で)遠ざかっていくように見える。

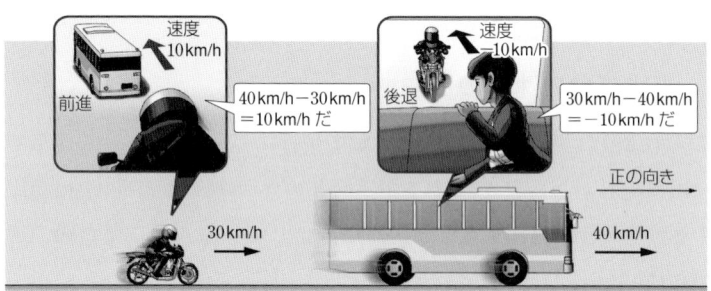

図8 直線上の相対速度

一般に，動く物体Aから観測した他の物体Bの速度のことを，Aに対するBの(Aから見たBの)**相対速度**という。相対速度は，物体(相手)の速度から観測者の速度を引くことによって得られる。

相対速度

$$v_{AB} = v_B - v_A \quad (5)$$

v_A[m/s]　物体A(観測者)の速度
v_B[m/s]　物体B(相手)の速度
v_{AB}[m/s]　Aに対するBの相対速度

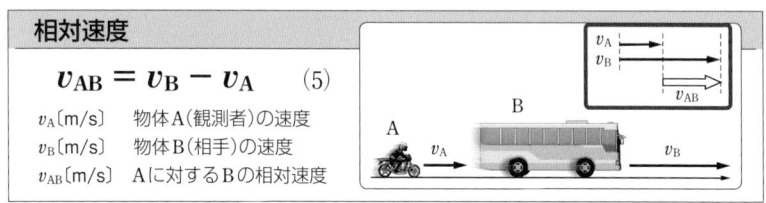

一般に，「物体の速度」という場合は，静止している場所から観測した速度のことをさす。

問8. 物体Aに対する物体Bの相対速度を v_{AB}[m/s]，物体Bに対する物体Aの相対速度を v_{BA}[m/s] とするとき，v_{AB} と v_{BA} の関係を求めよ。

問9. 東西に通じる道路上を，次のように自転車A，Bが進むとき，Aに対するBの相対速度 v_{AB}[m/s] と，Bに対するAの相対速度 v_{BA}[m/s] を求めよ。東向きを正の向きとする。
(1) Aが東向きに速さ 3 m/s，Bが東向きに速さ 4 m/s で進むとき。
(2) Aが東向きに速さ 3 m/s，Bが西向きに速さ 4 m/s で進むとき。

2 | 平面運動と速度

A | 平面運動の変位

❶**位置ベクトル** 岸のある地点Oから，Aさんが船の位置を他の人に伝えようと思う。

Aさんはまず自分の現在の位置を知らせた後，「ここから北東の向きに，200m離れた海上の点Pに船がある」と知らせることができる。このとき，点Oから点Pに向かって引いたベクトルにより，船の位置を表すことができる（図9）。

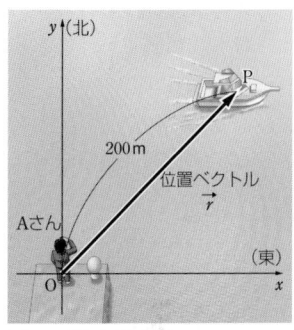

図9 位置ベクトル

このような，位置を表すベクトルを**位置ベクトル**という。

点Oを原点とし，平面上で互いに垂直なx軸，y軸を定めると，物体（船）の位置は，位置ベクトルのx**成分**，y**成分**を用いて(x, y)のように表すこともできる。

❷**変位** 船が点Pから点Qまで移動したとする（図10ⓐ）。このときの変位は，点Pを始点として点Qまで引いたベクトルで表される。点Oを基準とした点P，点Qの位置ベクトルをそれぞれ$\vec{r_1}$，$\vec{r_2}$とすると，変位$\vec{\varDelta r}$は次のように表される。

$$\vec{\varDelta r} = \vec{r_2} - \vec{r_1} \tag{6}$$

同図ⓑのように，点Pから点Qへの船の進む経路が異なっても，初めの点Pと終わりの点Qの位置が変わらなければ，変位$\vec{\varDelta r}$は同じである。

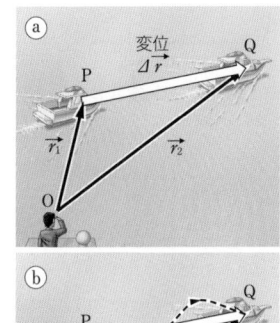

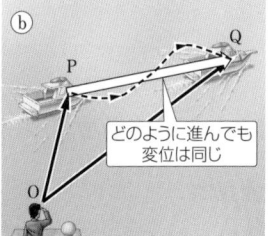

図10 変位

■参考■ ベクトルの成分・ベクトルの和と差

ベクトルは成分を用いて表すことができる。数値をかけたベクトルの成分は，もとのベクトルの各成分に数値をかけることによって得られる（図A）。

また，2つのベクトルの和や差は，平行四辺形の法則によって得られる。合成されたベクトルの成分は，もとのベクトルの各成分の和や差になる（図B）。

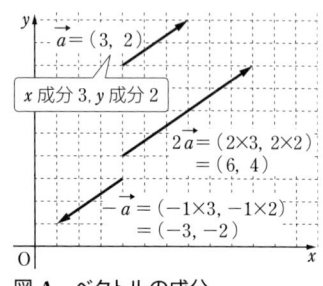

図A　ベクトルの成分

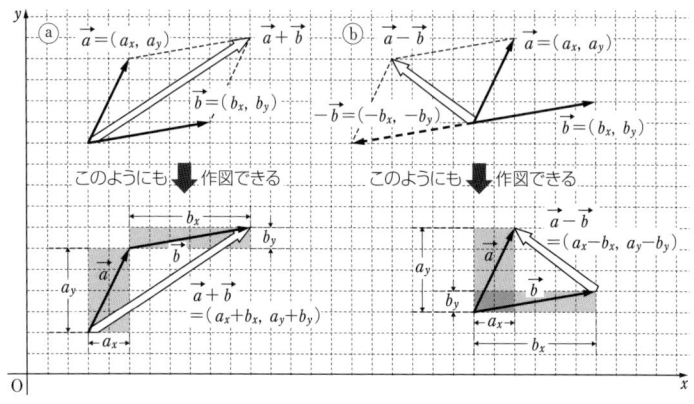

図B　ベクトルの和と差
ⓐ $\vec{a}$，$\vec{b}$ を合成したベクトルは，$\vec{a}$，$\vec{b}$ を隣りあう辺とする平行四辺形の対角線によって表される（平行四辺形の法則）。合成したベクトルを $\vec{a}+\vec{b}$ で表し，これを $\vec{a}$ と $\vec{b}$ の和という。
ⓑ $\vec{b}$ の向きを反対にしたベクトルを，$-\vec{b}$ と書く。$\vec{a}$ と $-\vec{b}$ との和 $\vec{a}+(-\vec{b})$ を $\vec{a}-\vec{b}$ で表し，これを $\vec{a}$ と $\vec{b}$ の差という。

B｜平面運動の速度

❶速度　図11のように，船が曲線的に運動する場合を考えてみよう。このとき，船の速度は次のように考えることができる。

時間 Δt〔s〕の間に，船が点P（位置ベクトル $\vec{r_1}$〔m〕）から点Q（位置ベク

トル $\vec{r_2}$ [m])まで進んだとする。

この間の平均の速度 $\vec{v}$ [m/s] は，変位を $\Delta\vec{r}$ [m]($=\vec{r_2}-\vec{r_1}$) とすると，次のように表される。

$$\vec{v} = \frac{\Delta\vec{r}}{\Delta t} \quad (7)$$

この式で Δt を限りなく短くしていくときの極限の値が点Pでの船の瞬間の速度である。このとき点Qは運動の経路にそって限りなく点Pに近づいていくので，点P

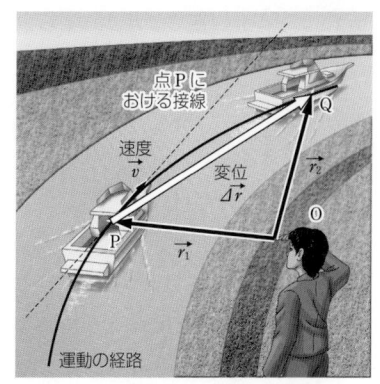

図11 曲線運動をする物体の速度

での瞬間の速度の方向は，運動の経路の点Pにおける接線方向である。

問10. 原点Oから見て東に20mの地点にあった自動車が，2.0秒後に原点Oから見て北へ20mの地点に移動したとする。この間における自動車の平均の速度は，どの向きに何m/sか。$\sqrt{2} = 1.4$ とする。

❷**速度の合成** 図12のように，船が川を斜めに進む場合を考える。静水時の船の速度を $\vec{v_1}$ [m/s]，流水の速度を $\vec{v_2}$ [m/s] とする。

Aにいた船が，船首をBへ向けて出発する。船は流水によって下流側に流されるので，1秒後には図のCではなくC'へ到達する。よって，川岸で静止している人から見た船の速度(合成速度)$\vec{v}$ [m/s]の大きさは線分AC'の長さ，向きはAからC'に向かう向きで表される。つまり

$$\vec{v} = \vec{v_1} + \vec{v_2} \quad (8)$$

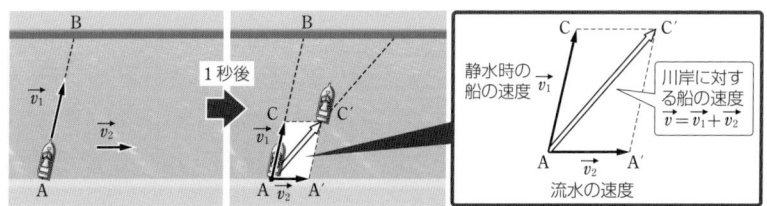

図12 川を横切って進む船の速度

問11. 流水の速さが1.6m/sのまっすぐな川を,船が川岸に垂直な方向へ船首を向けて出発する。静水時の船の速さを1.2m/sとするとき,川岸から見た船の速さ(速度の大きさ)は何m/sか。

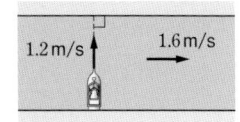

❸**速度の分解** (8)式は,1つの速度$\vec{v}$を2つの速度$\vec{v_1}$, $\vec{v_2}$に分解できると考えてもよい。このような場合,速度を**分解**するといい,分解した2つの速度を**分速度**という。

❹**速度の成分** 速度の分解は,分解する2方向のとり方によって何通りでも考えられるが,図13のように,垂直な2方向

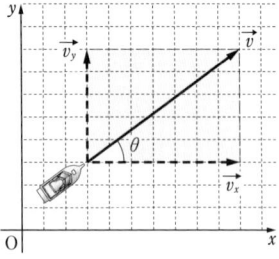

図13 速度の成分

(x軸方向とy軸方向)に分解すると便利なことが多い。このとき,分速度$\vec{v_x}$, $\vec{v_y}$の大きさに,向きを表す正・負の符号をつけた値v_x, v_yを,速度$\vec{v}$のx**成分**, y**成分**という。速度$\vec{v}$(大きさv)がx軸の正の向きとなす角をθ, $\vec{v}$のx成分, y成分をそれぞれv_x, v_yとするとき,これらの間には次の関係が成りたつ($\cos\theta$, $\sin\theta$は三角関数→p.228, 238)。

$$v_x = v\cos\theta, \quad v_y = v\sin\theta \tag{9}$$

$$v = \sqrt{v_x^2 + v_y^2} \tag{10}$$

また,2つの速度$\vec{v_1}$(x成分v_{1x}, y成分v_{1y}), $\vec{v_2}$(x成分v_{2x}, y成分v_{2y})の合成速度$\vec{v}$の成分v_x, v_yは,各成分の和で求められる。

$$v_x = v_{1x} + v_{2x} \tag{11}$$

$$v_y = v_{1y} + v_{2y} \tag{12}$$

問12. 図13で,速度$\vec{v}$の大きさvが4.0m/s, θが30°であるときの,x成分v_x[m/s], y成分v_y[m/s]を求めよ。$\sqrt{3}=1.7$とする。

❺**相対速度** 両物体の進む方向が異なる場合の相対速度は，12ページの(5)式を速度ベクトルに置きかえることによって得られる。

図14のように，速度$\vec{v_A}$で走行しているバスAと，速度$\vec{v_B}$で走行しているバスBを考える。このとき，Aに乗っている人が見るBの速度，すなわちAに対するBの相対速度$\vec{v_{AB}}$は，次のように求められる。

$$\vec{v_{AB}} = \vec{v_B} - \vec{v_A} \tag{13}$$

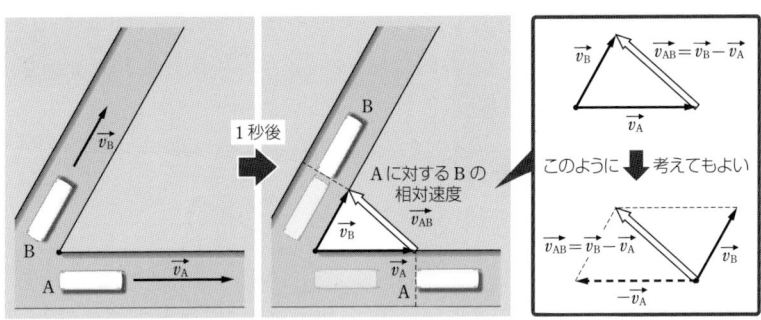

図14 平面上の相対速度

例題1. **相対速度**

雨が鉛直に降る中を，電車がまっすぐな線路上を一定の速さ10 m/sで水平に走っている。雨滴の落下の速さを10 m/sとすると，電車内の人が窓から見る雨滴の速さと，雨滴の落下方向と鉛直方向とがなす角度を求めよ。$\sqrt{2} = 1.4$とする。

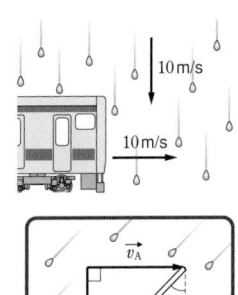

解 電車の速度を$\vec{v_A}$，雨滴の速度を$\vec{v_B}$，電車内の人から見た雨滴の相対速度を$\vec{v_{AB}}$とする。

これら3つのベクトルの関係は図のようになるので，雨滴の落下方向と鉛直方向がなす角度は**45°**

$\vec{v_{AB}}$の大きさ $= 10 \times \sqrt{2} = $ **14 m/s**

類題1. 雨が鉛直に降る中を，電車がまっすぐな線路上を一定の速さで水平に走っている。このとき，電車内の人が見る雨滴の落下方向は，鉛直方向と60°の角度をなしていた。雨滴の落下の速さを10 m/sとするとき，電車の速さを求めよ。$\sqrt{3} = 1.7$とする。

前ページの(13)式は，次のように導くことができる。

図15のように，1秒間に，自動車AがA₁からA₂へ，自動車BがB₁からB₂へそれぞれ進んだとする。Aから見たBの位置ベクトルは，最初が$\vec{r_1}(=\overrightarrow{A_1B_1})$で，1秒後は$\vec{r_2}(=\overrightarrow{A_2B_2})$になる。

$\vec{r_1}$を$\overrightarrow{A_2B_1'}$の所へ平行移動して，$\vec{r_1}$と$\vec{r_2}$の始点を一致させると，Aから見てBは，1秒間でB₁'の位置からB₂の位置へ移動している。したがって，相対速度$\vec{v_{AB}}$はB₁'からB₂へ引いたベクトルで表すことができる。

図15より，$\vec{v_A}$，$\vec{v_B}$，$\vec{v_{AB}}$の間に$\vec{v_A}+\vec{v_{AB}}=\vec{v_B}$の関係があるから，$\vec{v_{AB}}=\vec{v_B}-\vec{v_A}$が成りたつ。

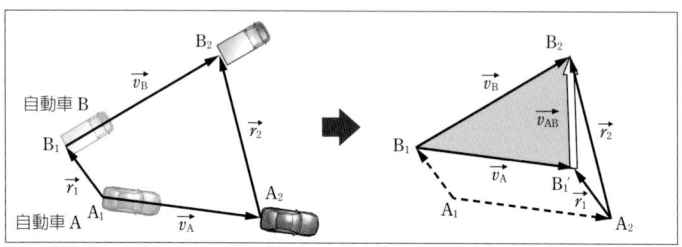

図15 相対速度の式を導く

(実 験) ❷ 相対速度

図のように，地点Oを同時に出発したA，Bの2人が，互いに60°の角をなす2つの向きO→P，O→Qにそれぞれ0.8m/s，1.6m/sの等速度で歩いていく。このとき，Aから見たBの相対速度の向きと大きさを調べる。

❶メトロノームを用いて歩く速さを決める。例えば，Aの歩幅が80cmのとき，メトロノームを1分間に60回鳴るようにセットし，音に合わせて歩けば，速さは0.8m/sである。Aの歩幅が60cmのときには1分間に80回鳴るようにセットすればよい。

❷Aの進む向きに対してBはおよそ何度の向きに見えるかを，歩きながら観測する(相対速度の向き)。

❸歩き始めてから10秒後にA，Bともに停止して，A，B間の距離をはかり，相対速度の大きさを求める(相対速度の大きさ)。

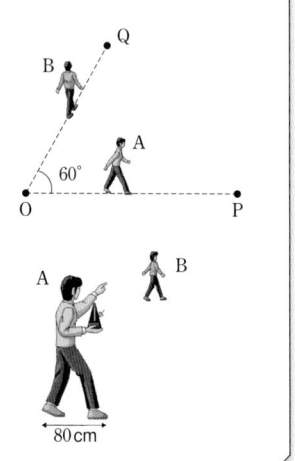

3 | 加速度

A | 加速度

❶**直線運動の加速度**　人，自動車，新幹線の速さは，全速力の場合，それぞれおよそ 10, 50, 90 m/s 程度になる。それでは，これらが同時にスタートして，2 秒後に先頭を走っているのはどれだろうか。

　順位は意外にも人，自動車，新幹線となる。これは，スタート直後の速さの増え方が異なるからである。スタート後，1 秒間につき速さの増加する割合は，人，自動車，新幹線それぞれおよそ 5, 2, 0.6 m/s である（図16）[*1]。

　このように，物体の運動のようすを知るには，速度だけでなく，速度が時間の経過につれてどのように変化していくかを調べることも必要である。単位時間当たりの速度の変化を**加速度**（acceleration）といい，速度が時間とともに変化する運動を**加速度運動**という。

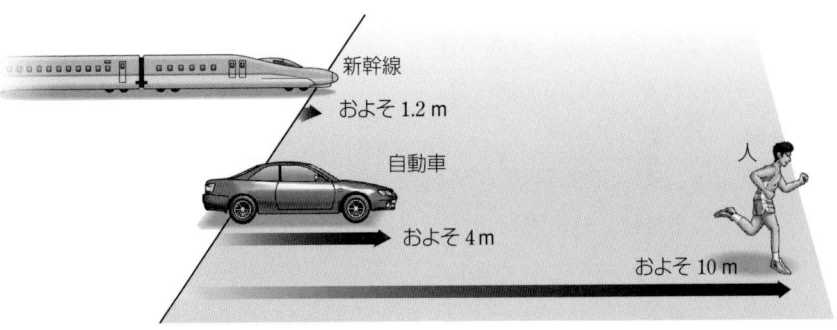

図16　人・自動車・新幹線の加速
スタート直後の 2 秒間の移動距離を表す。

[*1] 人の速さは短時間で一定になるのに対し，自動車や新幹線はより長い間，速さが増え続ける。したがって，速さの最大値は，人より自動車や新幹線のほうが格段に大きい。

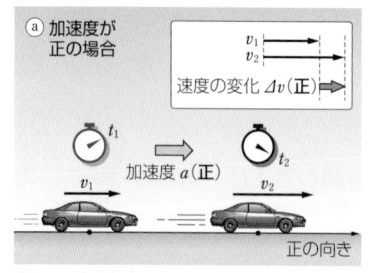 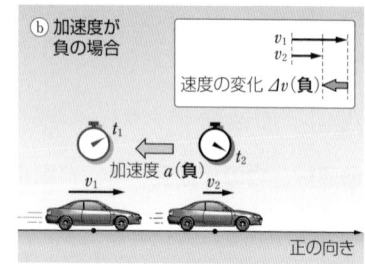

図17 加速度の正と負

図17のように，一直線上を運動している物体を考える。時刻t_1[s]での物体の速度をv_1[m/s]，t_2[s]（$t_1<t_2$）での速度をv_2[m/s]とする。経過時間$\Delta t=t_2-t_1$の間に速度が$\Delta v=v_2-v_1$だけ変化しているから，この間の1秒当たりの平均の速度の変化，つまり平均の加速度$\overline{a}$は

$$\overline{a}=\frac{速度の変化}{経過時間}=\frac{v_2-v_1}{t_2-t_1}=\frac{\Delta v}{\Delta t} \tag{14}$$

平均の速度から瞬間の速度を考えたように(→p.10)，(14)式でΔtをきわめて短くとると，瞬間の加速度が得られる。瞬間の加速度は，v-t図上の接線の傾き（図18 ── ）で表される。

加速度の単位は，(14)式から$\dfrac{m/s}{s}$と表されるが，これを**m/s²**と書き，**メートル毎秒毎秒**と読む。

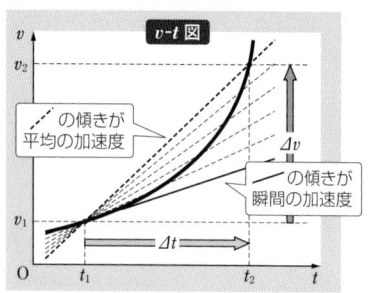

図18 平均の加速度・瞬間の加速度

1m/s²は，1秒間に速度が1m/sの割合で変化する場合の加速度である。

❷**加速度の向き** 加速度も，速度と同じように大きさと向きをもつ量であるから，ベクトルである。

図17のように，自動車の進む向きを正の向きにとる。ⓐの場合，速度の変化 ⇒ が正であるから，加速度も正で，その向きは自動車の進む向きになる。一方，ⓑの場合は，速度の変化 ⇐ が負であるから，加速度も負で，その向きは自動車の進む向きと反対の向きになる。

問13. 次の各場合について，物体の平均の加速度 $\overline{a}$ [m/s²] を求めよ。

(1) 一直線上を正の向きに 4.0 m/s の速さで進む物体が，2.0 秒後に正の向きに 7.0 m/s の速さになったとき。

(2) 一直線上を正の向きに 2.5 m/s の速さで進む物体が，3.0 秒後に負の向きに 2.0 m/s の速さになったとき。

❸**平面運動の加速度** 図19のように，平面上を運動している物体の加速度を考えるときは，(14)式の加速度と速度を，ベクトルに置きかえて考えればよい。

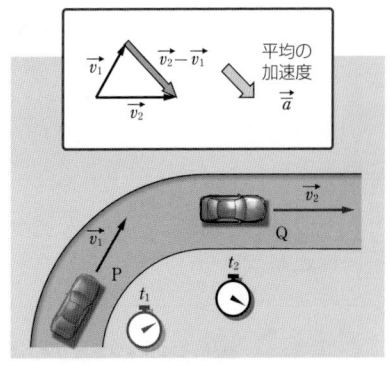

自動車が，時刻 t_1 [s] に点 P を速度 $\vec{v_1}$ [m/s] で通過し，時刻 t_2 [s] に点 Q を速度 $\vec{v_2}$ [m/s] で通過したとする(図19)。点 P か

図19 平面上の加速度

ら点 Q までの経過時間を $\Delta t (= t_2 - t_1)$ [s]，速度の変化を $\Delta \vec{v} (= \vec{v_2} - \vec{v_1})$ [m/s] とするとき，点 P から点 Q までの間の平均の加速度 $\vec{a}$ [m/s²] は，次の式のように表される。

$$\vec{a} = \frac{\vec{v_2} - \vec{v_1}}{t_2 - t_1} = \frac{\Delta \vec{v}}{\Delta t} \tag{15}$$

この式で，経過時間 Δt を限りなく短くしていくと，点 P での瞬間の加速度が得られる。

速度の大きさ(速さ)が変わらなくても，向きが変わっている場合は，速度が変化している。つまり，加速度運動をしていることになる。

問14. 北向きに 6.0 m/s の速さで進む自動車が，10 秒後に，東向きに 6.0 m/s の速さになったとする。この間の，自動車の平均の加速度の大きさ $\overline{a}$ [m/s²] と，その向きを求めよ。$\sqrt{2} = 1.4$ とする。

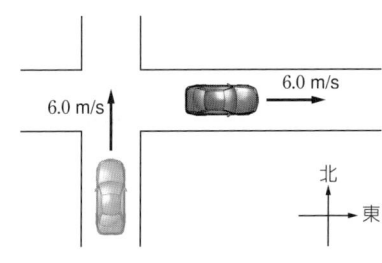

第Ⅰ章 運動の表し方

B 等加速度直線運動

斜面を降下する小球を観察してみると，小球が徐々に速くなっていくようすがわかる。

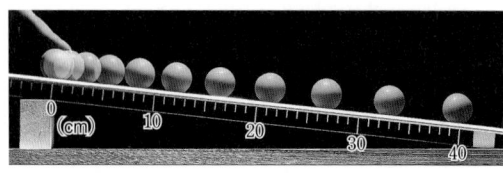

図20 斜面を転がる小球の運動（発光間隔 0.10 秒）

図20は，斜面を転がる小球のストロボ写真である。各区間で平均の速度を求めると，速度の増加が一定，すなわち，加速度が一定であることがわかる。このように，一直線上を一定の加速度で進む運動を**等加速度直線運動**という。
→実験3

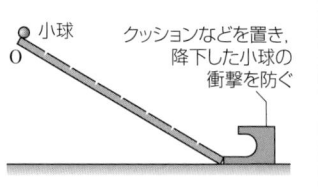

(実 験) ❸ 斜面を降下する小球

❶アルミニウム製レールの斜面上に等間隔に細い溝を入れ，その上で小球を図の点Oから静かに転がす。
❷小球が溝を通って音がするまでの時間をストップウォッチで記録する。
❸横軸に時間，縦軸に溝までの距離をとり，x-t図を作成してみよう。

❶速度 一定の加速度a〔m/s²〕で速度が変化するときの等加速度直線運動を考える。時刻0での速度をv_0〔m/s〕とする（これを**初速度**という）。速度は，t〔s〕後にはatだけ増加する。よって，時刻t〔s〕における速度v〔m/s〕は次のようになる。

$$v = v_0 + at \tag{16}$$

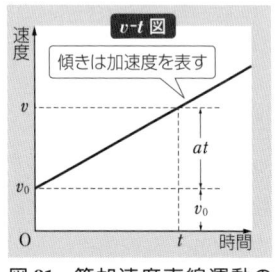

図21 等加速度直線運動の v-t 図

この式からv-t図をかくと，図21のような直線になる。直線の傾きは加速度a，v軸の切片は初速度v_0を表す。

❷変位 時刻t〔s〕での変位x〔m〕は，v-t図でグラフとt軸で囲まれる部分の面積（図22ⓒ　　）に等しいから

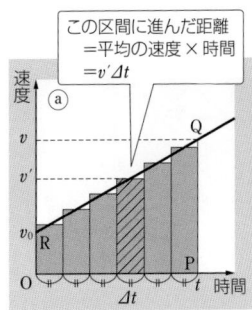 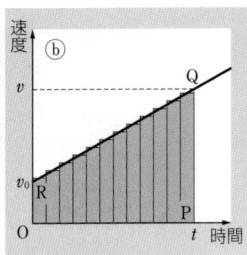 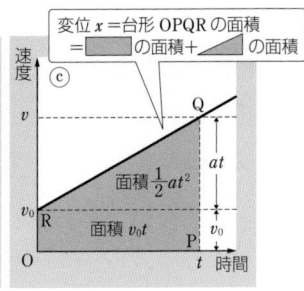

図22 等加速度直線運動の $v-t$ 図と変位 x の関係

経過時間 t [s] を，短い時間 Δt [s] の区間に等分する（ⓐ）。それぞれの区間ではその間の平均の速度で進むと考えると，各区間ごとの変位（＝速度×時間）の大きさは，図の細長い長方形の面積で表される。したがって，t [s] 間の変位はこれらの長方形の面積の総和になり，Δt [s] をきわめて小さくとっていくと（ⓑ），最終的にはⓒの台形 OPQR の面積になる。

$$x = v_0 t + \frac{1}{2}at^2 \quad (17)$$

また，(16)，(17)式から t を消去すると，速度と変位の関係式が次のように得られる。

$$v^2 - v_0^2 = 2ax \quad (18)^{*1)}$$

*1) (18)式を導く

(16)式より $t = \dfrac{v - v_0}{a}$

これを(17)式に代入して
（以下の式中の「・」はかけ算を表す）

$x = v_0 \cdot \dfrac{v - v_0}{a} + \dfrac{1}{2}a \cdot \left(\dfrac{v - v_0}{a}\right)^2$

$= \dfrac{v - v_0}{2a} \{2v_0 + (v - v_0)\}$

$= \dfrac{(v - v_0)(v + v_0)}{2a} = \dfrac{v^2 - v_0^2}{2a}$

よって $v^2 - v_0^2 = 2ax$

問 15. 速さ 1.0 m/s で動いていた物体が一定の加速度 1.5 m/s² で速さを増した。
(1) 2.0 秒後の物体の速さは何 m/s か。
(2) 2.0 秒後までに物体が進んだ距離は何 m か。

問 16. 4.0 m/s の速さで動いていた物体が，一定の加速度 2.5 m/s² で速さを増し，6.0 m/s の速さになった。この間に物体が進んだ距離は何 m か。

等加速度直線運動

$$v = v_0 + at$$
$$x = v_0 t + \frac{1}{2}at^2$$

t を消去 → $v^2 - v_0^2 = 2ax$

- v [m/s]　　速度（velocity）
- v_0 [m/s]　初速度
- a [m/s²]　加速度（acceleration）
- t [s]　　経過時間（time）
- x [m]　　変位
- 条件　　　一直線上の運動で，加速度 a が一定

第Ⅰ章　運動の表し方

❸**加速度が負の場合** 物体の加速度が負である場合も，等加速度直線運動の式は成りたつ。

小球を斜面にそって上向きに転がしたときの運動について考える。初速度の向きにx軸をとり，小球の加速度をa〔m/s²〕とする。

最初のうち小球は前進し(つまり，x軸の正の向きに進み)，かつ速さが減少していくので，加速

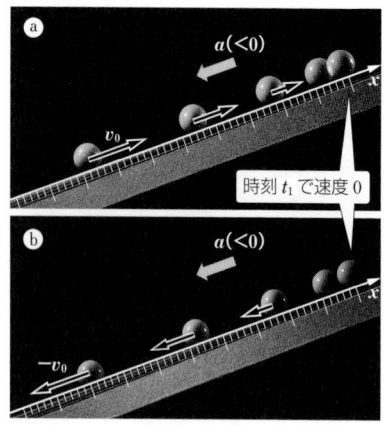

図23 小球の運動 ($a<0$)

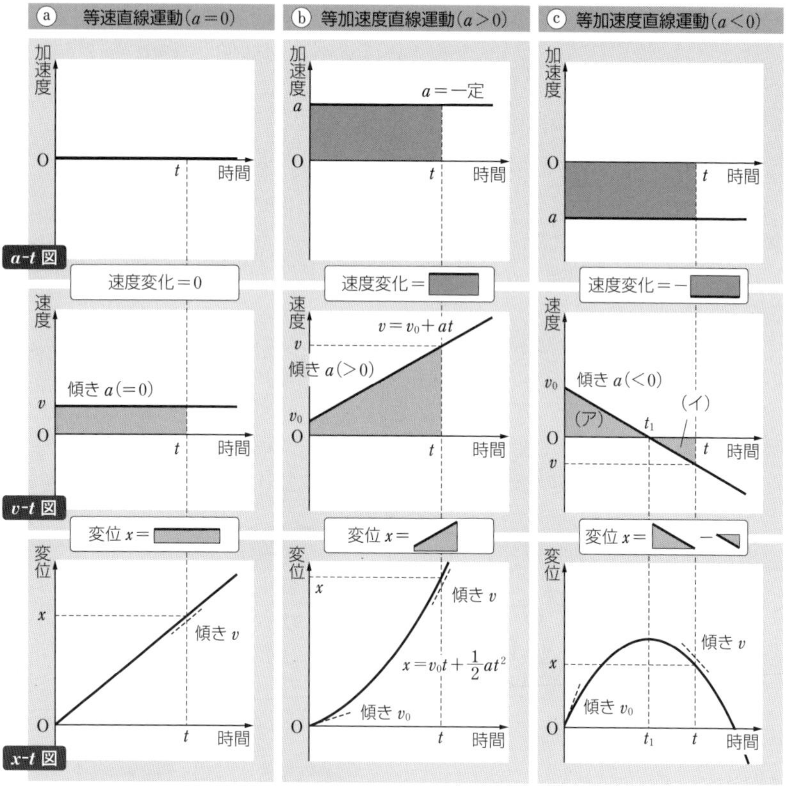

図24 等速直線運動，等加速度直線運動のグラフ

度は負である。速さは毎秒$|a|$[*1)]ずつ減少していき，やがて速さは0となり一瞬静止する（図23ⓐ）。その後，小球はx軸の負の向きに後退し始める。このとき速さは毎秒$|a|$ずつ増加していくが，負の向きに進むので加速度は負である（同図ⓑ）。

　この運動における，加速度，速度，変位の変化のようす（a-t図，v-t図，x-t図）は図24ⓒのようになる。v-t図上で，グラフがt軸と交わる点は，小球が一瞬静止する時刻（t_1〔s〕）を表す。また，$v>0$のときの（ア）部分の面積 ◢ は小球が前進しているときの移動距離，$v<0$のときの（イ）部分の面積 ◣ は後退しているときの移動距離を表す。したがって，図の時刻tにおける変位xは，（ア）と（イ）の面積の差 ◢ － ◣ で表される。

例題2. **等加速度直線運動の式**
速さ10.0 m/sで進んでいた自動車が一定の加速度で速さを増し，3.0秒後に16.0 m/sの速さになった。
(1) このときの加速度の大きさを求めよ。
(2) 自動車が加速している間に進んだ距離を求めよ。
(3) こののち自動車が急ブレーキをかけて，一定の加速度で減速し，40 m進んで停止した。このときの加速度の向きと大きさを求めよ。

解
(1) 加速度をa〔m/s²〕（運動の向きを正）とする。
「$v=v_0+at$」（→p.22（16）式）より
$16.0=10.0+a\times 3.0$　　よって　$a=\mathbf{2.0\,m/s^2}$
(2) 進んだ距離をx〔m〕とする。「$x=v_0 t+\dfrac{1}{2}at^2$」（→p.23（17）式）
より　$x=10.0\times 3.0+\dfrac{1}{2}\times 2.0\times 3.0^2$　　よって　$x=\mathbf{39\,m}$
注）「$v^2-v_0^2=2ax$」（→p.23（18）式）からも求めることができる。
(3) 加速度をa'〔m/s²〕（運動の向きを正）とする。
「$v^2-v_0^2=2ax$」（→p.23（18）式）より
$0^2-16.0^2=2a'\times 40$　　よって　$a'=-3.2\,\text{m/s}^2$
したがって，**運動の向きと逆向きに大きさ3.2 m/s²**

類題2. 速さ4.0 m/sで右向きに進み始めた物体が，等加速度直線運動をして3.0秒後に左向きに速さ2.0 m/sとなった。
(1) 物体の加速度の大きさと向きを求めよ。
(2) 物体の速さが0になるのは，物体が進み始めてから何秒後か。
(3) 物体が速さ0になるまでに進む距離を求めよ。

[*1)]　$|a|$はaの絶対値を表す（例：$|3|=3$，$|-1.5|=1.5$）。

特集

速度と加速度の正負

速度と加速度は,「大きさ」と「向き」をもつベクトルである。
特に一直線上の運動では,数値につく正負の符号が「向き」を表す。
ここでは,速度と加速度に対する正負の扱い方について整理する。

●速度の正負の決め方

一直線上を運動している自動車は,前進するか後退するかのどちらかなので,前進するときの速度は正で,後退するときの速度は負ですよね?

違います。速度の正負はどの向きを正の向きとするかによって決まります。自動車が正の向きに運動していれば速度は正,正の向きに対して逆向きに運動しているときの速度は負となります。

なぜそのようになるのですか?

速度を表すには,まず自動車の運動方向にそって「数直線」をかきます。正の向きを決めて矢印をかき,次に原点を決めます。どこを原点にするか,どちらを正の向きにするかは自由です(初速度の向きを正にすることが多い)。図A ⓐでは数直線として,自動車の位置を表すx軸をかきました。

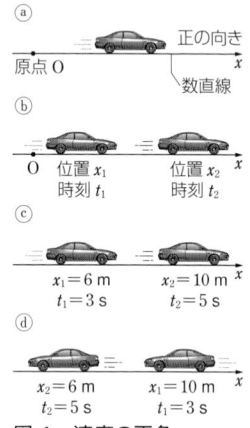

図A 速度の正負

そこで質問です。同図ⓑの自動車の,時刻t_1から時刻t_2までの平均の速度を求めて下さい。

はい,$\overline{v} = \dfrac{x_2 - x_1}{t_2 - t_1}$ (→p.10 (3)式) です。

正解です! ではその式を使って,同図ⓒ,ⓓの自動車の,時刻$t_1 = 3\,\mathrm{s}$から$t_2 = 5\,\mathrm{s}$までの平均の速度を求めて下さい。

ⓒは,$\overline{v} = \dfrac{x_2 - x_1}{t_2 - t_1} = \dfrac{10\,\mathrm{m} - 6\,\mathrm{m}}{5\,\mathrm{s} - 3\,\mathrm{s}} = \dfrac{4\,\mathrm{m}}{2\,\mathrm{s}} = 2\,\mathrm{m/s}$ ……正

ⓓは,$\overline{v} = \dfrac{x_2 - x_1}{t_2 - t_1} = \dfrac{6\,\mathrm{m} - 10\,\mathrm{m}}{5\,\mathrm{s} - 3\,\mathrm{s}} = \dfrac{-4\,\mathrm{m}}{2\,\mathrm{s}} = -2\,\mathrm{m/s}$ ……負

はい正解です! このように速度の正負は,「初めに定めた数直線の正の向きに運動していれば速度は正,数直線の負の向きに運動していれば速度は負」となります。前進か後退かは,まったく関係ありません。

● 加速度の正負の決め方

一直線上を運動している自動車の加速度は，加速するときには正，減速するときには負ですよね？

そうとはいえません。図B ⓐの自動車の，時刻 t_1 から時刻 t_2 までの平均の加速度を表す式を求めて下さい。

はい，$\bar{a} = \dfrac{v_2 - v_1}{t_2 - t_1}$ （→p.20 (14)式）です。

そうですね。ではその式を使って，同図 ⓑとⓒの自動車の，時刻 $t_1 = 2\,\text{s}$ から $t_2 = 5\,\text{s}$ までの平均の加速度を求めて下さい。

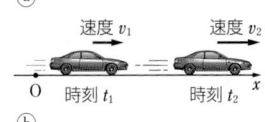

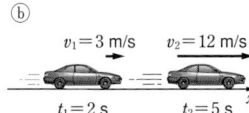

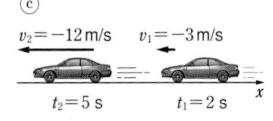

図 B　加速度の正負（加速）

ⓑは，$\bar{a} = \dfrac{12\,\text{m/s} - 3\,\text{m/s}}{5\,\text{s} - 2\,\text{s}} = \dfrac{9\,\text{m/s}}{3\,\text{s}} = 3\,\text{m/s}^2$ ……正

ⓒは，$\bar{a} = \dfrac{(-12\,\text{m/s}) - (-3\,\text{m/s})}{5\,\text{s} - 2\,\text{s}} = \dfrac{-9\,\text{m/s}}{3\,\text{s}} = -3\,\text{m/s}^2$ ……負

ⓑとⓒはどちらも速さが増しているのですが，「自動車が x 軸の正の向きに走り，速さが増すときは加速度が正（ⓑ），自動車が x 軸の負の向きに走り，速さが増すときは加速度が負（ⓒ）」となります。

次に，自動車が減速している場合を考えてみましょう（図C）。

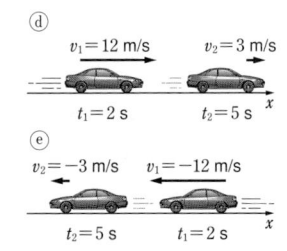

図 C　加速度の正負（減速）

ⓓは，$\bar{a} = \dfrac{3\,\text{m/s} - 12\,\text{m/s}}{5\,\text{s} - 2\,\text{s}} = \dfrac{-9\,\text{m/s}}{3\,\text{s}} = -3\,\text{m/s}^2$ ……負

ⓔは，$\bar{a} = \dfrac{(-3\,\text{m/s}) - (-12\,\text{m/s})}{5\,\text{s} - 2\,\text{s}} = \dfrac{9\,\text{m/s}}{3\,\text{s}} = 3\,\text{m/s}^2$ ……正

そうですね。ⓓとⓔはどちらも速さが減っているのですが，「自動車が x 軸の正の向きに走り，速さが減るときは加速度が負（ⓓ），自動車が x 軸の負の向きに走り，速さが減るときは加速度が正（ⓔ）」となります。以上のように，加速度が正になるか負になるかは，単に速さが増しているか，減っているかだけでなく，それが正の向きに走っているのか，負の向きに走っているのかにもよります。

問A. 次の各場合について、時刻 $t_1 \sim t_2$ 間の平均の加速度を求めよ。ただし、図で、「正の向き」と示した矢印の向きを正の向きとする。

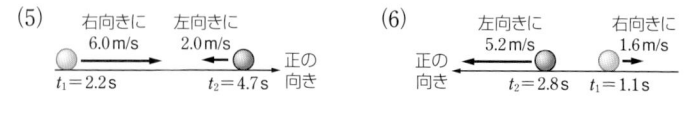

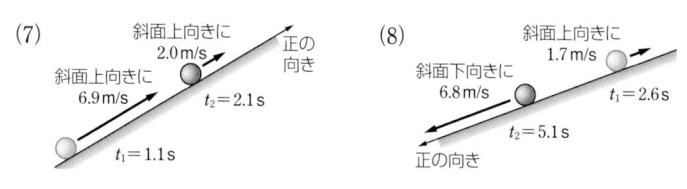

(1) 右向きに 1.5 m/s、$t_1 = 1.0$ s ; 右向きに 6.0 m/s、$t_2 = 4.0$ s　正の向き

(2) 右向きに 1.5 m/s、$t_1 = 2.0$ s ; 右向きに 4.5 m/s、$t_2 = 3.5$ s　正の向き

(3) 左向きに 4.3 m/s、$t_2 = 6.0$ s ; 左向きに 1.3 m/s、$t_1 = 2.0$ s　正の向き

(4) 左向きに 3.6 m/s、$t_2 = 0.50$ s ; 静止、$t_1 = 0.20$ s　正の向き

(5) 右向きに 6.0 m/s、$t_1 = 2.2$ s ; 左向きに 2.0 m/s、$t_2 = 4.7$ s　正の向き

(6) 左向きに 5.2 m/s、$t_2 = 2.8$ s ; 右向きに 1.6 m/s、$t_1 = 1.1$ s　正の向き

(7) 斜面上向きに 6.9 m/s、$t_1 = 1.1$ s ; 斜面上向きに 2.0 m/s、$t_2 = 2.1$ s　正の向き

(8) 斜面下向きに 6.8 m/s、$t_2 = 5.1$ s ; 斜面上向きに 1.7 m/s、$t_1 = 2.6$ s　正の向き

●斜面を転がる小球の運動

それでは以上のことを頭に入れて、「斜面上を転がる小球の運動」のようすを調べてみましょう。

図Dのように、なめらかな斜面上の下端Aより小球を、大きさ 12.0 m/s の初速度で斜面にそって上向きに運動させます。斜面を上昇するとき、速さが毎秒 2.0 m/s ずつ減少していき、やがて最高点Cで折り返し、その後斜面を下降していきました。下降するときの速さは毎秒 2.0 m/s ずつ増加していったとします。

斜面にそって数直線の x 軸をとり、斜面上向きを正とします。

上昇中(ⓑ)の速度は正で、毎秒 2.0 m/s ずつ減速し続けます。したがって、加速度は速度と逆向き、つまり負(-2.0 m/s^2)となります。

一方、下降中(ⓓ)の速度は負です。下降中は毎秒 2.0 m/s ずつ加速し続けるので、加速度の向きは速度と同じ向き、つまり負(-2.0 m/s^2)となります。

このように、上昇中と下降中では、運動の向きや加速・減速の違いがあるのですが、加速度は $a = -2.0$ m/s^2 で一定となります。

ⓐ スタート地点（時刻 $t_0 = 0$ s）

正の向き

初速度
$v_0 = 12.0$ m/s

A（x 軸の原点）

v [m/s]
12.0 ← 初速度は正

O　　　　　　t [s]

ⓑ 上昇の途中（時刻 $t_1 = 3.0$ s）

加速度
$a = -2.0$ m/s²

速度
$v_1 = 6.0$ m/s

B

A

v [m/s]
12.0
6.0
O　　3.0　　　t [s]

傾きは加速度
$a = -2.0$ m/s²
を表す

■部分の面積は AB 間の距離 27 m を表します

ⓒ 折り返し地点（時刻 $t_2 = 6.0$ s）

速度は 0 m/s

C

A

点 A から最も離れる

v [m/s]
12.0
O　　　6.0　　t [s]

折り返し地点 C

ⓓ 下降の途中（時刻 $t_3 = 9.0$ s）

加速度
$a = -2.0$ m/s²

速度
$v_3 = -6.0$ m/s

D　　C

A

AD 間の距離 = S_1 - S_2 = 27 m

v [m/s]
12.0
S_1
O　　6.0　9.0　t [s]
-6.0　　　S_2

この ■ 部分の面積 S_1 は AC 間の距離 36 m を表す

この ◣ 部分の面積 S_2 は CD 間の距離 9.0 m を表す

ⓔ もとの点 A にもどったとき（時刻 $t_4 = 12.0$ s）

速度
$v_4 = -12.0$ m/s

D

A

v_0 と同じ大きさで逆向き

v [m/s]
12.0
O　　6.0　　12.0
　　　　　　t [s]
-12.0

加速度（傾き）は常に -2.0 m/s² である

図 D 斜面を転がる小球の運動

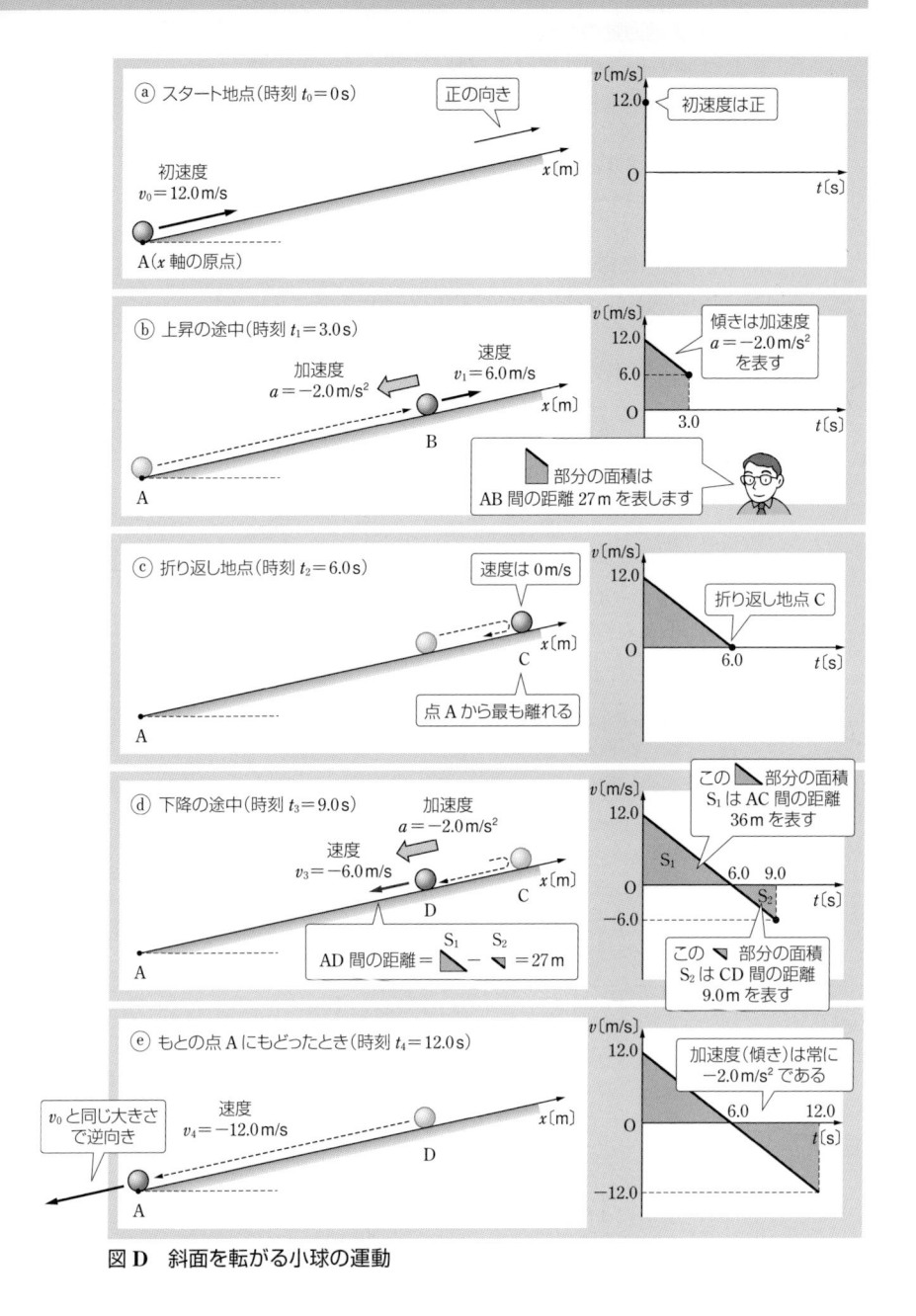

第 I 章　運動の表し方　29

例題 3. 等加速度直線運動のグラフ

図は，x軸上を等加速度直線運動している物体が，原点を時刻 0 に通過した後の 6.0 秒間の v-t 図である。

(1) 物体の加速度 a [m/s²] を求めよ。
(2) 物体が原点から最も遠ざかるときの時刻 t_1 [s] と，その位置 x_1 [m] を求めよ。
(3) 6.0 秒後の物体の位置 x_2 [m] を求めよ。
(4) 経過時間 t [s] と物体の位置 x [m] の関係をグラフに表せ。

解

(1) a は，v-t 図の傾きで表されるので，「$a = \dfrac{\Delta v}{\Delta t}$」(→p.20(14)式) より

$$a = \dfrac{-4.0 - 8.0}{6.0 - 0} = \dfrac{-12.0}{6.0} = -2.0\,\text{m/s}^2$$

(2) 速度が 0 となるとき，物体は原点から最も遠ざかる。

「$v = v_0 + at$」(→p.22(16)式) より

$0 = 8.0 + (-2.0)t_1$

よって $t_1 = 4.0\,\text{s}$

x_1 は，図 a の (ア) の面積に等しいので

$$x_1 = \dfrac{1}{2} \times 4.0 \times 8.0 = 16\,\text{m}$$

(3) x_2 は，図 a の「(ア) の面積 − (イ) の面積」に等しいので

$$x_2 = 16 - \dfrac{1}{2} \times 2.0 \times 4.0 = 12\,\text{m}$$

(4) x-t 図は，上に凸の放物線の一部となる。図 b

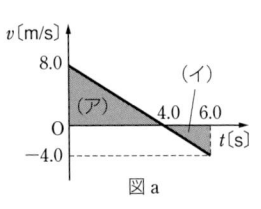

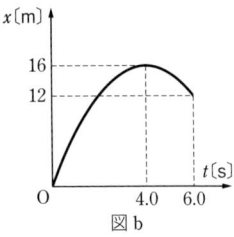

注) (2) の x_1，(3) の x_2 は，「$x = v_0 t + \dfrac{1}{2}at^2$」(→p.23(17)式) から求めることもできる。

$x_1 = 8.0 \times 4.0 + \dfrac{1}{2} \times (-2.0) \times 4.0^2 = 16\,\text{m}$

$x_2 = 8.0 \times 6.0 + \dfrac{1}{2} \times (-2.0) \times 6.0^2 = 12\,\text{m}$

類題 3. 図は，エレベーターが上昇するときの v-t 図である。

(1) この運動の a-t 図をつくれ。
(2) この 35 秒間に上昇した高さ h [m] を求めよ。

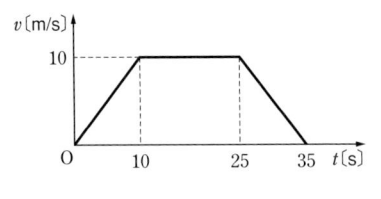

4 | 落体の運動

A | 自由落下

物体が重力(→p.45)だけを受け，初速度0で落下する運動を**自由落下**という。

図25のストロボ写真から自由落下の加速度を求めると，下向きで一定の大きさ9.8 m/s² になる。小球の質量を変えて実験しても加速度は同じ値になる。[*1)] この落下の加速度を**重力加速度**といい，
_{gravitational acceleration}
_[acceleration of gravity]

図25 自由落下（発光間隔 $\frac{1}{30}$ 秒）

その大きさを g [m/s²] で表す。自由落下は，加速度の大きさ g [m/s²] の等加速度直線運動である。

自由落下を始める点を原点として，鉛直下向きに y 軸をとる。t [s] 後の小球の座標を y [m]，速度を v [m/s] とすると，(16)，(17)，(18)式(→p.22, 23)で $v_0 = 0$, $a = g$, $x = y$ とおいて次の式が得られる。

$$v = gt \tag{19}$$

$$y = \frac{1}{2}gt^2 \tag{20}$$

$$v^2 = 2gy \tag{21}$$

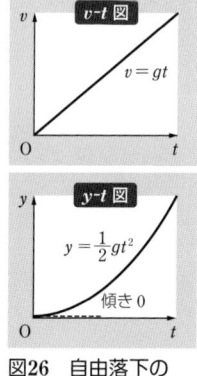

図26 自由落下の v-t 図と y-t 図

問17. 2階の窓から小球を静かにはなすと，1.0秒後に地面に達した。この窓の高さと，地面に達する直前の小球の速さを求めよ。重力加速度の大きさを 9.8 m/s² とする。

表2 各地の重力加速度の大きさ

重力加速度の大きさは，場所によってわずかに異なる。

地名	オスロ	アムステルダム	稚内	羽田	宮古島	マニラ	シンガポール
緯度	59°55′06″	52°22′42″	45°24′57″	35°32′56″	24°47′42″	14°34′42″	1°17′48″
g [m/s²]	9.8191	9.8128	9.8064	9.7976	9.7900	9.7834	9.7807

*1) 木の葉の落下など，空気の抵抗が無視できない場合は成りたたない(→p.77)。

B 鉛直投射

物体を鉛直方向に投げ下ろしたり，投げ上げたりする運動を**鉛直投射**という。

❶鉛直投げ下ろし 図27のように，ある高さの点から鉛直下方に向けて，小球を初速度 v_0〔m/s〕で投げ下ろすことを考える。

この場合も自由落下と同様，小球の加速度は下向きで一定であり，その大きさは重力加速度の大きさ g〔m/s^2〕に等しい。小球の質量や初速度の大きさを変えても，加速度は同じ値になる。

自由落下と同じく，鉛直下向きに y 軸をとる。t〔s〕後の小球の座標を y〔m〕，速度を v〔m/s〕とすると，(16)，(17)，(18)式（→p.22, 23）で $a=g$，$x=y$ とおいて次の式が得られる。

$$v = v_0 + gt \tag{22}$$

$$y = v_0 t + \frac{1}{2} g t^2 \tag{23}$$

$$v^2 - v_0^2 = 2gy \tag{24}$$

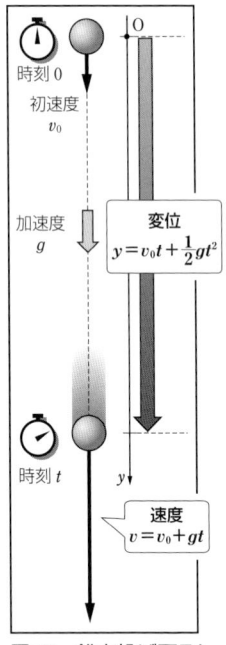

図27 鉛直投げ下ろし

問18. 2階の窓から，小球を初速度 0.1 m/s で鉛直下向きに投げ下ろすと，1.0 秒後に地面に達した。この窓の高さと，地面に達する直前の小球の速さを求めよ。重力加速度の大きさを 9.8 m/s^2 とする。

❷鉛直投げ上げ 図29は，小球を鉛直上方へ投げ上げたときのストロボ写真である。小球はしだいに遅くなり，ある高さで一瞬止まってその点から自由落下する。この場合も自由落下や鉛直投げ下ろしと同様，小球の質量や初速度の大きさによらず，上昇中も下降中も加速度

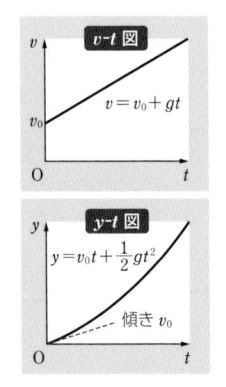

図28 鉛直投げ下ろしの v-t 図と y-t 図

は下向きで一定であり，その大きさは重力加速度の大きさ g [m/s^2] に等しい。

投げ上げた点を原点として，初速度 v_0 [m/s] の向き，すなわち鉛直上向きに y 軸をとり，t [s] 後の座標を y [m]，速度を v [m/s] とする。投げ上げた後，上昇中も下降中も加速度は $-g$ [m/s^2] であるから，(16)，(17)，(18) 式 (→p.22, 23) で $a = -g$，$x = y$ とおいて次の式が得られる。

$$v = v_0 - gt \qquad (25)$$

$$y = v_0 t - \frac{1}{2} g t^2 \qquad (26)$$

$$v^2 - v_0^2 = -2gy \qquad (27)$$

❸鉛直投げ上げのグラフ 鉛直投げ上げ運動の v-t 図と y-t 図は，図30のようになる。

最高点に達するのは速度が0になるときなので，その時刻は v-t 図でグラフが t 軸と交わる点で表される (t_1 [s])。

また，y-t 図より，投げ上げてから最高点に達するまでの時間 (t_1 [s]) と，最高点からもとの位置にもどるまでの時間 ($t_2 - t_1$ [s]) は等しいことがわかる。

上昇中の速度 (図29 ↑) と下降中の速度 (↓) は，高さが同じであれば，大きさが等しく向きが反対になる (→ p.34 例題4)。

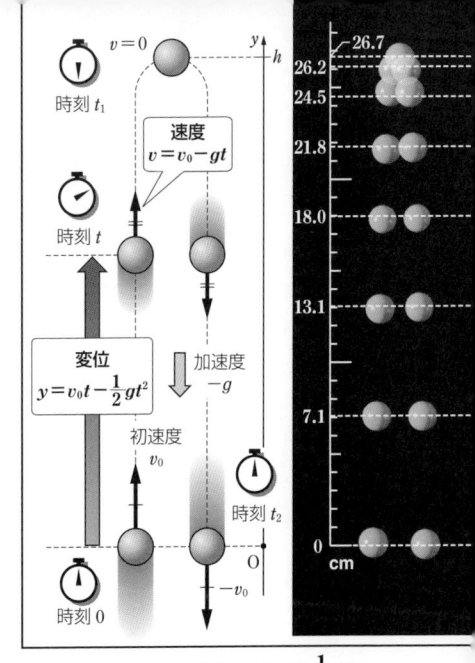

図29 鉛直投げ上げ (発光間隔 $\frac{1}{30}$ 秒)
p.31 図25と比較してみよう。

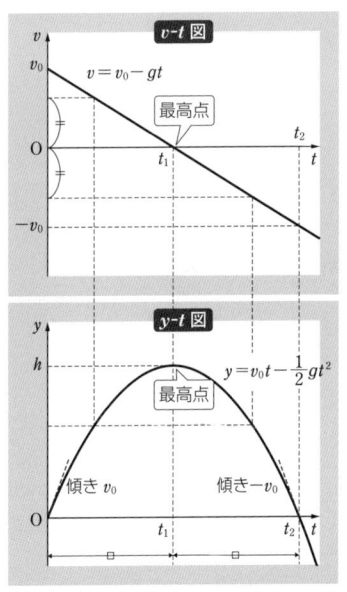

図30 鉛直投げ上げの v-t 図と y-t 図

第Ⅰ章 運動の表し方

自由落下・鉛直投射のまとめ

	正の向き[*1]	加速度	$v = v_0 + at$	$x = v_0 t + \dfrac{1}{2} at^2$	$v^2 - v_0^2 = 2ax$
自由落下	鉛直下向き	$+g$	$v = gt$	$y = \dfrac{1}{2} gt^2$	$v^2 = 2gy$
鉛直投げ下ろし	鉛直下向き	$+g$	$v = v_0 + gt$	$y = v_0 t + \dfrac{1}{2} gt^2$	$v^2 - v_0^2 = 2gy$
鉛直投げ上げ	鉛直上向き	$-g$	$v = v_0 - gt$	$y = v_0 t - \dfrac{1}{2} gt^2$	$v^2 - v_0^2 = -2gy$

v [m/s] 速度(**velocity**)
v_0 [m/s] 初速度
g [m/s^2] 重力加速度(**gravitational acceleration**)の大きさ
t [s] 経過時間(**time**)
y [m] 変位

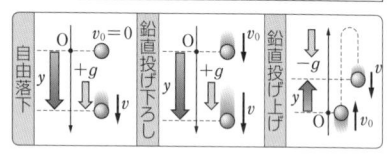

例題 4. 鉛直投射

小球を初速度 9.8 m/s で鉛直に投げ上げるとき,次の値を求めよ。ただし,鉛直上向きを正とし,重力加速度の大きさを 9.8 m/s^2 とする。
(1) 最高点に達するまでの時間 t_1 [s] とその高さ h_1 [m]
(2) もとの位置にもどるまでの時間 t_2 [s] とそのときの速度 v_2 [m/s]

解 (1) 最高点は速度が 0 となる点である。
「$v = v_0 - gt$」(→p.33(25)式)より $0 = 9.8 - 9.8 t_1$
よって $t_1 = \mathbf{1.0\ s}$
「$y = v_0 t - \dfrac{1}{2} gt^2$」(→p.33(26)式)より
$h_1 = 9.8 \times 1.0 - \dfrac{1}{2} \times 9.8 \times 1.0^2 = \mathbf{4.9\ m}$
注) h_1 は「$v^2 - v_0^2 = -2gy$」(→p.33(27)式)からも求められる。

(2) もとの位置では変位(高さ)が 0 となる。
「$y = v_0 t - \dfrac{1}{2} gt^2$」(→p.33(26)式)より $0 = 9.8 t_2 - \dfrac{1}{2} \times 9.8 t_2^2$
t_2 は 0 ではないので $t_2 = \mathbf{2.0\ s}$
「$v = v_0 - gt$」(→p.33(25)式)より
$v_2 = 9.8 - 9.8 \times 2.0 = \mathbf{-9.8\ m/s}$
注) 最高点までの時間は $t_1 = 1.0$ s,最高点からもとの位置にもどるまでの時間も $t_2 - t_1 = 1.0$ s である。

類題 4.

小球を初速度 14.7 m/s で鉛直に投げ上げるとき,高さ 9.8 m の地点を上向きの速度で通過するまでの時間 t_1 [s] と,下向きの速度で通過するまでの時間 t_2 [s] を求めよ。重力加速度の大きさを 9.8 m/s^2 とする。

---

*1) 正の向きは上下どちらにとってもよいが,「初めに動きだす向き」とすることが多い。

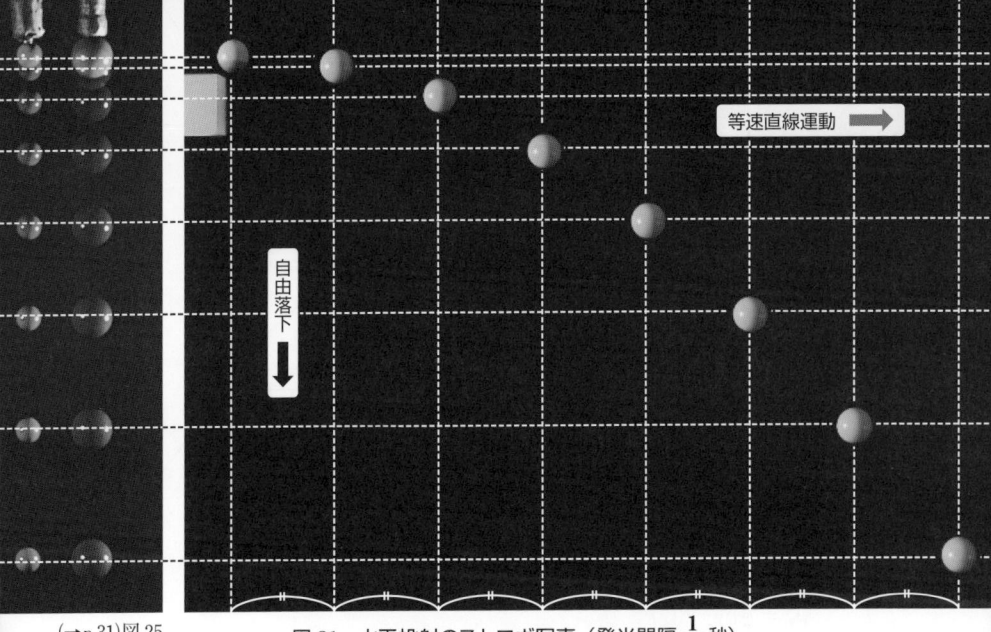

(→p.31)図25　　　図31　水平投射のストロボ写真（発光間隔 $\frac{1}{30}$ 秒）
p.31 図25と比較してみよう。

C 水平投射

　物体をある高さから水平方向に投げ出すと，物体は放物線を描いて飛んでいき，やがて地面に達する。このような運動を**水平投射**という。

❶水平投射の軌道　図31は，小球を水平投射させたときのストロボ写真である。この写真と31ページにある自由落下の写真（図25）を比較すると，水平投射した物体の運動について，次のことがわかる。

　①鉛直方向には自由落下と同様の運動をしている。

　②水平方向には等速直線運動と同様の運動をしており，その速さは投げ出したときの速さ（初速度の大きさ）に等しい。

❷水平投射の式　水平投射した小球の運動を式で表してみよう。投げ出した点を原点とし，水平方向で初速度の向きに x 軸，鉛直下向きに y 軸をとる。小球の初速度（x 軸方向）を v_0 [m/s] とし，t [s] 後の小球の座標を $(x$ [m]$, y$ [m]$)$，x 軸方向の速度を v_x [m/s]，y 軸方向の速度を v_y [m/s] とする（図32）。

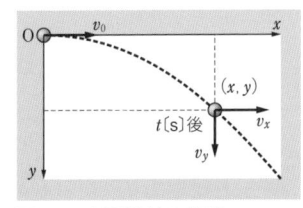

図32　水平投射の座標

x 軸方向には等速直線運動と同様の運動をするから

$$v_x = v_0 \quad (28)$$
$$x = v_0 t \quad (29)$$

y 軸方向には自由落下と同様の運動をするから

$$v_y = gt \quad (30)$$
$$y = \frac{1}{2} gt^2 \quad (31)$$
$$v_y{}^2 = 2gy \quad (32)$$

図33 水平投射

(29)式と(31)式から t を消去すると

$$y = \frac{g}{2v_0{}^2} \cdot x^2 \quad (33)^{*1}$$

が得られる。この式は，小球を水平投射したときの運動の軌道を表し，原点を頂点とし，y 軸を軸とする放物線であることを示す。

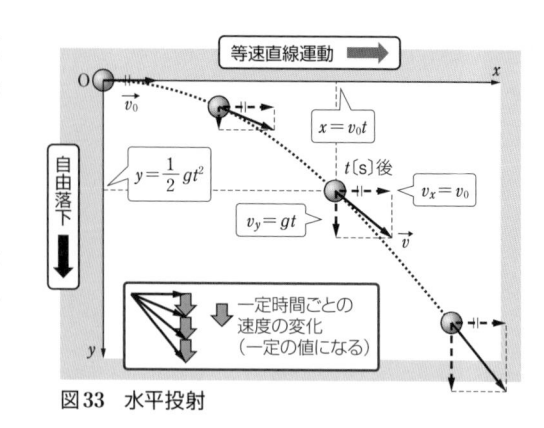

*1) (33)式を導く

(29)式より $t = \dfrac{x}{v_0}$

これを(31)式に代入して

$$y = \frac{1}{2} g \cdot \left(\frac{x}{v_0}\right)^2$$
$$= \frac{g}{2v_0{}^2} \cdot x^2$$

例題5. 水平投射

ある高さの所から小球を速さ 7.0 m/s で水平に投げ出すと，1.0 秒後に地面に達した。重力加速度の大きさを 9.8 m/s² とする。

(1) 投げ出した点の真下の地面から，小球の落下地点までの水平距離 l [m] を求めよ。
(2) 投げ出した点の，地面からの高さ h [m] を求めよ。

解 (1) 水平方向は，速さ 7.0 m/s の等速直線運動と同様の運動を行う。
「$x = v_0 t$」(→(29)式)より $l = 7.0 \times 1.0 = \mathbf{7.0\,m}$

(2) 鉛直方向は，自由落下と同様の運動を行う。
「$y = \dfrac{1}{2} gt^2$」(→(31)式)より $h = \dfrac{1}{2} \times 9.8 \times 1.0^2 = \mathbf{4.9\,m}$

類題5. 地面より 9.8 m の高さから，小球を速さ 4.0 m/s で水平に投げ出した。投げ出した点の真下の地面から，小球の落下地点までの水平距離 l [m] を求めよ。重力加速度の大きさを 9.8 m/s²，$\sqrt{2} = 1.4$ とする。

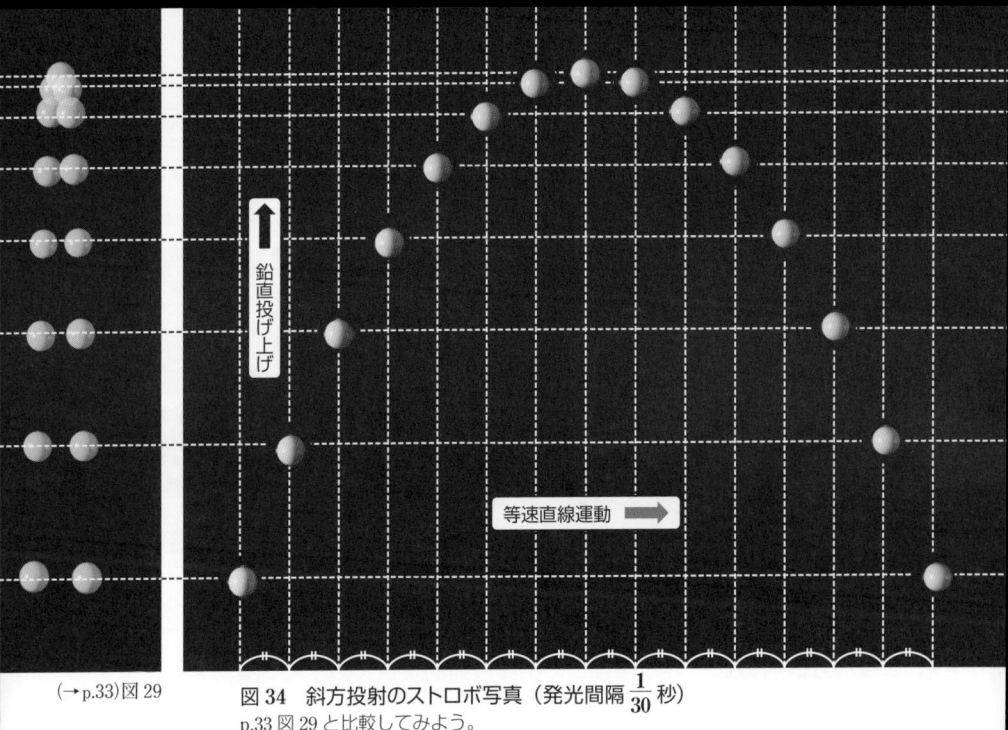

(→p.33)図29　　図34　斜方投射のストロボ写真（発光間隔 $\frac{1}{30}$ 秒）
p.33 図29と比較してみよう。

D 斜方投射

　等速度で走っている台車から小球を打ち上げたとき，小球は放物線を描いて飛んでいき，やがてもとの高さにもどってくる（→p.38 実験4）。このような運動を**斜方投射**という。

❶斜方投射の軌道　図34は，小球を斜方投射させたときのストロボ写真である。この写真と33ページにある鉛直投げ上げの写真（図29）を比較すると，斜方投射した物体の運動について，次のことがわかる。

　①鉛直方向には鉛直投げ上げと同様の運動をしている。
　②水平方向には等速直線運動と同様の運動をしている。
　③物体の運動の軌道は，最高点を頂点とし鉛直線を軸とする，上に
　　凸の放物線となっている。

　水平投射や斜方投射のような運動を**放物運動**という。放物運動では，水平方向の運動は速度が一定（加速度が0）である。一方，鉛直方向の運動は加速度が下向きで一定の大きさ g 〔m/s²〕である。一般に，加速度が一定の運動を**等加速度運動**という。

第Ⅰ章　運動の表し方　｜　37

> **（実 験） ④ 動く発射台からの投射**
>
> ❶ 台車の上面に，台車から鉛直に小球を発射できる装置Aを取りつける。
> ❷ ⓐのように，水平な面上で静止している台車から小球を発射し，小球の軌跡を観察する。次に，ⓑのように，この台車を一定の速度で走らせながら小球を発射させると，小球が放物線を描いて飛ぶようすを観察することができる。
> Question 1　小球の最高到達点の高さは，ⓐとⓑどちらが高いだろうか？
> 　　　　　ア．ⓐ　　イ．ⓑ　　ウ．同じ
> Question 2　ⓑのとき，小球が落下する地点はどこだろうか？
> 　　　　　ア．装置Aの右(前)　　イ．装置Aの左(後ろ)　　ウ．装置A

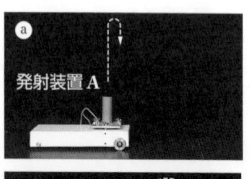

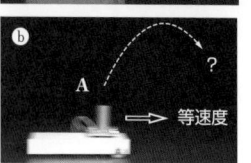

❷ **斜方投射の式**　斜方投射した小球の運動を式で表してみよう。図35のように，小球を水平方向と角度 θ をなす向きに，大きさ v_0〔m/s〕の初速度で投げたとする。投げた点を原点とし，水平方向右向きに x 軸，鉛直方向上向きに y 軸をとる。このとき，初速度の x 成分，y 成分はそれぞれ $v_0\cos\theta$, $v_0\sin\theta$〔m/s〕となる。t〔s〕後の小球の座標を $(x$〔m〕, y〔m〕$)$，速度の x 成分，y 成分をそれぞれ v_x, v_y〔m/s〕とする。

　x 軸方向には速度 $v_0\cos\theta$ の等速直線運動と同様の運動をするから

$$v_x = v_0\cos\theta \tag{34}$$

$$x = v_0\cos\theta \cdot t \tag{35}$$

y 軸方向には初速度 $v_0\sin\theta$ の鉛直投げ上げと同様の運動をするから

$$v_y = v_0\sin\theta - gt \tag{36}$$

$$y = v_0\sin\theta \cdot t - \frac{1}{2}gt^2 \tag{37}$$

$$v_y^2 - v_0^2\sin^2\theta = -2gy \tag{38}$$

(35)式と(37)式から t を消去すると

$$y = \tan\theta \cdot x - \frac{g}{2v_0^2\cos^2\theta}\cdot x^2 \tag{39}$$ [*1)]

が得られる。この式は，小球を斜方投射したときの運動の軌道を表し，原点を通り，y 軸に平行な軸をもつ，上に凸の放物線であることを示す。

図35 斜方投射

図中ラベル:
- $v_y = v_0 \sin\theta - gt$
- $y = v_0 \sin\theta \cdot t - \dfrac{1}{2}gt^2$
- t [s] 後
- $v_x = v_0 \cos\theta$
- 鉛直投げ上げ
- $v_0 \sin\theta$
- $\vec{v_0}$
- θ
- $v_0 \cos\theta$
- $x = v_0 \cos\theta \cdot t$
- 等速直線運動
- $v_0 \cos\theta$
- $-v_0 \sin\theta$
- 一定時間ごとの速度の変化(一定の値になる)

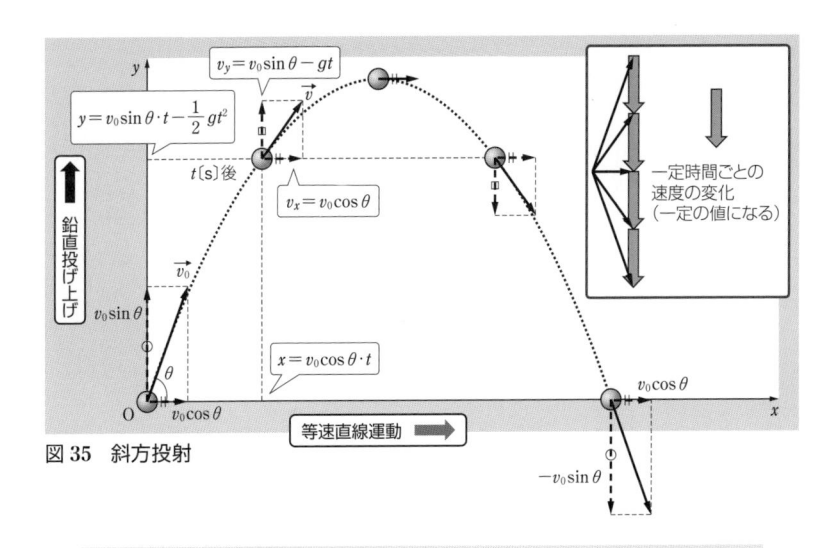

コラム　最も遠くに投げるには

斜方投射では，初速度の大きさが等しい場合，水平面に対して45°の角度で投げ上げれば，飛距離(水平到達距離)は最大となる(→p.40 例題6)。一方，砲丸投げの場合，実際の投射角は45°よりも小さいことが多い。1つの理由として，小さい角度のほうが重力の影響を避けて砲丸を効率よく加速し，初速度を大きくできる，ということがあげられる。また，投げ出しの位置が地面より高いことも関係している。例えば，2mの高さから初速度の大きさ10m/sで砲丸を投げる場合を考えると，計算では40～41°程度で飛距離は最大となる(図A)。

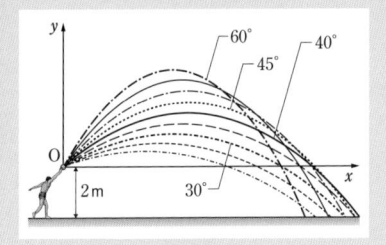

図A　砲丸投げの軌跡
2mの高さから，初速度の大きさ10m/sで投げたとき。

---

*1) (39)式を導く　(35)式より　$t = \dfrac{x}{v_0 \cos\theta}$

これを(37)式に代入して　$y = v_0 \sin\theta \cdot \dfrac{x}{v_0 \cos\theta} - \dfrac{1}{2}g \cdot \left(\dfrac{x}{v_0 \cos\theta}\right)^2$

$= \tan\theta \cdot x - \dfrac{g}{2v_0^2 \cos^2\theta} \cdot x^2$

第Ⅰ章　運動の表し方

例題6. **斜方投射**

地上の点から小球を，水平方向と角度θをなす向きに大きさv_0〔m/s〕の初速度で投げる。重力加速度の大きさをg〔m/s²〕とし，必要があれば$2\sin\theta\cos\theta = \sin 2\theta$（→p.230）を用いよ。
(1) 最高点に達するまでの時間t_1〔s〕とその高さh〔m〕を求めよ。
(2) 落下点に達するまでの時間t_2〔s〕と水平到達距離l〔m〕を求めよ。
(3) 初速度の大きさを変えずに，角度θを変えて投げるとき，小球を最も遠くまで投げるための角度θ_0を求めよ。

解
(1) 最高点では速度の鉛直成分（y成分）が0となる。
「$v_y = v_0\sin\theta - gt$」（→p.38(36)式）より
$$0 = v_0\sin\theta - gt_1$$
よって　$t_1 = \dfrac{v_0\sin\theta}{g}$〔s〕

「$y = v_0\sin\theta \cdot t - \dfrac{1}{2}gt^2$」（→p.38(37)式）より
$$h = v_0\sin\theta \cdot t_1 - \dfrac{1}{2}gt_1^2$$
$$= v_0\sin\theta \cdot \dfrac{v_0\sin\theta}{g} - \dfrac{1}{2}g\left(\dfrac{v_0\sin\theta}{g}\right)^2 = \dfrac{v_0^2\sin^2\theta}{2g}\text{〔m〕}$$

(2) 落下点では鉛直方向の変位が0となる。
「$y = v_0\sin\theta \cdot t - \dfrac{1}{2}gt^2$」（→p.38(37)式）より
$$0 = v_0\sin\theta \cdot t_2 - \dfrac{1}{2}gt_2^2$$
t_2は0ではないので
$$t_2 = \dfrac{2v_0\sin\theta}{g}\text{〔s〕}$$
水平方向については，「$x = v_0\cos\theta \cdot t$」（→p.38(35)式）より
$$l = v_0\cos\theta \cdot t_2 = \dfrac{2v_0^2\sin\theta\cos\theta}{g} = \dfrac{v_0^2\sin 2\theta}{g}\text{〔m〕}$$

(3) (2)のlが最大になるθを求めればよい。$0° \leqq \theta \leqq 90°$の範囲では $0 \leqq \sin 2\theta \leqq 1$ となり，lは$\sin 2\theta = 1$のとき最大となる。
よって
$$2\theta_0 = 90° \quad \text{より} \quad \theta_0 = \mathbf{45°}$$

類題6. 地上の点から小球を，速さ24.5 m/sで斜方投射させたところ，4.00秒後に地面にもどってきた。重力加速度の大きさを9.80 m/s²とする。
(1) 初速度の鉛直成分と水平成分の大きさv_{0y}，v_{0x}〔m/s〕を求めよ。
(2) 小球が達する最高点の高さh〔m〕を求めよ。
(3) 小球が地面にもどってきたときの水平到達距離l〔m〕を求めよ。

> **コラム** 　**放物運動の軌道**

質問　Aさんが，木の枝にぶら下がっている猿の手をめがけてみかんを投げた。そのとき，投げたのと同時に猿は枝から手を離し，自由落下した。落下途中で猿はみかんをキャッチできるだろうか？

解答　もし仮に重力がはたらかないとすると，みかんは等速直線運動をする。このとき，投射してt秒後に図の点aを飛んでいるとする。しかし，実際は

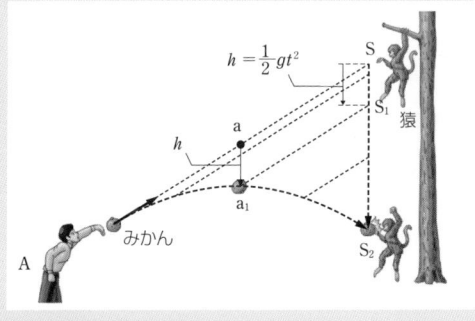

図A　猿はみかんをキャッチできる？

常に下向きに重力がはたらくので，点aより真下の点a_1を飛ぶ。ところが，この点aから点a_1への落下距離hは，t秒間に猿が自由落下した距離SS_1に等しい。みかんが点Sの真下を通過するときのみかんの落下距離も，猿の落下距離SS_2に等しい。つまり，このときみかんは猿の手と同じ高さになるのでキャッチできる。
答えは「できる」
（ただし，S_2が地面より上である場合）。

物理の小径

落下運動

ガリレオ・ガリレイ（イタリア，1564～1650）は，「天文対話」（1632）や「新科学対話」（1638）を著し人々を啓蒙した。彼は「新科学対話」に見られるように，考察の中で実験を試みた。これを思考実験という。もっとも，ガリレイが実際の実験をどれだけ行ったかは不明のようである。

自由落下について，ガリレイは「新科学対話」の中で，落下速度 v は落下時間 t に比例するという仮説を立てている。その上で以下のように，落下距離 x は落下時間 t の2乗に比例するという落下の法則を導いた。

図A　ガリレイ

図Bのように，落下するのに要する時間 t を線分 AB で表す。線分 AB をいくつかに等分し，等分点にその時刻における速さに比例する垂線を立てる。$v \propto t$（∝は，v は t に比例する，の意味）という仮説によって，これらの垂線の頂点を連ねると直線 AE となる。ガリレイは，落下距離 x はこれらの垂線の和になるとした。[*1)]

速さは時間に比例するとしたのであるから，この和は最後の時間における速さの半分 BF の和に等しい。これは四角形 ABFG の面積に比例し，また四角形 ABFG の面積は三角形 ABE

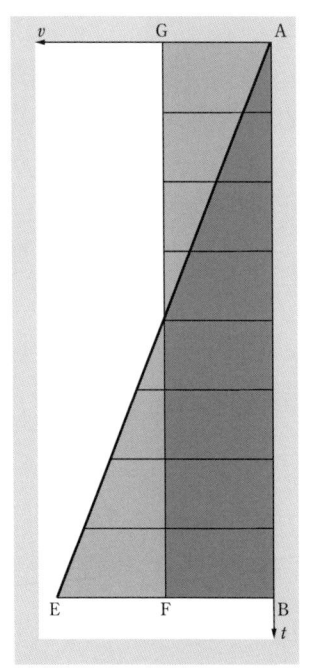

図B　自由落下の法則の説明図

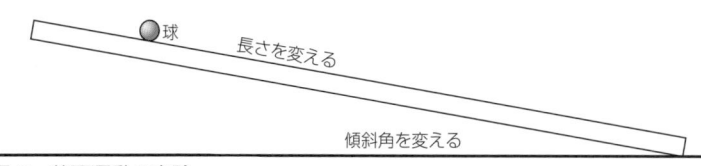

図C　落下運動の実験

に等しいから，落下距離 x は t^2 に比例することになる。

　このことを確かめるためにガリレイは落下運動の実験を行った（図C）。時計がなかった当時では自由落下をそのまま測定するのは速すぎて無理だったので，溝の掘られた板を傾けてつくったなめらかな斜面を用いた。また，時間は桶の小孔から流出する水の量ではかった。

　溝に真鍮の球を転がして移動距離と経過時間の関係を調べると，移動距離は経過時間の2乗に比例することがわかった。

　板の傾きを変えると，同じ移動距離に対する経過時間も変わるが，移動距離が経過時間の2乗に比例するという関係は変わらなかった。

　自由落下は傾きが90°の場合と考えられるが，これらの結果から，自由落下の落下距離も経過時間の2乗に比例するであろうと推測された。

　こうしてガリレイは落下運動の法則を見つけたのである。

---

*1) 微分・積分という数学的手法を用いると，無限に細かく等分すると積分になり，積分をすることによって，$v \propto t$ から $x \propto t^2$ が得られることがわかるが，微分・積分のなかった当時ではこのように考えたのである。

第 II 章
運動の法則

前の章では,物体の運動の表し方を学んだ。では,物体にはたらく力とその運動の間にはどのような関係があるのだろうか。
この章では,まず,いろいろな種類の力の性質について学び,次に,力が加わったとき物体に生じる運動について学習する。

水風船の破裂した瞬間

破裂した瞬間,水はその場にとどまろうとする(慣性の法則→口絵①, p.59)。

1 | 力とそのはたらき

A | 力

私たちはふだん,「力」という言葉をいろいろな意味で使っている。しかし物理では,物体を変形させたり,物体の運動の状態を変えたりする原因となるものを**力**とよぶ。
force

地面に置いたサッカーボールをけると,ボールは一瞬大きくへこんでから飛んでいく。また,飛んでいるボールをヘディングすると,ボールの進む向きを変えることができる。これらは,足や頭がボールに対して力を及ぼすために生じる。

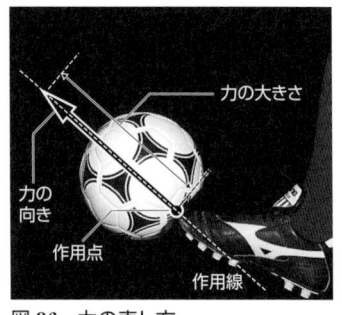

図36 力の表し方

物体に対して力を及ぼす点を**作用点**といい,作用点を通り力の向きに引いた直線を**作用線**という。速度や加速度と同様に,力は大きさと向きをもつベクトルである。力を図示するときは,作用線上で,作用点から力の大きさに相当した長さで力の向きに矢印をかく。また,記号では $\vec{F}$ のように,文字の上に矢印をつけて表す。

力の効果を決める「大きさ・向き・作用点」の3つを**力の三要素**という。力の大きさを表す単位には**ニュートン**(記号**N**)を用いる。[*1]

B｜いろいろな力

❶重力　地上にある物体は地球に向かって引かれる。この力を**重力**といい，その大きさを物体の**重さ**という。物体の重さは質量に比例し(→p.63)，質量 m [kg]の物体の重さは mg [N]である。[*2] 重力加速度の大きさ g は約 $9.8\,\mathrm{m/s^2}$ であるから(→p.31)，質量 1 kg の物体の重さはおよそ 9.8 N である。

重力

$$W = mg \qquad (40)$$

W [N]　重力の大きさ(重さ, **w**eight)
m [kg]　質量(**m**ass)
g [m/s²]　重力加速度(gravitational acceleration)の大きさ

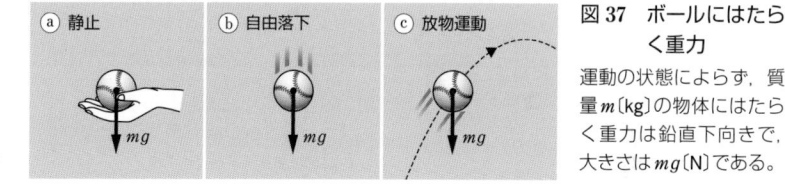

ⓐ 静止　　ⓑ 自由落下　　ⓒ 放物運動

図37　ボールにはたらく重力
運動の状態によらず，質量 m [kg]の物体にはたらく重力は鉛直下向きで，大きさは mg [N]である。

問19. 質量 10 kg の物体にはたらく重力の大きさは何Nか。重力加速度の大きさを $9.8\,\mathrm{m/s^2}$ とする。

■参考■　重力の表し方

重力は，物体の各点にはたらく。しかし，力の矢印を無数にかくわけにはいかないので，重力は1つにまとめてかく。

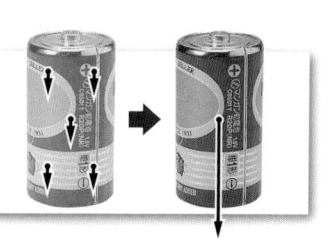

[*1] 質量 1 kg の物体に $1\,\mathrm{m/s^2}$ の加速度を生じさせる力の大きさが 1 N である(→p.62)。
[*2] 質量 1 kg の物体の重さを 1 **重量キログラム**(記号 **kgw**)，質量 1 g の物体の重さを 1 **重量グラム**(記号 **gw**)といい，力の単位として用いることがある。

❷**糸が引く力** おもりに糸をつけてつるし，静止させる。このとき，糸はおもりに対して上向きに力を及ぼしている(図38)。一般に，ほかから糸に対し引き伸ばそうとする力がはたらくとき，糸は物体に対して引く力を及ぼす。[*1]

❸**面から受ける力** 物体を机の上に置けば落下することはない。これは，机の面が物体に対して，重力と同じ大きさで逆向きの力を及ぼしているからである(図39 ⓐ)。一般に，物体の面が他の物体に対して面と垂直な方向に及ぼす力を**垂直抗力**という。
normal force [normal (component of) reaction]

また，物体を水平なあらい面上に置き，水平方向に力を加えると，面から物体に運動を妨げるような力がはたらく。この力を**摩擦力**という。摩擦力には**静止摩擦力**[*2]と**動摩擦力**[*2]がある(同図ⓑ，ⓒ)。

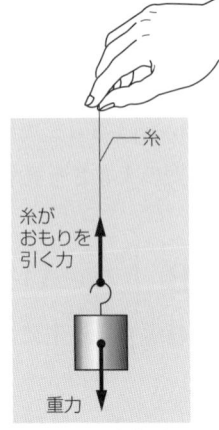

図38 糸が引く力

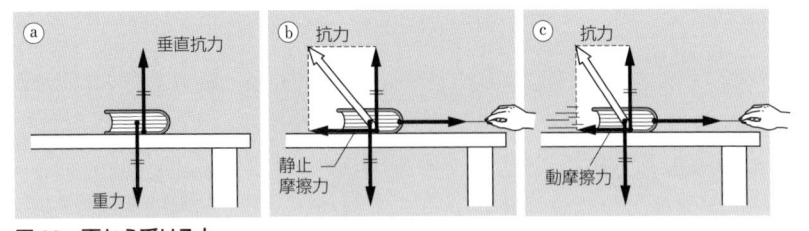

図39 面から受ける力
一般に，物体が面から受ける力のことを**抗力**という。垂直抗力や摩擦力は，抗力の成分(分力，→p.48)である。

❹**弾性力** ばねにおもりをつるすと，ばねはもとの長さ(**自然の長さ**)にもどろうとして，おもりに対し，伸びと反対向きの力を及ぼす。このように，力が加わって変形した物体が，もとの状態にもどろうとする力を**弾性力**という。

ばねの弾性力の大きさは，伸び(または縮み)の長さに比例する(図40)。これを**フックの法則**といい，(41)式で表される。

ここで，比例定数 k はばねによって定まる定数で**ばね定数**といい，単位は**ニュートン毎メートル**(記号 **N/m**)である。

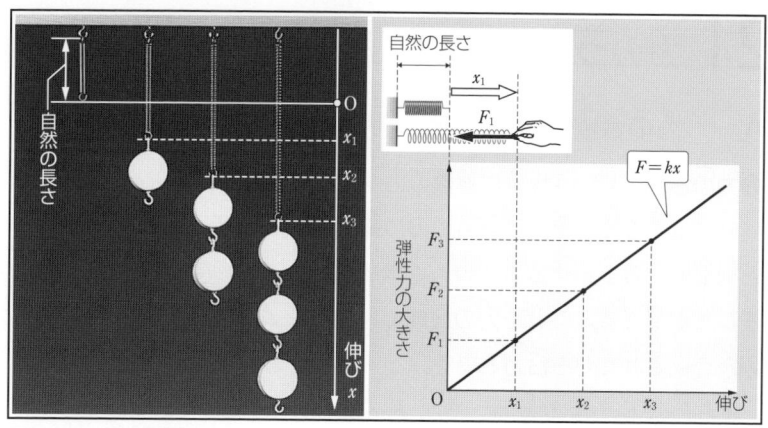

図40　フックの法則

フックの法則

$$F = kx \quad (41)$$

F〔N〕　弾性力の大きさ
k〔N/m〕　ばね定数
x〔m〕　ばねの伸び（または縮み）

問20. つる巻きばねを手で引いて 0.20 m 伸ばしたところ，手はばねから 4.0 N の力の大きさを受けた。ばね定数は何 N/m か。

■ 参考 ■　空間を隔ててはたらく力

力は，必ず，ある物体から別の物体へはたらく。力を及ぼしている物体は，糸が引く力では「糸」，垂直抗力や摩擦力では「面」，ばねの弾性力では「ばね」である。これらはいずれも，物体に接触しているときだけにはたらく力である。

一方，重力（地球が物体に及ぼす力）は，物体が地球に接触していないときでも，空間を隔ててはたらく。このような力はほかに，静電気力や磁気力などがある（図A）。図A　磁気力で浮く磁石

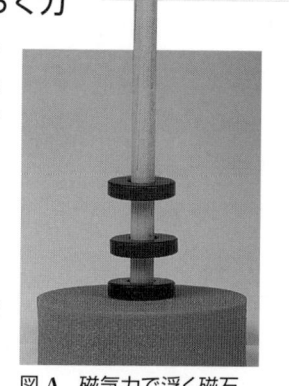

---

*1) このような力を，糸の張力(tension)ということがある。
*2) 静止摩擦力については69ページ，動摩擦力については71ページで詳しく学ぶ。

2 | 力のつりあい

A | 力の合成・分解 （→p.14 参考）

❶力の合成 1つの物体に複数の力が同時にはたらくとき，これらの力の組と同じはたらきをする1つの力を求めることができる。これを**力の合成**といい，合成された力を**合力**という。

2力$\vec{F_1}$, $\vec{F_2}$の合力$\vec{F}$は，$\vec{F_1}$, $\vec{F_2}$を隣りあう辺とする平行四辺形の対角線によって表され，式で書くと次のようになる（図41）。

$$\vec{F} = \vec{F_1} + \vec{F_2} \qquad (42)$$

❷力の分解 合成とは逆に，1つの力を，それと同じはたらきをするいくつかの力の組に分けることもできる。これを**力の分解**といい，分けられた力を**分力**という（図42）。

❸力の成分 力の分解は，分解する2方向のとり方によって何通りでも考えられるが，垂直な2方向に分解すると便利なことが多い。

図43のように，力$\vec{F}$を，互いに垂直な座標軸x軸，y軸と平行な方向に分解し，分力をそれぞれ$\vec{F_x}$, $\vec{F_y}$とする。このとき，座標軸の正の向きを正として，$\vec{F_x}$, $\vec{F_y}$の大きさに向きを表す正・負の符号をつけた値F_x, F_yを，それ

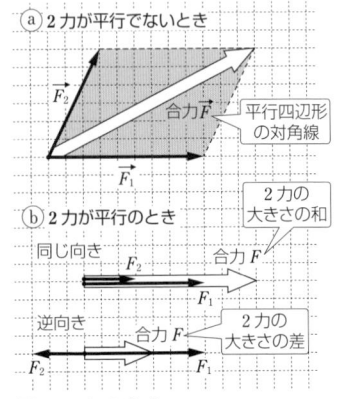

図41 力の合成

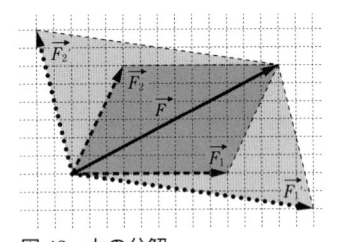

図42 力の分解
分解する2方向のとり方によって分解の方法は何通りもある。

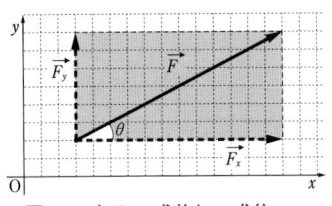

図43 力のx成分とy成分

それぞれ $\vec{F}$ の x 成分，y 成分という。

$\vec{F}$（大きさ F）が x 軸の正の向きとなす角を θ とするとき，F，F_x，F_y には次の関係が成りたつ（$\cos\theta$，$\sin\theta$ は三角関数→p.228，238）。

$$F_x = F\cos\theta, \quad F_y = F\sin\theta \tag{43}$$

$$F = \sqrt{F_x^2 + F_y^2} \tag{44}$$

また，2 力 $\vec{F_1}$（x 成分 F_{1x}，y 成分 F_{1y}），$\vec{F_2}$（x 成分 F_{2x}，y 成分 F_{2y}）の合力 $\vec{F}$ の成分 F_x，F_y は，各成分の和で求められる。

$$F_x = F_{1x} + F_{2x}, \quad F_y = F_{1y} + F_{2y} \tag{45}$$

問 21. ①〜③について，合力を図にかきこめ。

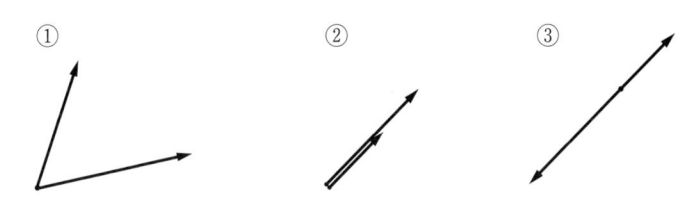

問 22. ①〜③について，力 $\vec{F}$ を破線の 2 方向に分解し，分力をかきこめ。

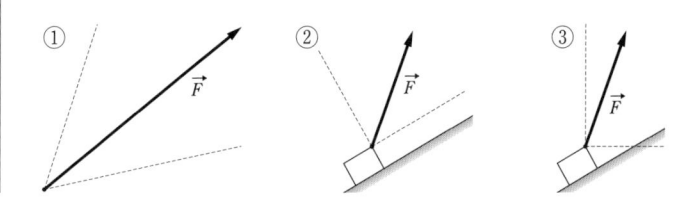

問 23. ①〜⑥の力の x 成分，y 成分をそれぞれ求めよ。ただし，①〜③は方眼の 1 目盛りが大きさ 1 N の力に対応している。$\sqrt{3} = 1.7$ とする。

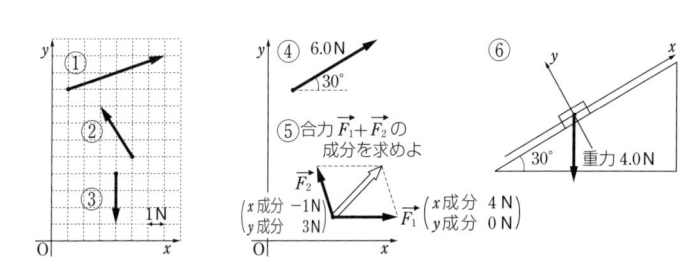

第Ⅱ章　運動の法則

B 力のつりあい

1つの物体にいくつかの力が同時にはたらいて[*1)]も，それらの合力が0であるときには，これらの力はつりあっているという。

❶ **2力のつりあい** 図44ⓐのように，糸におもりをつるして静止させると，おもりには重力$\vec{F_1}$（下向き）と糸が引く力$\vec{F_2}$（上向き）とがはたらき，2力がつりあう。このとき，2力は同じ作用線上にあり，大きさが等しく逆向きになる。

つまり，$\vec{F_1} = -\vec{F_2}$ より
$$\vec{F_1} + \vec{F_2} = \vec{0} \quad {}^{*2)} \tag{46}$$

❷ **3力のつりあい** 同図ⓑのように，小球につけた2本の糸を天井に固定すると，小球には重力$\vec{F_1}$および2本の糸が引く力$\vec{F_2}$，$\vec{F_3}$の3力がはたらき，これらがつりあう。3力の合力は$\vec{0}$だから
$$\vec{F_1} + \vec{F_2} + \vec{F_3} = \vec{0} \tag{47}$$

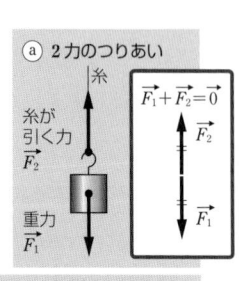

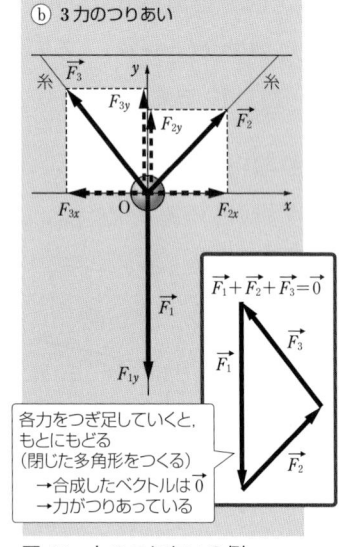

図44 力のつりあいの例

力を水平方向の成分と鉛直方向の成分とに分解することにより，(47)式は

水平方向 $F_{1x} + F_{2x} + F_{3x} = 0$ （ただし，$F_{1x} = 0$） (48)

鉛直方向 $F_{1y} + F_{2y} + F_{3y} = 0$ (49)

と表される。

❸ **力がつりあう条件** 一般に，物体にいくつかの力がはたらくとき，次の関係が同時に成りたつと，これらの力はつりあっている。

力のつりあい[*3)]

力のx成分の総和が0	$F_{1x} + F_{2x} + F_{3x} + \cdots = 0$	(50)
力のy成分の総和が0	$F_{1y} + F_{2y} + F_{3y} + \cdots = 0$	(51)

実験 ⑤ 力のつりあい

❶ ばねはかりを水平にし、そのときの目盛りが0になるようにゼロ点を調整する。
❷ 4つのリングa，b，c，dにひもをつけ、ひもの他端をばねはかりにつけて、水平面に固定した白紙の上に置く。
❸ 3つのばねはかりを水平な3方向に引き、静止させる。
❹ リングaにはたらく3力の大きさをはかり、3力の矢印を白紙に記入する。力のつりあいが成りたっているか検証してみよう。

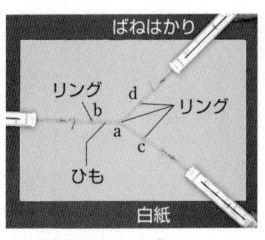

例題 7. 力のつりあい

軽い糸に重さ(重力の大きさ)10Nの小球をつけ、天井からつるす。小球を水平方向に力$\vec{F}$で引き、糸が天井と30°の角をなす状態で静止させた。 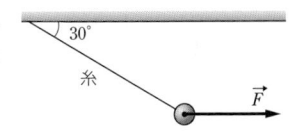
(1) 糸が小球を引く力の大きさT〔N〕を求めよ。
(2) 力$\vec{F}$の大きさF〔N〕を求めよ。ただし、$\sqrt{3}=1.7$とする。

解 水平方向右向きにx軸、鉛直方向上向きにy軸をとる。 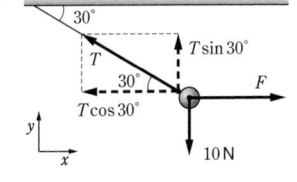
(1) 糸が引く力のx成分とy成分の大きさは、図のようになる。
y軸方向の力のつりあいより
$$T\sin 30° - 10 = 0$$
よって $T = \dfrac{10}{\sin 30°} = \mathbf{20\,N}$

(2) x軸方向の力のつりあいより $F - T\cos 30° = 0$
よって $F = T\cos 30° = 20 \times \dfrac{\sqrt{3}}{2} = \mathbf{17\,N}$

類題 7.

重さ(重力の大きさ)20Nの小球に2本の軽い糸1，糸2をつけ、天井に固定する。糸1，2が鉛直方向となす角がそれぞれ30°，60°であったとき、糸1が引く力の大きさT_1〔N〕と糸2が引く力の大きさT_2〔N〕を求めよ。ただし、$\sqrt{3}=1.7$とする。

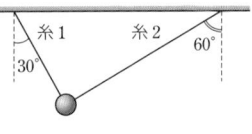

*1) ここで考える物体は、大きさが無視できるような小さな物体(質点という)とする。
*2) $\vec{0}$は始点と終点が一致するベクトルで零ベクトルという。大きさが0で向きはない。
*3) 大きさが無視できない物体の場合は、「回転し始めない」という条件も必要となる($\rightarrow$p.82)。

C 作用と反作用

❶作用反作用の法則 図45ⓐのように，手Aでつる巻きばねBを左向きに引き伸ばすと，Bは縮もうとする弾性力でAを右向きに引く。同図ⓑのように，氷上でスケートをはいた人Aが人Bを押すと，Bは右向きに動きだすが，このとき同時にBもAを押しているので，Aは左向きに動きだす。

このように，力は1つの物体に一方的にはたらくのではなく，2つの物体の間で互いに及ぼしあってはたらく。このとき，2つ

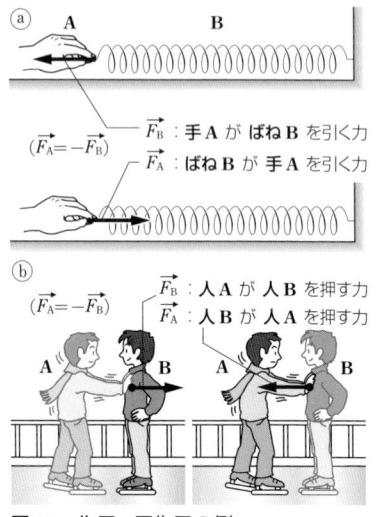

図45 作用・反作用の例

の力のうちの一方を**作用**といい，他方を**反作用**という。一般に

作用反作用の法則

物体Aから物体Bに力をはたらかせると，物体Bから物体Aに，同じ作用線上で，大きさが等しく，向きが反対の力がはたらく

これを**作用反作用の法則**という。
→実験6

❷力のつりあいと作用・反作用 つりあう2力も，作用・反作用の2力も，同じ作用線上にあり，大きさが等しく向きが反対であるので，この両者を混同しやすい。つりあう2力はどちらも同じ物体にはたらくので，作用点が同一物体内にある。一方，作用・反作用の2力はそれぞれ異なる相手の物体にはたらくので，作用点もそれぞれ異なる物体内にある(図46)。また，作用反作用の法則は，力のつりあいとは関係なく，いかなる状況でも常に成りたっている法則である。

---
*1) 作用反作用の法則は，「運動の第三法則」ということもある(→p.62)。

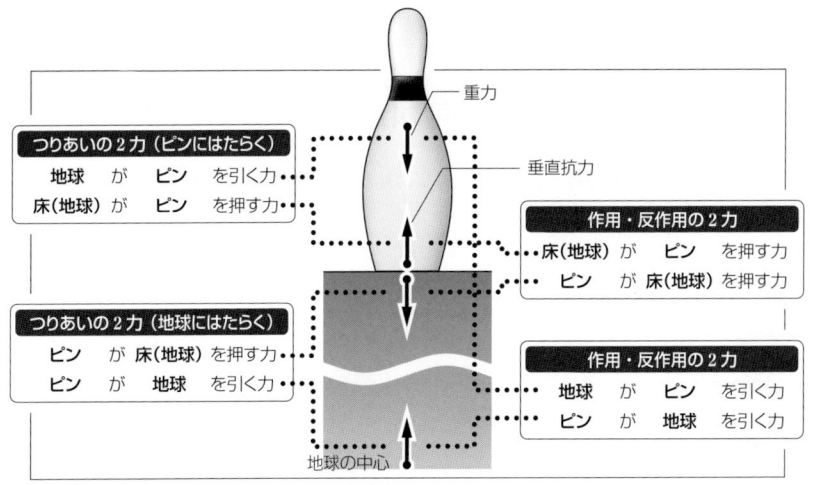

図46 力のつりあいと作用・反作用の例

つりあいの2力（ピンにはたらく）
- 地球 が ピン を引く力
- 床(地球) が ピン を押す力

作用・反作用の2力
- 床(地球) が ピン を押す力
- ピン が 床(地球) を押す力

つりあいの2力（地球にはたらく）
- ピン が 床(地球) を押す力
- ピン が 地球 を引く力

作用・反作用の2力
- 地球 が ピン を引く力
- ピン が 地球 を引く力

重力、垂直抗力、地球の中心

問24. 水平な床の上にある物体Aの上に，物体Bが置かれている。図の$\vec{F_1}\sim\vec{F_6}$は，物体A，物体Bおよび床にはたらく力であり，それぞれの力の大きさを$F_1\sim F_6$と表す。

(1) $\vec{F_1}\sim\vec{F_6}$は，何から何にはたらく力か。
(2) 物体Aにはたらく力をすべて述べよ。
(3) 物体Aと物体Bについて，力のつりあいの式をそれぞれ$F_1\sim F_6$を用いて書け。

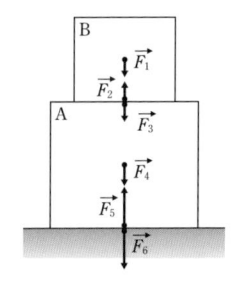

実験 6 作用反作用の法則

つる巻きばねSを，図の①〜③のように接続する。ここで，S′はSと異なるつる巻きばねで，おもりはすべて等しい重さとする。それぞれの場合において，おもりが静止した状態でのばねSの伸びを観察してみよう。また，ばねにはどのような力がはたらいており，その大きさがばねの伸びとどのような関係にあるか，考察してみよう（ばねは軽く，重さは無視してよいとする）。

Question ばねSの伸びが最も大きいのは，どの場合か？
　　　　ア.①　イ.②　ウ.③　エ.すべて同じ

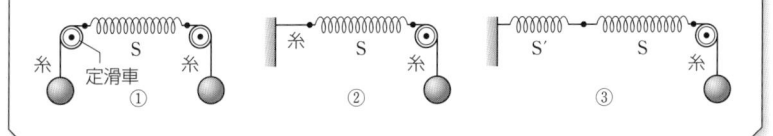

① 糸─定滑車─S─糸─おもり（両側）
② 壁─糸─S─糸─おもり
③ 壁─糸─S′─S─糸─おもり

第Ⅱ章　運動の法則

特集

物体にはたらく力の見つけ方

物体の運動を考えるには，物体にはたらく力を知ることが第一歩になる。
ここでは，力のつりあいや作用・反作用について整理し，
物体にはたらく力を正しく見つけられるようにする。

●「受ける力」と「及ぼす力」

力は，どちらの物体の立場で考えるかにより，「受ける力」になったり「及ぼす力」になったりします。

図Aで示した力$\vec{F_B}$は，Aの立場からみるとAがBに「及ぼす力」ですが，Bの立場からみるとBがAから「受ける力」です。

ところでこのとき，作用反作用の法則により，$\vec{F_B}$と同じ大きさで逆向きの力$\vec{F_A}$がはたらきますが，この力$\vec{F_A}$はA，Bそれぞれの立場からみると，どのような力になりますか？

Aの立場からみるとAがBから「受ける力」で，Bの立場からみるとBがAに「及ぼす力」です。

その通りです。Bがへこむのは Bが「受ける力」$\vec{F_B}$により，Aが痛いと感じるのはAが「受ける力」$\vec{F_A}$によります。

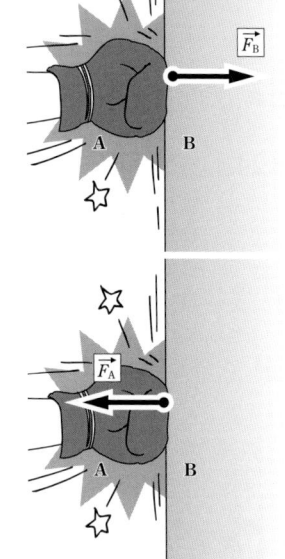

図A　受ける力・及ぼす力

問B. 次の[ ]の中に，「受ける力」と「及ぼす力」のうち，正しい用語を入れよ。
(1) 図のように，りんごが箱の上に置かれているとき
　①力$\vec{F_1}$は，りんごが[　　　]である。
　②力$\vec{F_2}$は，りんごが[　　　]である。
　③力$\vec{F_3}$は，りんごが[　　　]である。

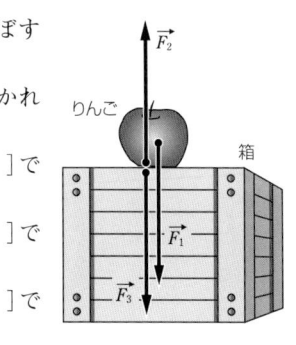

(2) 図のように，壁に接した箱を押すとき
　　④力$\vec{F_4}$は，箱が [　　　　　] である。
　　⑤力$\vec{F_5}$は，箱が [　　　　　] である。
　　⑥力$\vec{F_6}$は，箱が [　　　　　] である。

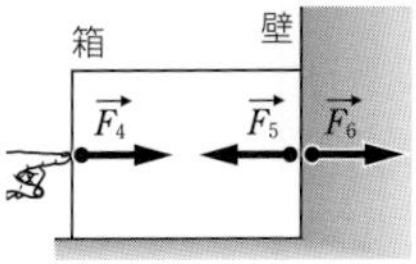

(3) 図のように，おもりが天井からばねでつり下げられているとき
　　⑦力$\vec{F_7}$は，天井が [　　　　　] である。
　　⑧力$\vec{F_8}$は，ばねが [　　　　　] である。
　　⑨力$\vec{F_9}$は，おもりが [　　　　　] である。

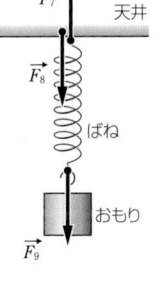

● 物体が動き始めるのは…

さて，図Bのように，水平な床の上で静止している台車Bを，人Aが一定の力$\vec{F_B}$で右向きに押していくと，Bは右向きに動き始めますね。

このとき，$\vec{F_B}$の反作用としてBがAに及ぼす力$\vec{F_A}$もあります。作用反作用の法則により，$\vec{F_A}$と$\vec{F_B}$とは互いに逆向きで，大きさは等しくなります。

そこのところがよくわかりません。$\vec{F_A}$と$\vec{F_B}$の大きさが等しかったら，互いに逆向きですから，合力は0になって，Bは動き始めないのではないですか？ですから，$\vec{F_B}$よりも$\vec{F_A}$のほうが小さいと思いますが違っているのでしょうか？

図B　台車を押すときの力

違います。注目する物体にはたらく力がつりあっているか，あるいは動き始めるかどうかは，その物体が「受ける力」だけで判断します。

図Bで，BがAから「受ける力」は$\vec{F_B}$であり，この力によってBは右向きに動き始めるのです。$\vec{F_A}$はBがAに「及ぼす力」なので，Bの動きには影響を与えません。

第Ⅱ章　運動の法則

問 C. 図のように，りんごが床の上に置かれて静止している。$\vec{F_1}$, $\vec{F_2}$, $\vec{F_3}$ は力を表す。
(1) りんごが受けている力をすべて述べよ。
(2) りんごは静止しているので，りんごにはたらく力はつりあっている。つりあいの関係になっている力はどれとどれか。
(3) 作用反作用の関係になっている力はどれとどれか。
(4) 力 $\vec{F_1}$ の大きさ F_1 と力 $\vec{F_3}$ の大きさ F_3 が等しいことを示せ。

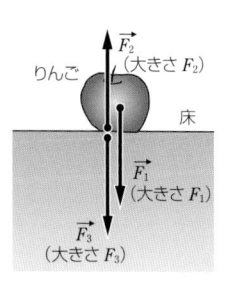

●物体にはたらく力の見つけ方

物体にはたらく力の合力が 0 のとき，力はつりあっています。合力が 0 でないとき，力はつりあわず，物体は合力の向きに加速されます（→p.62）。

わかりました。では，どのように「物体にはたらく力」を見つけたらよいのでしょうか？

まず，力には次の 2 種類があることを覚えておきましょう。

❶ 接触している物体からの力
❷ 接触していなくてもはたらく力（→p.47 参考）

❶ の力をさがすには，注目する物体に接触しているものを見つけることが肝心です。物体との接触点を作用点として，力の矢印をかきます。
接触している他の物体から受ける力には

面と接触している	垂直抗力（接触面に垂直）	→p.46
あらい面と接触している	静止摩擦力や動摩擦力（接触面に平行）	→p.69
糸につながれている	糸が引く力	→p.46
ばねにつながれている	ばねの弾性力	→p.46
流体中にある	浮力（重力と逆向き）	→p.75

などがあるので，見落とさないようにしなければなりません。

❷ は，何といってもまず重力（→p.45）ですね。地球上にある物体は必ず重力を受けていますので，重力の矢印を最初にかくとよいでしょう。重力以外にも，静電気力，磁気力などがあります。

具体的に図Cの例で考えてみます。

❶ 物体に接触しているのは，ばねとあらい床の 2 つです。
　物体には，ばねからの弾性力 $\vec{F_1}$（→），床からの垂直抗力 $\vec{F_2}$（↑）と静止摩擦力 $\vec{F_3}$（←）がはたらきます。
　なお，静止摩擦力の向きは，摩擦を考えないときに起こるはずの運動

を妨げる向きになります。図Cの例では、摩擦がないと物体は右に動き始めますから、静止摩擦力の向きは左向きになります。

❷物体には重力$\vec{F_4}$(↓)がはたらきます。

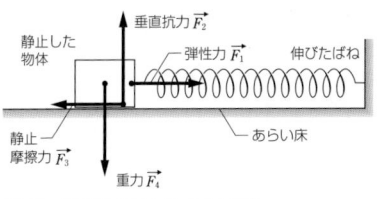

図C　物体にはたらく力の例

静止した物体　垂直抗力$\vec{F_2}$　弾性力$\vec{F_1}$　伸びたばね　静止摩擦力$\vec{F_3}$　あらい床　重力$\vec{F_4}$

問D. 次の(1)〜(11)の各場合について、各物体にはたらく力のベクトル（矢印）をそれぞれ図中に記入せよ。また、＜例＞にならって、記入した各力を用語で説明せよ。ただし、ばねや糸の質量と空気の抵抗は無視する。

＜例＞
Aにはたらく力
重力（または「Aが地球から受ける力」）
垂直抗力（または「Aが床から受ける力」）
床

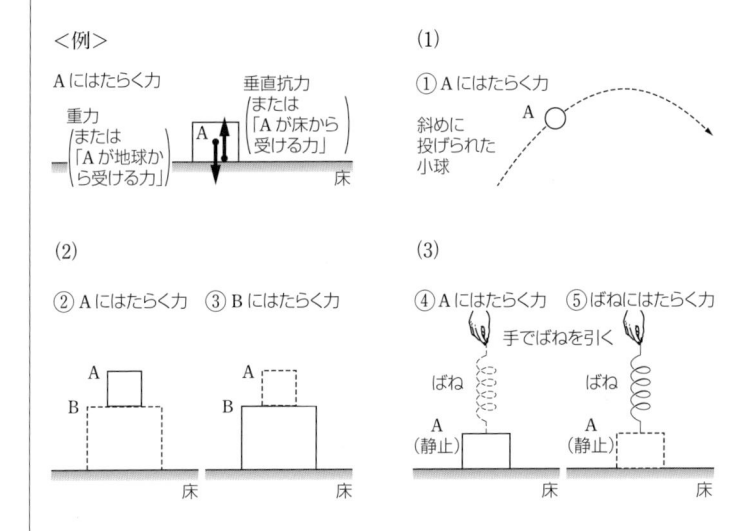

(1) ①Aにはたらく力
斜めに投げられた小球

(2) ②Aにはたらく力　③Bにはたらく力
床

(3) ④Aにはたらく力　⑤ばねにはたらく力
手でばねを引く
ばね　A（静止）　床
ばね　A（静止）　床

(4) ⑥Bにはたらく力　⑦糸2にはたらく力　⑧Aにはたらく力　⑨糸1にはたらく力
天井　糸1　A　糸2　B
軽い糸で天井からつり下げる

第Ⅱ章　運動の法則

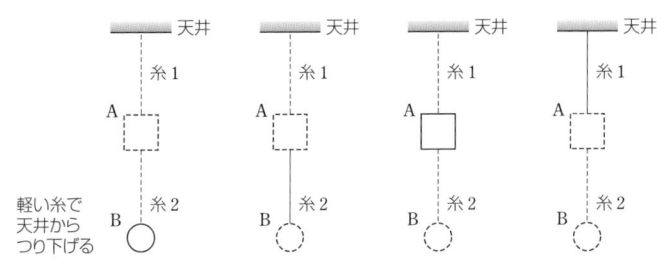

(5)

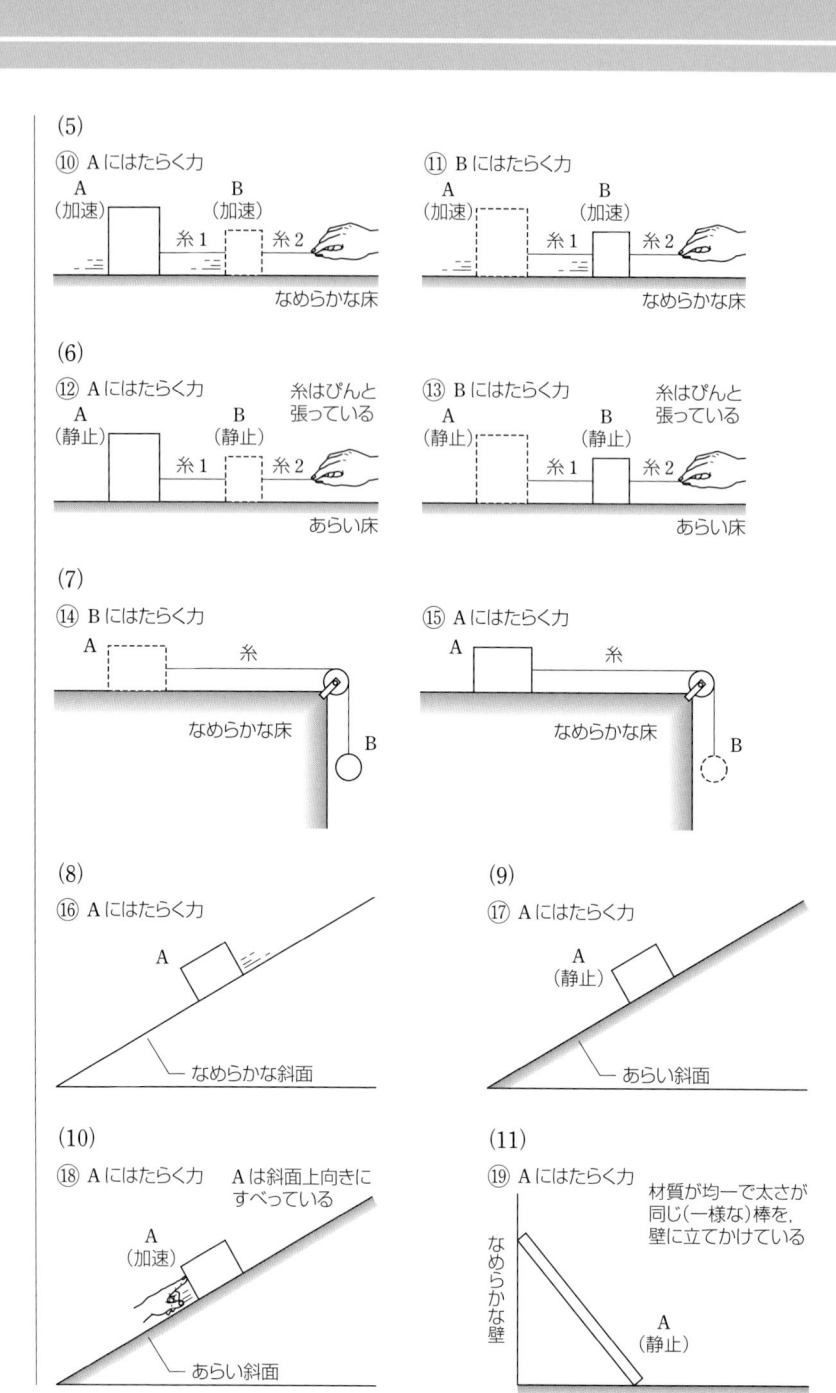

⑩ A にはたらく力
A（加速） B（加速） 糸1 糸2
なめらかな床

⑪ B にはたらく力
A（加速） B（加速） 糸1 糸2
なめらかな床

(6)

⑫ A にはたらく力
A（静止） B（静止） 糸1 糸2
糸はぴんと張っている
あらい床

⑬ B にはたらく力
A（静止） B（静止） 糸1 糸2
糸はぴんと張っている
あらい床

(7)

⑭ B にはたらく力
A 糸 B
なめらかな床

⑮ A にはたらく力
A 糸 B
なめらかな床

(8)

⑯ A にはたらく力
A
なめらかな斜面

(9)

⑰ A にはたらく力
A（静止）
あらい斜面

(10)

⑱ A にはたらく力　A は斜面上向きにすべっている
A（加速）
あらい斜面

(11)

⑲ A にはたらく力　材質が均一で太さが同じ（一様な）棒を，壁に立てかけている
なめらかな壁
A（静止）
あらい床

58 ｜ 第1編　力と運動

3 | 運動の法則

A | 慣性の法則

カーリングは，ストーンを氷上ですべらせて行うスポーツである(図47)。氷上で投げ出されたストーンは，氷面から摩擦を受け減速してやがて止まる。しかし，ブラシで氷面をはくと，ストーンと氷面との摩擦が少なくなるので，ストーンは減速しにくくなり，到達距離を伸ばすことができる。

図47　カーリング

もし仮に，摩擦や空気の抵抗がまったくない水平な氷面上でストーンをすべらせた場合，ストーンは減速せず，等速直線運動を続けると考えられる。つまり，物体は本来，静止の場合を含めて，その速度を保とうとする性質をもっている。これを**慣性**という(図48)。

このような，物体に力がはたらかない状態も含めた力と運動に対する考察から，次の**慣性の法則**が確立された。

慣性の法則

外部から力を受けないか，あるいは外部から受ける力がつりあっている場合には，静止している物体はいつまでも静止をし続け，運動している物体は等速直線運動をし続ける

図48　慣性の法則が現れる例
自動車が急発進すると，運転者は静止状態を続けようとするため，シートに押しつけられるように感じる(ⓐ)。また，自動車が急ブレーキをかけると，運転者は運動状態を続けようとするため，体がハンドル側に押しつけられそうに感じる(ⓑ)。

第Ⅱ章　運動の法則　｜　59

B　運動の法則

　慣性の法則により，物体に力がはたらかないときは速度が変わらないことがわかった。では，物体に力がはたらいた場合は，速度はどのように変わるのだろうか。

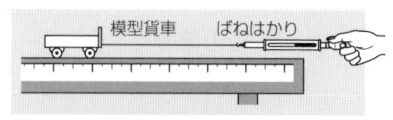

図49　模型貨車を引く実験
ばねはかりの目盛り（ばねの伸び）が一定になるようにして模型貨車を引くと，模型貨車に加わる力を一定に保つことができる。

　図49のように，模型貨車に一定の力を加え続けたときの運動の変化は，次の❶，❷のようになる。

❶力と加速度の関係　図50のストロボ写真より，模型貨車は力の向きに加速されていることがわかる。また，写真からv-t図をかくと，図51 ⓐのような傾きが一定の直線が得られる。これは，模型貨車が等加速度直線運動をしていることを表している。

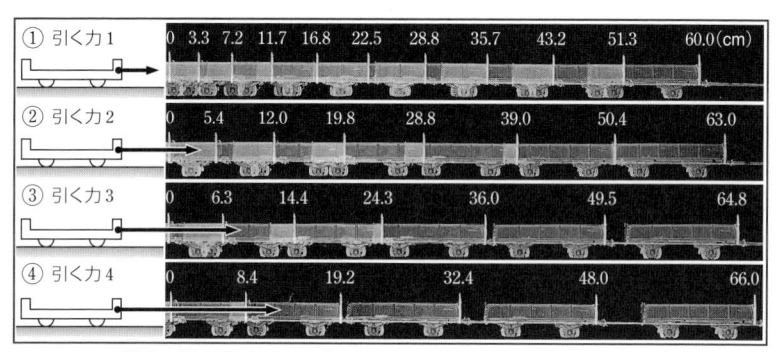

図50　同じ質量の模型貨車を力を変えて引く運動
ストロボ写真上の数字は，距離をはかり始めた点を原点としたときの位置を表す（図52も同じ）。ストロボの発光間隔は0.10秒。

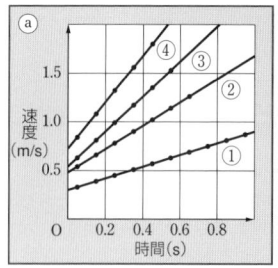

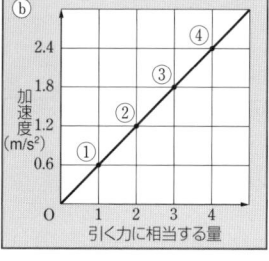

図51　加速度と引く力の関係
（質量一定）
図50からv-t図をかき，その傾きより加速度を求める（ⓐ）。ⓑは加速度と力の関係を図示したもの。

また，同じ模型貨車で，引く力の大きさを 2 倍，3 倍，4 倍にすると，加速度の大きさも 2 倍，3 倍，4 倍になっていることがわかる（同図ⓑ）。これより

　　　加速度の大きさ a は加えた力の大きさ F に比例する

❷**質量と加速度の関係**　次に，模型貨車を引く力の大きさを一定にし，模型貨車の質量を 2 倍，3 倍，4 倍に変えたときの加速度を調べる。❶と同様に，模型貨車のストロボ写真（図 52）から加速度の大きさを求め，質量と加速度の大きさとの関係を表すと，図 53 ⓐのようになる。しかし，これらの間の関係は正確にはわからない。そこで，加速度の大きさと，質量の逆数との関係を図に表してみると，同図ⓑのようになり，これらの間に比例の関係が成りたつことがわかる。つまり

　　　加速度の大きさ a は質量 m に反比例する

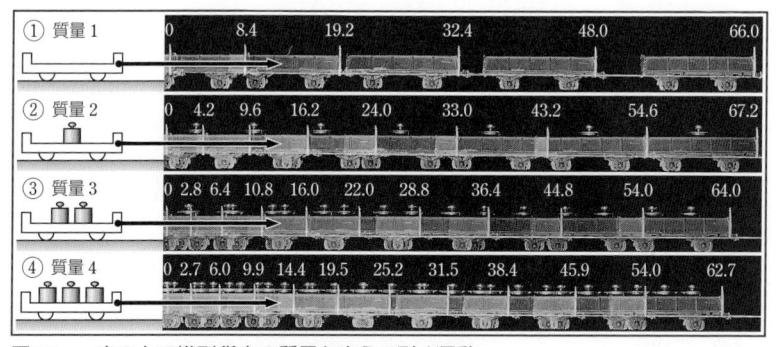

図 52　一定の力で模型貨車の質量を変えて引く運動
ストロボの発光間隔は 0.10 秒。①は図 50 ④と同じ（ここでは，おもり 1 個の質量と模型貨車の質量は等しい）。

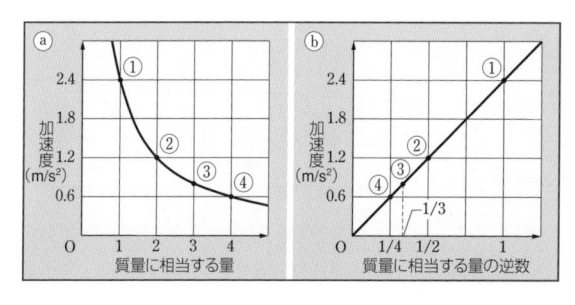

図 53　加速度と質量の関係
（引く力一定）
図 52 から v-t 図をかき，その傾きより加速度を求める。ⓐは加速度と質量の関係，ⓑは加速度と質量の逆数の関係を図示したもの。

❸**運動の法則** ❶，❷は，模型貨車に力を加え，その力の向きに加速するものであった。一方，走っている模型貨車に，速度と反対向きに力を加えると減速するが，この場合も，加速度の大きさと向きについて，加速の場合と同様の関係が成りたつ。以上の結果をまとめると，

　　物体にいくつかの力がはたらくとき，物体にはそれらの合力$\vec{F}$の向きに加速度$\vec{a}$が生じる。その加速度の大きさは合力の大きさに比例し，物体の質量mに反比例する。

これを**運動の法則**といい，式で表すと次のようになる。

$$\vec{a} = k\frac{\vec{F}}{m} \quad (k は比例定数) \tag{52}$$

慣性の法則(→p.59)を**運動の第一法則**，運動の法則を**運動の第二法則**，作用反作用の法則(→p.52)を**運動の第三法則**という。これらの法則は，**ニュートンの運動の3法則**といわれる。

C 運動方程式

❶**力の単位**　力の単位ニュートン(記号N)(→p.45)は，(52)式で，加速度の単位をm/s²，質量の単位をkgとしたとき，比例定数kの値が1となるように定められている。つまり，質量1kgの物体に1m/s²の大きさの加速度を生じさせるような力の大きさが1Nである。

また，これらの単位の間には次の関係が成りたつ。

$$N = kg \cdot m/s^2 \tag{53}$$

[*1)]

❷**運動方程式**　(52)式で，$k=1$とし，式を変形すると，(54)式が得られる。これを**運動方程式**という。

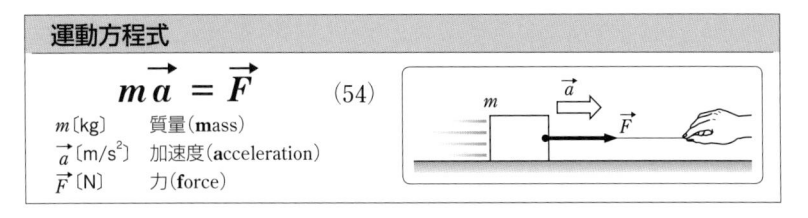

運動方程式

$$m\vec{a} = \vec{F} \tag{54}$$

m [kg]　　質量(mass)
$\vec{a}$ [m/s²]　加速度(acceleration)
$\vec{F}$ [N]　　力(force)

---

*1) kg，m，sは**基本単位**，Nは**組立単位**とよばれる単位の一種である。組立単位は，基本単位の組合せで表すことができる(→p.235)。

運動方程式の$\vec{a}$, $\vec{F}$は大きさと向きをもつベクトルである。一直線上の運動の場合は，これらの向きを正，負で区別してa，Fと表すと，運動方程式は次のように書くことができる。
$$ma = F \tag{55}$$

問25. なめらかな水平面上に置いた質量1.5 kgの台車に，水平方向に一定の力を加え続けたところ，台車の加速度の大きさは3.0 m/s²となった。このとき加えた力の大きさは何Nか。

問26. 質量2.0 kgの物体に，右向きに5.0 Nの力を加え続ける。このときの物体の加速度の大きさa[m/s²]と向きを求めよ。

D 重さと質量

物体が重力だけを受けて運動するとき，物体には鉛直下向きの加速度が生じている。この加速度は，その質量に関係なく，常に一定の大きさg(約9.8 m/s²)である(→p.31)。よって(55)式より，質量m[kg]の物体にはたらく重力の大きさはmg[N]と求められる(→p.45)。一般に，地表にある物体には，静止していても運動していても，常にmg[N]の大きさの重力がはたらく。

月面上での重力加速度の大きさは，地球上のおよそ$\frac{1}{6}$倍である。したがって，物体の月面上での重さ(重力の大きさ)は，地球上に比べておよそ$\frac{1}{6}$倍となる。このように，重さは場所により異なる量であるが，質量は場所によらない物体に固有の量である。

問27. 質量5.0 kgの物体の重さ(重力の大きさ)は，地球上で何Nか。また，月面上では何Nか。地球上での重力加速度の大きさを9.8 m/s²，月面上での重力加速度の大きさを1.6 m/s²とする。

---

*2) 運動方程式の質量mは，物体の加速のしにくさ(慣性)を表している。(55)式をもとに，Fとaの比$\frac{F}{a}$によって求められる質量のことを**慣性質量**という。一方，重力の大きさをもとに定義される質量のことを**重力質量**という。慣性質量と重力質量は別の定義によるものであるが，現在ではその値は一致すると考えられている。

E 運動方程式の応用

❶運動方程式の立て方 運動方程式は，次のような手順で立てるとよい。

参考 運動方程式の立て方

Step❶ どの物体について運動方程式を立てるかを決める。

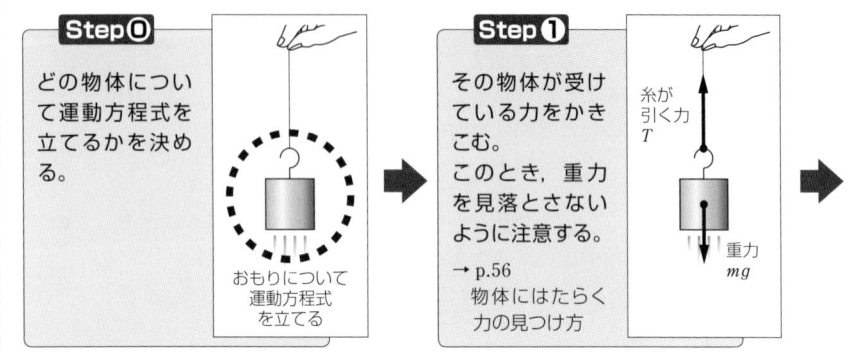

おもりについて運動方程式を立てる

Step❶ その物体が受けている力をかきこむ。このとき，重力を見落とさないように注意する。
→ p.56 物体にはたらく力の見つけ方

糸が引く力 T
重力 mg

例題 8. **1 物体の運動方程式①**

重力のみを受け，鉛直下向きに落下している小球を考える。小球の質量を 0.50 kg，小球にはたらく重力の大きさを 4.9 N とする。
(1) 小球の加速度を a [m/s²] として，小球の運動方程式を立てよ。ただし，鉛直下向きを正とする。
(2) a [m/s²] を求めよ。

解 (1) **Step❶** 小球にはたらく力をかきこむ。この場合，はたらく力は重力のみである。
Step❷ 問題にあるように，鉛直下向きを正とする。
Step❸ 「$ma = F$」(→ p.63 (55)式)に，$m = 0.50$ kg，$F = 4.9$ N を代入して
$$0.50\, a = 4.9 \quad \cdots\cdots ①$$

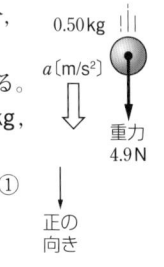

0.50 kg
a [m/s²]
重力 4.9 N
正の向き

(2) ①式より $a = \dfrac{4.9}{0.50} = \mathbf{9.8\, m/s^2}$

注) このように，落体の運動は，運動方程式が利用できる1つのパターン(重力のみがはたらく場合)と考えることができる。

類題 8. 小球を鉛直に投げ上げる。小球の質量を 2.0 kg，小球にはたらく重力の大きさを 19.6 N とし，空気の抵抗は考えないとする。
(1) 小球の加速度を a [m/s²] として，小球の運動方程式を立てよ。ただし，鉛直上向きを正とする。
(2) a [m/s²] を求めよ。

Step ❷

正の向きを定め，その向きの加速度を a とする。

（物体の運動の向きを正の向きとすることが多い）

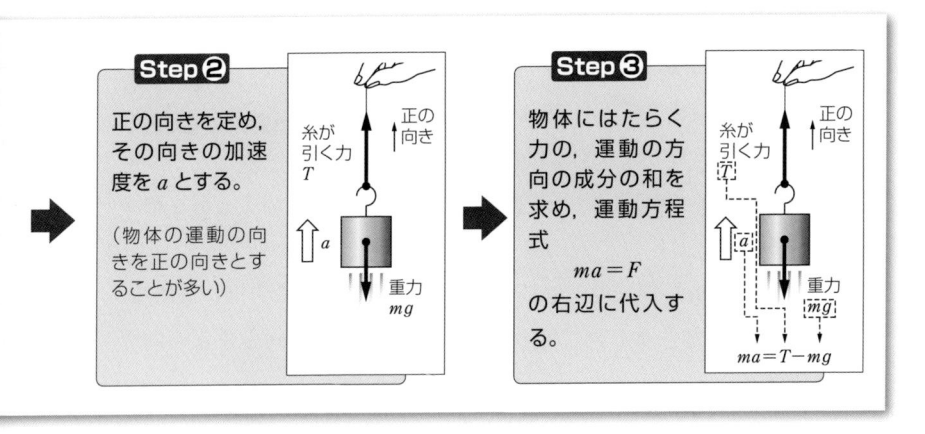

Step ❸

物体にはたらく力の，運動の方向の成分の和を求め，運動方程式

$$ma = F$$

の右辺に代入する。

$$ma = T - mg$$

例題 9.

1 物体の運動方程式②

質量 0.50 kg の小球をつるした軽い糸の上端を持って，6.0 N の力で引き上げた。小球の加速度の大きさと向きを求めよ。重力加速度の大きさを 9.8 m/s² とする。

解

Step ❶ 小球にはたらく力は図のようになる。小球には，鉛直下向きに重力 0.50×9.8 N，鉛直上向きに糸が引く力 6.0 N がはたらいている。

Step ❷ 鉛直上向きを正とし，小球の加速度を a [m/s²] とする。

Step ❸ 小球にはたらく力の合力は

$$6.0 - 0.50 \times 9.8 = 1.1 \text{ N}$$

これを「$ma = F$」（→ p.63 (55) 式）に代入して

$$0.50 a = 1.1 \quad \text{よって} \quad a = 2.2 \text{ m/s}^2$$

加速度の向きは鉛直上向き

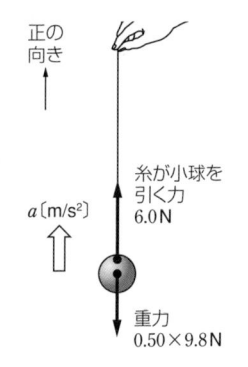

類題 9. 図のように，質量 1.5 kg の物体を板で支えながら，鉛直上向きに一定の加速度 0.20 m/s² で移動させたとする。このとき，板から物体に加わる力の大きさ F [N] を求めよ。重力加速度の大きさを 9.8 m/s² とする。

第Ⅱ章　運動の法則

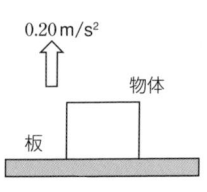

❷**斜面上の物体の運動** 斜面上にある物体など，物体がいくつかの方向に力を受ける場合は，2つの方向を決め，正の向きを定める。この2つの方向について運動方程式（または力のつりあいの式）を立て，各方向の力の成分の和を求めて代入する（図54）。

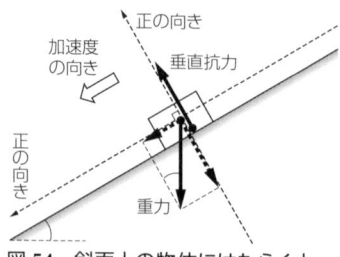

図54 斜面上の物体にはたらく力

力を分解する2つの方向と正の向きは，次のように決めると解きやすいことが多い。

1. 2つの方向は，加速度の生じる方向と，それに垂直な方向に決める。
2. 物体が運動する方向に関しては，初めの運動の向きを正の向きとする。

例題10.

1 物体の運動方程式③

傾きの角がθのなめらかな斜面上を，小物体がすべり下りている。このときの小物体の加速度の大きさa〔m/s²〕を求めよ。重力加速度の大きさをg〔m/s²〕とする。

解

小物体の質量をm〔kg〕とする。

Step ❶ 小物体にはたらく力は，重力mg〔N〕と垂直抗力である。

Step ❷ 斜面方向下向き（小物体の運動の向き）を正とする。

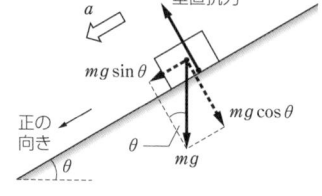

Step ❸ 重力の斜面方向の成分は$mg\sin\theta$〔N〕，垂直抗力の斜面方向の成分は0Nであるから，斜面方向の合力は $mg\sin\theta$〔N〕
したがって，小物体の運動方程式は
$$ma = mg\sin\theta \quad \text{よって} \quad a = g\sin\theta \text{〔m/s²〕}$$
注）斜面に垂直な方向の力はつりあっている。
垂直抗力の大きさをN〔N〕とすると
$$N - mg\cos\theta = 0 \quad \text{より} \quad N = mg\cos\theta \text{〔N〕}$$

類題10. 図のように，傾きの角がθのなめらかな斜面上にある小物体（質量m〔kg〕）を，斜面方向上向きにF〔N〕の力で引き上げる。このときの小物体の加速度の大きさa〔m/s²〕を求めよ。重力加速度の大きさをg〔m/s²〕とする。

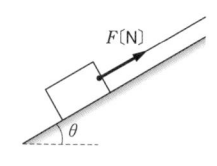

❸力を及ぼしあう2物体の運動

互いに力を及ぼしあう2つの物体が，外部から力を受けて一体となり運動する場合は，次のような手順で考える(図55)。

1. それぞれの物体ごとに分けて考え，各物体が受ける力だけをかきこむ。このとき，作用と反作用の関係にある力の組は，大きさ f [N] など，共通の文字で表す。

2. 物体ごとに運動方程式を立てる。このとき，2つの物体の加速度は等しくなるので，a [m/s²] など共通の文字を用いる。

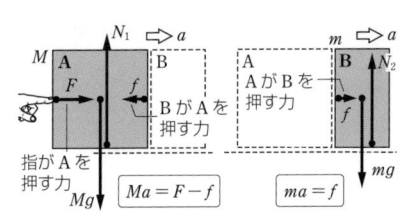

図55 力を及ぼしあう2物体にはたらく力

例題11. 2物体の運動方程式①

水平面上に質量 1.0 kg の台車Aと質量 1.5 kg の台車Bを接触させ，図のようにAを 5.0 N の力で水平に押す。

(1) A，Bの加速度の大きさ a [m/s²] を求めよ。
(2) AがBを押す力の大きさ f [N] を求めよ。

解 (1) **Step❶** 作用反作用の法則より，AがBを押す力と，BがAを押す力は，同じ大きさ (f [N]) で逆向きとなる。よって，A，Bにはたらく水平方向の力は図のようになる。

Step❷ 右向きを正の向きとする。
Step❸ 各物体の運動方程式は
A： $1.0a = 5.0 - f$ ……①
B： $1.5a = f$ ……②
①式+②式より $2.5a = 5.0$
よって $a = 2.0$ **m/s²**

(2) ②式に $a = 2.0$ m/s² を代入して
$f = 3.0$ **N**

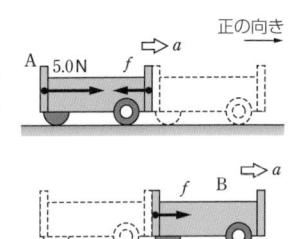

類題11.

図のように，質量 0.20 kg と 0.30 kg の小球A，Bを軽い糸でつなぎ，Aを大きさ 7.0 N の力で鉛直上向きに引き上げた。重力加速度の大きさを 9.8 m/s² とする。
(1) A，Bの加速度の大きさ a [m/s²] を求めよ。
(2) 糸がBを引く力の大きさ T [N] を求めよ。

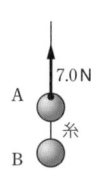

第Ⅱ章 運動の法則

❹**定滑車を含む運動** 軽い定滑車を介して軽い糸で結ばれた2つの物体が，糸をたるませることなく運動する場合も，❸と同様に考えればよい。特に，次の2点に注意するとよい。

1. 軽い糸が引く力は，両端で等しくなる。よって，これらの力の大きさは，T〔N〕など共通の文字で表す。
2. 正の向きや加速度の向きは，どのような動きをするかを考えて，物体ごとに決める。

例題12. **2物体の運動方程式②** 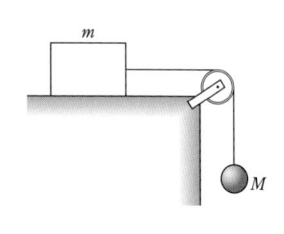
質量m〔kg〕の物体をなめらかで水平な机の面上に置く。物体に軽くて伸びないひもをつけ，これを机の端に固定した軽い滑車に通し，ひもの端に質量M〔kg〕のおもりをつるす。重力加速度の大きさをg〔m/s^2〕とする。
(1) 物体とおもりの加速度の大きさa〔m/s^2〕を求めよ。
(2) ひもが物体を引く力の大きさT〔N〕を求めよ。

解 (1) **Step❶** ひもが物体を引く力の大きさをT〔N〕とすると，物体とおもりにはたらく力は図のようになる。
Step❷ 物体については水平方向右向きを正，おもりについては鉛直方向下向きを正とする。
Step❸ それぞれの運動方程式は次のようになる。
　物体：　$ma = T$ ……①
　おもり：　$Ma = Mg - T$　　……②
①式＋②式より　$(M + m)a = Mg$
よって　$a = \dfrac{M}{M + m} g$〔m/s^2〕

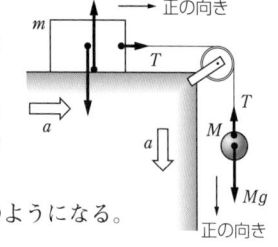

(2) ①式に(1)の答えを代入して　$T = \dfrac{mM}{M + m} g$〔N〕

類題12. 軽い定滑車に軽い糸をかけ，その両端に質量がそれぞれm_1，m_2〔kg〕$(m_1 > m_2)$のおもりA，Bをつけて静かに手をはなす。重力加速度の大きさをg〔m/s^2〕とする。
(1) おもりの加速度の大きさa〔m/s^2〕を求めよ。
(2) 糸がおもりを引く力の大きさT〔N〕を求めよ。

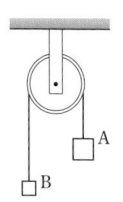

4 | 摩擦を受ける運動

A | 静止摩擦力

❶静止摩擦力 公園のすべり台に子どもを乗せても，すべりださないことがある。しかし，ある大きさ以上の力で子どもの背中を押すとすべり始める。

あらい面上に置かれた物体を，面に平行に大きさfの力で引くと，fが小さい間は物体は動かない(図56ⓐ)。これは，引く力と逆向きに同じ大きさの摩擦力がはたらくためである。静止している物体に対し動きだすのを妨げるようにはたらく摩擦力を**静止摩擦力**という。

引く力を大きくしていくと，静止摩擦力も大きくなる(同図ⓑ)。引く力の大きさがある限界をこえると，物体はついに動きだす。動きだす直前の静止摩擦力を**最大摩擦力**という(同図ⓒ)。実験によると，最大摩擦力の大きさF_0は垂直抗力の大きさNに比例する。つまり

   最大摩擦力 $F_0 = \mu N$ (56)

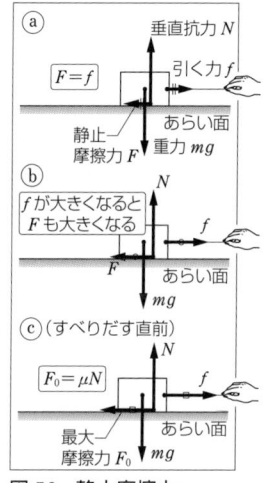

図56 静止摩擦力

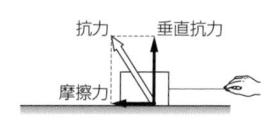

図57 抗力

μ(最大摩擦力と垂直抗力の比)は接触する両物体の面の種類や状態によって定まる定数で，**静止摩擦係数**という。μは接触面の大きさにはほとんど依存しない。

一般に，物体が面から受ける力を**抗力**という(図57)。垂直抗力(→p.46)や摩擦力は，抗力の成分(分力)である。

問28. 水平面上にある質量2.0 kgの物体にばねはかりをつけ，水平に引いたところ，はかりの指針が4.9 Nを示したときに物体は動きだした。物体と面との間の静止摩擦係数はいくらか。重力加速度の大きさを9.8 m/s²とする。

第Ⅱ章 運動の法則

例題13. **静止摩擦力**

傾きの角が 30°のあらい斜面上にある質量 1.0 kg の物体を，斜面にそって上向きに軽い糸で引く。
糸を引く力の大きさ f [N] が次の (1)〜(3) であるとき，物体にはたらく静止摩擦力の大きさ F [N] と向きを求めよ。ただし，物体はいずれの場合も静止していたとし，重力加速度の大きさを 9.8 m/s² とする。

(1) $f = 2.0$ N　(2) $f = 6.0$ N　(3) $f = 4.9$ N

解

(1) 重力の斜面に平行な成分の大きさは
$$1.0 \times 9.8 \times \sin 30° = 4.9 \text{ N}$$
斜面に平行な成分に注目すると，静止摩擦力以外の力の合力は，斜面にそって下向きである。よって，物体が下向きに動こうとするのを妨げるように，静止摩擦力は上向きにはたらく。斜面に平行な方向の力のつりあいより
$$F + 2.0 - 4.9 = 0$$
よって　$F = 2.9$ N

斜面にそって上向きに 2.9 N

(2) (1) と同様に考えると，静止摩擦力は下向きにはたらく。
$$6.0 - 4.9 - F = 0$$
よって　$F = 1.1$ N

斜面にそって下向きに 1.1 N

(3) 静止摩擦力以外の力の合力が 0 N なので，静止摩擦力ははたらかない。よって　**0 N**

類題13. 傾きの角が 30°のあらい斜面上にある質量 0.50 kg の物体を，斜面にそって上向きに軽い糸で引く。引く力 f [N] を大きくしていったとき，物体が動き始める直前の f の大きさを求めよ。物体と斜面との間の静止摩擦係数を $\dfrac{1}{\sqrt{3}}$，重力加速度の大きさを 9.8 m/s² とする。

❷ **摩擦角**　図58のように，板の上に物体をのせ，板を徐々に傾けていく。傾きの角がある大きさをこえると，物体は板上をすべり始める。この角 θ_0 を**摩擦角**という。物体と板の面との間の静止摩擦係数を μ とすると，次の関係が成りたつ。

$$\mu = \tan \theta_0 \tag{57}$$

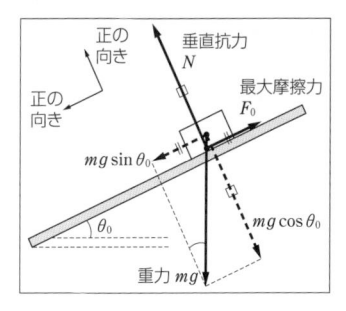

図58 摩擦角

質量m〔kg〕の物体にはたらく力のうち，斜面に平行な成分は，最大摩擦力(大きさF_0〔N〕)と重力の斜面に平行な成分(大きさ$mg\sin\theta_0$〔N〕)である。これらの力がつりあっているので $mg\sin\theta_0 - F_0 = 0$ ……①
斜面に垂直な成分は，垂直抗力(大きさN〔N〕)と重力の斜面に垂直な成分(大きさ$mg\cos\theta_0$〔N〕)である。これらもつりあっているので
$$N - mg\cos\theta_0 = 0 \quad \cdots\cdots ②$$
①，②式と「$F_0 = \mu N$」(→p.69(56)式)より(μ：静止摩擦係数) $\mu = \dfrac{F_0}{N} = \dfrac{mg\sin\theta_0}{mg\cos\theta_0} = \tan\theta_0$

B 動摩擦力

物体はすべりだした後も，あらい面から運動を妨げる向きに摩擦力を受ける(図59)。このような，あらい面上を運動する物体にはたらく摩擦力を**動摩擦力**という。実験によると，動摩擦力の大きさF'も垂直抗力の大きさNに比例する。つまり

動摩擦力 $\quad F' = \mu' N \qquad (58)$

μ'(動摩擦力と垂直抗力の比)は接触する両物体の面の状態によって定まる定数で，**動摩擦係数**という。

μ'は，接触面の大きさやすべる速度にはほとんど依存しない。

摩擦力

$$F_0 = \mu N, \quad F' = \mu' N$$

F_0〔N〕 最大摩擦力の大きさ
F'〔N〕 動摩擦力の大きさ
μ 静止摩擦係数
μ' 動摩擦係数
N〔N〕 垂直抗力(normal force)の大きさ

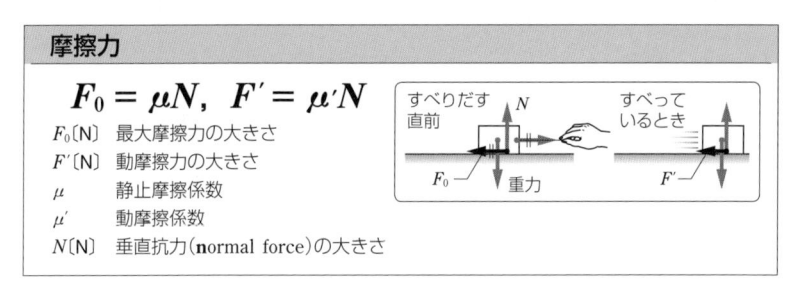

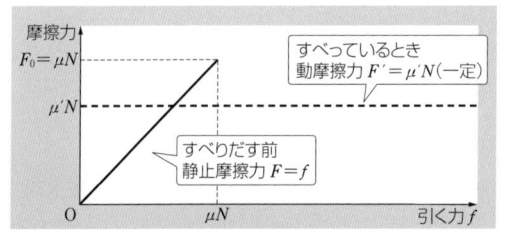

図59 物体を引く力と摩擦力の関係

あらい水平面に置かれた物体を，面に平行な力fで引くとき。物体がすべっているときは，fの大きさにかかわらず，物体にはたらく摩擦力は動摩擦力$F' = \mu' N$となる。

第Ⅱ章 運動の法則

一般に，動摩擦係数は静止摩擦係数よりも小さい(表3)。したがって，動摩擦力[*1)]は最大摩擦力よりも小さい。

表3　いろいろな摩擦係数
摩擦係数の値は接触面の状態によって大きく異なる。

接触する2物体 (接触面は乾燥)	静止摩擦 係数	動摩擦 係数
ガラスとガラス	0.94	0.4
銅とガラス	0.68	0.53
鋼鉄と鋼鉄	0.7	0.5
銅と鋼鉄	0.53	0.36
鋼鉄と鉛	0.95	0.95

問29. 質量 5.0 kg の物体があらい水平面上をすべっているとき，物体が受ける動摩擦力の大きさは何Nか。重力加速度の大きさを 9.8m/s^2，物体と面との間の動摩擦係数を 0.20 とする。

例題14.　動摩擦力

傾きの角 θ のあらい斜面上を物体がすべり下りるとき，物体に生じる加速度 $a \text{[m/s}^2\text{]}$ を求めよ。重力加速度の大きさを $g \text{[m/s}^2\text{]}$，斜面と物体との間の動摩擦係数を μ'，斜面にそって下向きを正とする。

解　物体にはたらく力は図のようになる(物体の質量を $m \text{[kg]}$ とする)。
斜面に平行な方向について，物体の運動方程式を立てると
$$ma = mg\sin\theta - \mu'N \quad \cdots ①$$
一方，斜面に垂直な方向の力はつりあっているから
$$N - mg\cos\theta = 0 \quad \cdots\cdots ②$$
②式より　$N = mg\cos\theta$　これを①式に代入して整理すると
$$a = g(\sin\theta - \mu'\cos\theta) \text{[m/s}^2\text{]}$$

類題14. 傾きの角 θ のあらい斜面上に，質量 $m \text{[kg]}$ の物体を置く。物体に軽い糸をつけ，斜面にそって上向きに大きさ $F \text{[N]}$ の力で引いたところ，物体は斜面をすべり上がったとする。このとき，物体に生じる加速度 $a \text{[m/s}^2\text{]}$ を求めよ。重力加速度の大きさを $g \text{[m/s}^2\text{]}$，斜面と物体との間の動摩擦係数を μ'，斜面にそって上向きを正とする。

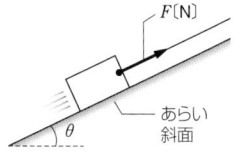

---

*1) ここで学ぶ動摩擦力をすべり摩擦力という。一方，球状物体や円筒状物体が，面上を転がるときにはたらく摩擦力を転がり摩擦力といい，これはすべり摩擦力よりもはるかに小さい。車輪やベアリング(軸受け)などは，このことを利用したものである。

5 液体や気体から受ける力

A 圧力

❶圧力 図60は，スポンジの上に直方体のおもりを置いたときのようすである。同じ大きさの力を加えても，スポンジを押している面積の大小により，スポンジのへこみぐあいが異なることがわかる。そこで，物体の面1 m²当たり何Nの力を及ぼしているかを表す量（単位面積当たりの力）を考え，これを**圧力**（pressure）という。

面積がS〔m²〕の面に，F〔N〕の力を垂直に及ぼすとき，圧力pは次の式で表される。

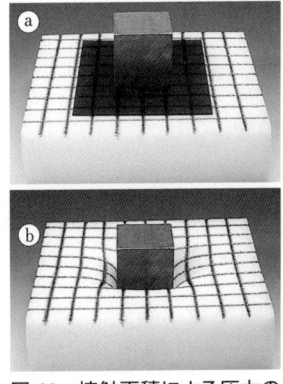

図60 接触面積による圧力の違い

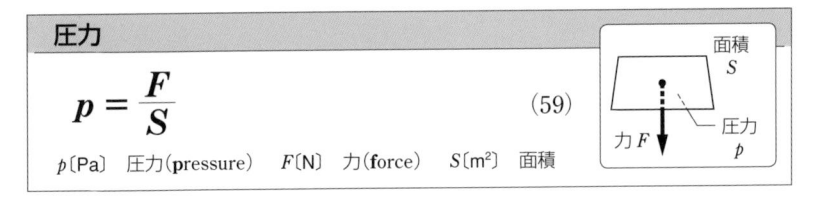

圧力

$$p = \frac{F}{S} \qquad (59)$$

p〔Pa〕 圧力(pressure)　F〔N〕 力(force)　S〔m²〕 面積

面積1 m²当たりに1 Nの力を加えたときの圧力を1**パスカル**（記号**Pa**）といい，10^2 Paを1**ヘクトパスカル**（記号**hPa**）という。圧力の単位としては，このほかにニュートン毎平方メートル（記号**N/m²**），気圧（記号**atm**）などが用いられる。[*2] 1 N/m² = 1 Pa，1 atm = 1.013×10^5 Paである。[*3]

問30. 画びょうを，指で板に垂直に押しつける。画びょう上面の面積を1.0×10^{-4} m²，下面（ピン）が板に接している面積を2.0×10^{-8} m²，指が画びょう上面に及ぼす力を20 Nとするとき，画びょうが指から受ける圧力p_1〔Pa〕と，板が画びょうから受ける圧力p_2〔Pa〕を求めよ。画びょうの質量は無視する。

1.0×10^{-4} m²
2.0×10^{-8} m²

[*2] 圧力（単位Pa＝N/m²）は，力（単位N）とは単位（次元，→p.235）が異なることに注意。
[*3] $1.013 \times 10^5 = 1.013 \times 100000$ である。

❷**気体の圧力** 気体は空間を飛んでいるきわめて多数の分子からなる(図61)。この多数の分子が壁に次々と衝突することによって，気体の圧力が生じる。

気体の圧力のうち，特に大気による圧力を**大気圧**という。

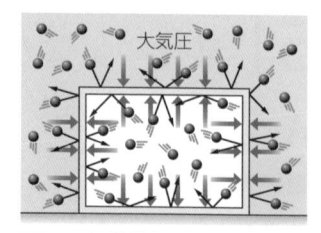

図61 気体分子の運動と圧力

❸**液体の圧力** 水による圧力を**水圧**という。図62 ⓐのように，透明な筒の両端に薄いゴム膜を張って水中に入れると，ゴム膜のへこみぐあいでその場所での水圧の大小が調べられる。この実験や同図ⓑの実験より，次のことがわかる。

　①同じ深さでは，水圧はどの方向にも同じ大きさである
　②深くなるほど水圧は大きい

高さ h [m]の円筒容器に満たされた水(密度を ρ [kg/m³]とする)が，容器の底面に及ぼす水圧を p [Pa]とすると，次の式が成りたつ。

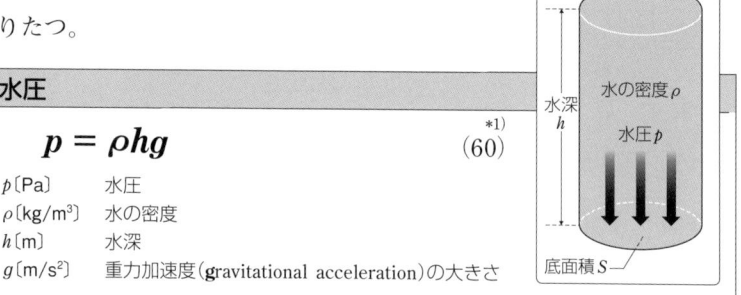

水圧

$$p = \rho h g \qquad (60)$$ *1)

p [Pa]　　　水圧
ρ [kg/m³]　　水の密度
h [m]　　　水深
g [m/s²]　　重力加速度(gravitational acceleration)の大きさ

これは，水圧が円筒の断面積によらず，深さに比例することを表している。このことから，水深 h [m]での水圧 p [Pa]は(60)式で表されることがわかる。

なお，水面での大気圧(p_0 [Pa]とする)を考えると，水深 h [m]で物体が受ける圧力 p' [Pa]は，大気圧と水圧の和として求められる。

$$p' = p_0 + \rho h g \qquad (61)$$

*1) (60)式を導く
上の図の水柱の質量を m とすると，「物体の質量＝密度×体積」の関係から
$m = \rho V = \rho S h$
水柱が底面に及ぼす力 F は
$F = mg = \rho S h g$ なので
$p = \dfrac{F}{S} = \dfrac{\rho S h g}{S} = \rho h g$

図62 水圧の向きと大きさ

ⓐ 水中でのゴム膜のへこみぐあいは，深さが同じ所では同程度であり，深くなるほど大きい。
ⓑ 深い所の水のほうが勢いよく飛び出す。これは，深い所の水のほうが大きい圧力を受けていることを示している。

問31. 水深10mにおける水圧は何Paか。水の密度を$1.0 \times 10^3 \text{ kg/m}^3$，重力加速度の大きさを$9.8 \text{ m/s}^2$とする。

B 浮力

❶浮力 気体と液体を総称して**流体**という。流体中にある物体は，軽くなったように感じる。これは，流体から物体へ，押し上げる力がはたらくためである。このような力を**浮力**という。

浮力の大きさについて，次の**アルキメデスの原理**が成りたつ。

> 流体中の物体は，それが排除している流体の重さに等しい大きさの浮力を受ける

この原理から，水の密度をρ〔kg/m³〕，物体の体積をV〔m³〕(volume) とすると，水中の物体が受ける浮力の大きさF〔N〕は次の式で表される。

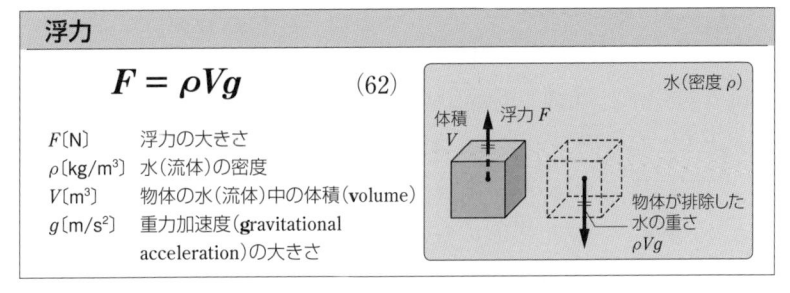

浮力

$$F = \rho V g \quad (62)$$

F〔N〕　　浮力の大きさ
ρ〔kg/m³〕　水（流体）の密度
V〔m³〕　　物体の水（流体）中の体積(volume)
g〔m/s²〕　重力加速度(gravitational acceleration)の大きさ

ばねはかりを用いて，水中にある物体にはたらく浮力を測定すると，(62)式を確かめることができる（→p.76 実験7）。

問32. 体積が$5.0 \times 10^{-5} \text{ m}^3$の小石の，水中における浮力の大きさは何Nか。水の密度を$1.0 \times 10^3 \text{ kg/m}^3$，重力加速度の大きさを$9.8 \text{ m/s}^2$とする。

（実験）7　浮力の測定

❶プラスチックケースの中に金属製のおもりを入れた物体を準備する。
❷物体をばねはかりにつるし，空気中での重さをはかる。
❸物体を水槽に沈め，そのときの重さをばねはかりではかる。❷と❸の測定値の差が，この物体にはたらく浮力の大きさとなる。
❹物体の条件を次のように変え，上記の実験をくり返す。
　　ⓐケースの中のおもりを2つにする
　　ⓑケースの体積を半分程度にする

Question　浮力の大きさが❸の結果と等しくなるのは，次のうちのどれか？
　　ア．ⓐ　　イ．ⓑ　　ウ．ⓐとⓑ　　エ．いずれも等しくない

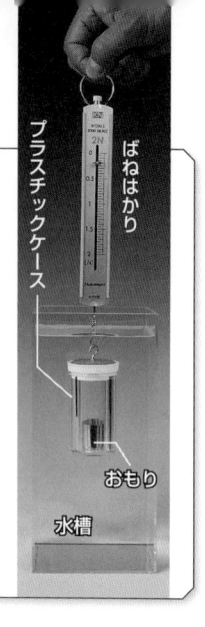

❷**浮力の式を導く**　図63のように，水中に沈んだ体積V〔m³〕の円柱を考えると，円柱の側面が水圧により受ける力はつりあっている。一方，円柱下面が水圧により受ける力の大きさF_2〔N〕は，円柱上面が水圧により受ける力の大きさF_1〔N〕より大きい。

　水の密度をρ〔kg/m³〕，円柱の底面積をS〔m²〕，上面と下面の水深をh_1〔m〕，h_2〔m〕（ただし，$h_2-h_1=h$）とし，74ページの(60)式を用いてF_2-F_1を計算すると

$$F_2-F_1=\rho h_2 g \cdot S - \rho h_1 g \cdot S = \rho h g S = \rho V g \tag{63}$$

となり，前ページの(62)式の右辺と一致する。つまり，上下面が水圧により受ける力の差が浮力になっていることがわかる。

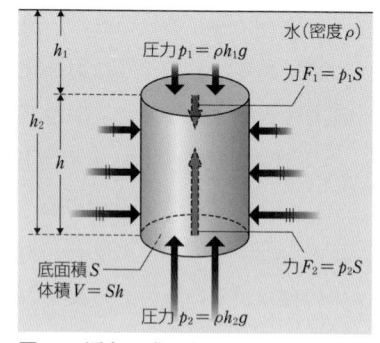

図63　浮力の式の説明

例題15. 浮力

底面積 $1.0\times10^{-2}\,\text{m}^2$ の直方体が水面に浮かんでいる。このとき、直方体が受ける浮力の大きさ F [N] と、直方体の質量 m [kg] を求めよ。直方体の水面下部分の長さを $5.0\times10^{-2}\,\text{m}$、水の密度を $1.0\times10^3\,\text{kg/m}^3$、重力加速度の大きさを $9.8\,\text{m/s}^2$ とする。

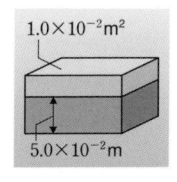

解 直方体の水に沈んでいる部分の体積は
$$(1.0\times10^{-2})\times(5.0\times10^{-2})=5.0\times10^{-4}\,\text{m}^3$$
よって、「$F=\rho Vg$」(→p.75(62)式) より
$$F=(1.0\times10^3)\times(5.0\times10^{-4})\times9.8=\mathbf{4.9\,N}$$
直方体の受ける浮力と重力がつりあうので
$$F-mg=0 \quad (g:重力加速度の大きさ)$$
よって $m=\dfrac{F}{g}=\dfrac{4.9}{9.8}=\mathbf{0.50\,kg}$

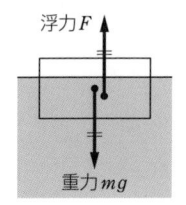

類題15. (1) 密度が $1.0\times10^3\,\text{kg/m}^3$ の水に、密度が $9.2\times10^2\,\text{kg/m}^3$ の氷を浮かせたとき、水面より上の部分の氷の体積は氷全体の何%か。

(2) 密度が ρ' [kg/m³] の直方体を、密度が ρ [kg/m³] の液体に浮かべるとき、この直方体が浮くための条件を求めよ。

C 空気の抵抗

❶空気の抵抗を受ける運動 雨粒が、重力だけを受けて自由落下する場合を考えよう。雨粒が1000m落下したときの速さ v [m/s] を(21)式(→p.31)より計算すると、$v=140\,\text{m/s}$ となる。しかし、実際は大粒の雨でも10m/s程度である。これは、雨粒が空気の抵抗を受けるためである。摩擦と同様に、空気の抵抗が運動を妨げる向きにはたらくため、雨粒はさほど加速されずに地面に到達する。

なお、真空中では、物体は空気の抵抗を受けなくなるため、その形状や質量にかかわらず重力加速度の大きさ g で落下する(図64)。

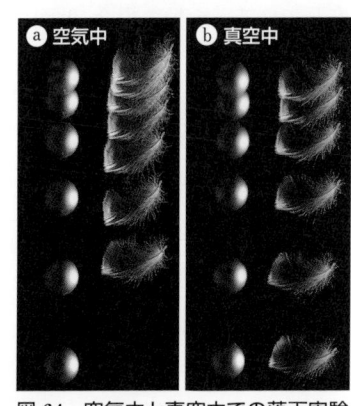

図64 空気中と真空中での落下実験

第Ⅱ章 運動の法則

❷**空気の抵抗力と終端速度** 空気の抵抗は，物体の形や大きさに関係する。物体が球で変形しない場合，速さが大きくない範囲では，抵抗力の大きさR〔N〕は速さv〔m/s〕に比例することが知られている。

$$R = kv \quad (k\text{は比例定数}) \quad (64)$$

質量m〔kg〕の球がこの抵抗力を受けながら落下することを考える。球の加速度をa〔m/s²〕（鉛直方向下向きを正）とすると，運動方程式は

$$ma = mg - kv \quad (65)$$

球の速度vが増すと，抵抗力が大きくなっていき，加速度aは小さくなっていく。最終的に，抵抗力が重力とつりあう，つまり$kv = mg$となると，$a = 0$，すなわち等速度運動になり，一定の速度で落下する。このときの速度

$$v_f = \frac{mg}{k} \quad (66)$$

を**終端速度**という。

図65のグラフは，終端速度v_fに達するまでのv-t図である。この曲線の接線の傾きが加速度を表している。雨粒の場合，地面に達するまでには，終端速度になっていると考えてよい。

形が同じなら，重い物体ほど終端速度が大きい。これは，重い物体のほうが，重力と抵抗力がつりあうのに，より大きな落下速度が必要なためである。

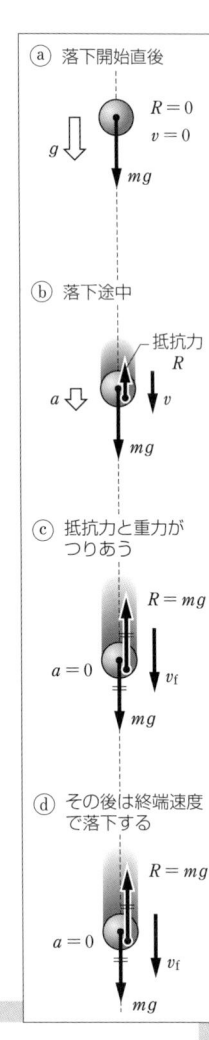

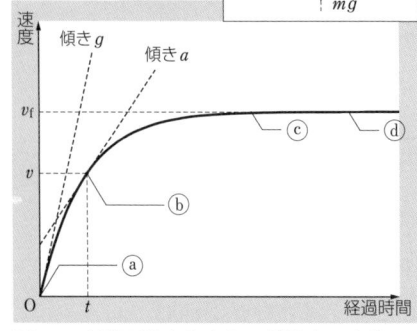

ⓐ 落下開始直後
$R = 0$
$v = 0$
g
mg

ⓑ 落下途中
抵抗力 R
a
mg

ⓒ 抵抗力と重力がつりあう
$R = mg$
$a = 0$
v_f
mg

ⓓ その後は終端速度で落下する
$R = mg$
$a = 0$
v_f
mg

図65 小球の速度と空気の抵抗力の変化

6 | 剛体にはたらく力のつりあい

A | 剛体にはたらく力

❶**剛体** これまでは，大きさを考えない物体（質点）の運動について学んできた。しかし，物体の大きさを考える場合，同じ大きさ，同じ向きの力を加えても，力の作用線が異なると物体に対する力の効果が変わる（図66）。

一般に，物体に力を加えると変形するが，力を加えても変形しない理想的な物体を考えて，これを**剛体**という。ここでは，剛体にはたらく力のつりあいを考えよう。

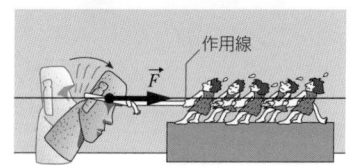

図66 力の効果
同じ力でも，作用線が異なると力の効果は変わる。

❷**並進運動と回転運動** どのような複雑な剛体の運動も，2つの基本的な運動を組み合わせたものになっている。物体全体が向きを変えずに平行に移動する**並進運動**（図67 ⓐ）と，ある点のまわりの**回転運動**（同図ⓑ）である。

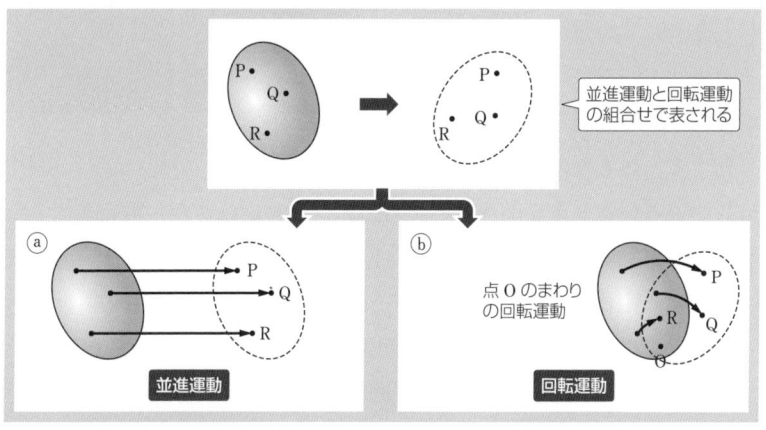

図67 並進運動と回転運動

第Ⅱ章 運動の法則

❸**剛体にはたらく力の移動**　図 68 より，剛体にはたらく力について

> 剛体にはたらく力を作用線上で移動させても，その効果は変わらない

ということがわかる。つまり，剛体にはたらく力の効果は，大きさ・向き・作用線によって決まる。

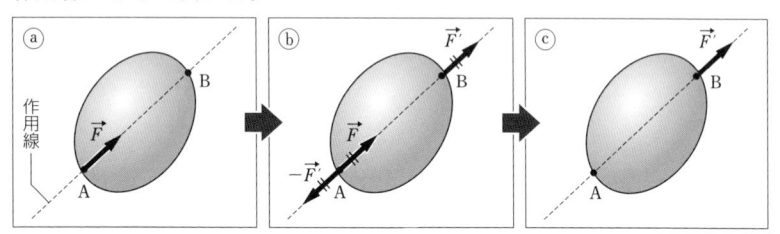

図 68　力の移動
ⓐの状態で，力 $\vec{F}$ の作用線上の 2 点 A，B に，$\vec{F}$ と大きさが等しく，互いに逆向きの 2 力 $\vec{F'}$，$-\vec{F'}$ を加えても（ⓑ），力の効果は変わらない。このとき，点 A の $\vec{F}$ と $-\vec{F'}$ とは打ち消しあうので，点 B の $\vec{F'}$ だけがはたらいているのと同じになる（ⓒ）。

B ｜ 力のモーメント

　図 69 のように，一様な棒をその中点 O を支点として，鉛直面内で回転できるようにする。この棒の両側におもりをつり下げる。このとき，棒にはたらく力 $\vec{F_1}$，$\vec{F_2}$ は，それぞれ棒を点 O のまわりに反時計回り，時計回りに回転させようとする。おもりの重さとつるす

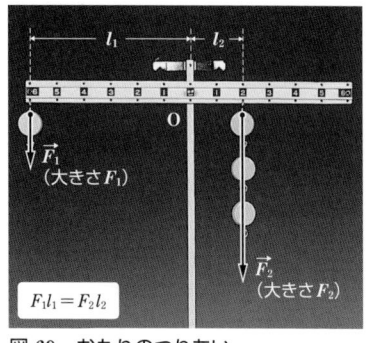

図 69　おもりのつりあい
$F_1 l_1 = F_2 l_2$

位置をいろいろ変えて調べると，力の大きさと点 O から作用線までの距離の積がそれぞれ等しいとき，棒は回転しないことがわかる。

　一般に，剛体に力 $\vec{F}$ がはたらいているとき，その大きさ F [N] と，ある点 O からこの力の作用線までの距離 l [m]（これを，うでの長さという）の積 Fl は，剛体を点 O のまわりに回転させようとする能力の大きさを表している（図 70）。

この積を点Oのまわりの**力のモーメント**(moment of force)といい，その単位は**ニュートンメートル**(記号**N·m**)である。

力のモーメント

$$M = Fl \qquad (67)$$

M〔N·m〕 力のモーメント(moment of force)
F〔N〕 力(force)の大きさ
l〔m〕 うでの長さ(length)

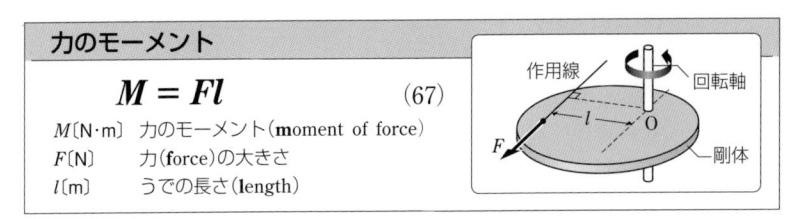

力のモーメントの符号は，回転の向きが反時計回りのときを正とすると，時計回りのときは負として考える[*1]。剛体に複数の力がはたらいている場合，それらの合力のモーメントはそれぞれの力のモーメントの和で求められる。

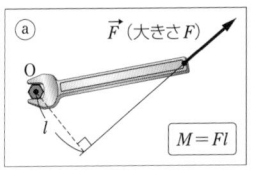

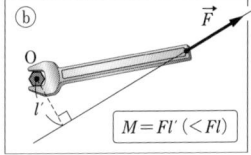

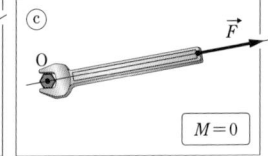

図70 力のモーメント

ⓑはⓐに比べてうでの長さが短いので，点Oのまわりの力のモーメントが小さい，すなわち，回転させようとする能力が小さい。また，ⓒのようにうでの長さが0のときは，力を加えても剛体は回転しない。

問33. 図のように，軽い棒に大きさ6.0Nの力がはたらいている。このとき，点P，点Qのまわりの力のモーメントM_P, M_Q〔N·m〕をそれぞれ求めよ。反時計回りを正とする。

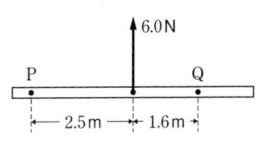

問34. スパナに対し，図のような向きに大きさ6.0Nの力を加える。このとき，点Oのまわりの力のモーメントは何N·mか。反時計回りを正とする。

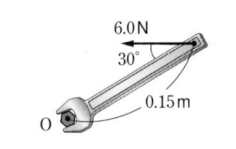

問35. 図のように，軽い棒に3つの力がはたらいている。このとき，点Oのまわりの力のモーメントの和は何N·mか。反時計回りを正とする。

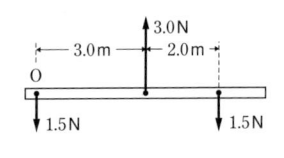

[*1] 本書では，特に断りのないかぎり，反時計回りを正とする。

■ 参考 ■ 　力のモーメントの大きさ

　図のように，剛体の点Pにはたらく力$\vec{F}$（大きさF〔N〕）の，点Oのまわりの力のモーメントの大きさM〔N·m〕を考える。OP間の距離をd〔m〕，OPを通る直線と$\vec{F}$がなす角をθとする。このとき，うでの長さは$d\sin\theta$と表されるので（ⓐ），Mは次のように求められる。

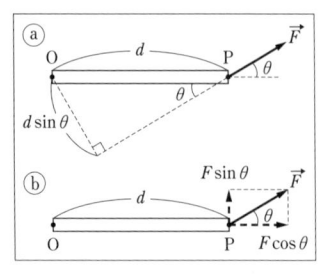

$$M = 力の大きさ \times うでの長さ = F \times d\sin\theta = Fd\sin\theta \quad \cdots\cdots ①$$

ところで，①式は次のように考えることもできる（ⓑ）。

$$M = 力のOPに垂直な成分の大きさ \times OP間の距離$$
$$= F\sin\theta \times d = Fd\sin\theta \quad \cdots\cdots ②$$

力のモーメントの大きさは，①式，②式のどちらで求めてもよい。

C ｜ 剛体のつりあい

　質点の力のつりあいの条件は，「物体にはたらく力のベクトルの和 $= \vec{0}$」であった（→p.50）。これは，並進運動し始めないための条件である。剛体ではさらに，回転し始めないための条件，すなわち，「力のモーメントの和 $= 0$」が必要である。つまり，**剛体のつりあいの条件**は次のようになる（図71）。

① 力のベクトルの和が$\vec{0}$である（並進運動し始めない条件[*1)]）

$$\vec{F_1} + \vec{F_2} + \vec{F_3} + \cdots = \vec{0} \quad (68)$$

② 任意の点のまわりの力のモーメントの和が0である（回転運動し始めない条件）

$$M_1 + M_2 + M_3 + \cdots = 0 \quad (69)$$

　剛体のつりあいの条件が成立しているときは，②の任意の点をどこにとっても，(69)式は成りたつ（図72）。

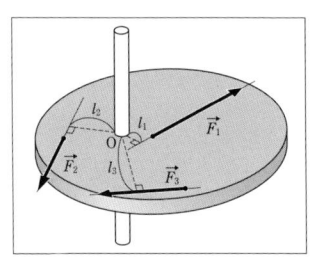

図71　剛体のつりあい
図において点Oのまわりの力のモーメントは
$M_1 = F_1 l_1$，$M_2 = F_2 l_2$，$M_3 = -F_3 l_3$
（F_1, F_2, F_3はそれぞれの力の大きさ）
よって，この場合の(69)式の条件は
$F_1 l_1 + F_2 l_2 + (-F_3 l_3) = 0$

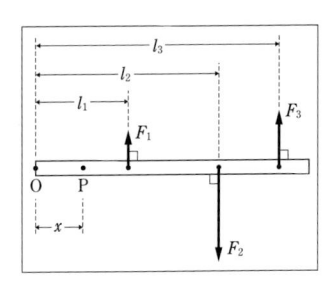

図72　「任意の点」のとり方

図の3つの力が剛体のつりあいの条件を満たしているとき，(68)式より　$F_1 - F_2 + F_3 = 0$　……ⓐ

(69)式より，点Oのまわりの力のモーメントについて
$$F_1 l_1 - F_2 l_2 + F_3 l_3 = 0 \quad \cdots\cdots ⓑ$$

ここで，点Pのまわりの力のモーメントの和M_Pは
$$M_P = F_1(l_1 - x) - F_2(l_2 - x) + F_3(l_3 - x)$$
$$= (F_1 l_1 - F_2 l_2 + F_3 l_3) - (F_1 - F_2 + F_3)x$$

これにⓐ，ⓑ式を代入すると，$M_P = 0$，つまり，点Pのとり方(xの値)によらず，常に(69)式が成りたつ。

例題16. 剛体のつりあい

長さ$l = 0.50$mの軽い一様な棒がある。棒の両端A，Bにそれぞれおもり1，2をつるし，Aから$l_1 = 0.20$mの点Oに糸をかけ，天井から棒をつるしたところ，棒は水平に静止した。おもり1の質量を$m_1 = 0.60$kgとするとき，おもり2の質量m_2[kg]と，点Oにかけた糸が引く力の大きさT[N]を求めよ。重力加速度の大きさを$g = 9.8$m/s^{2}とする。

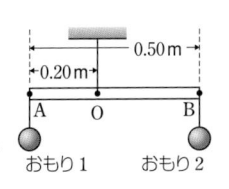

解　点Oのまわりの力のモーメントを考えて *2)
$$m_1 g \cdot l_1 - m_2 g \cdot (l - l_1) = 0$$

よって　$m_2 = \dfrac{l_1}{l - l_1} m_1 = \dfrac{0.20}{0.50 - 0.20} \times 0.60$
$= \mathbf{0.40\,kg}$

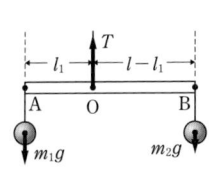

また，合力の大きさが0になるので　$T - m_1 g - m_2 g = 0$

よって　$T = (m_1 + m_2)g = (0.60 + 0.40) \times 9.8 = \mathbf{9.8\,N}$

類題16.

図のように，重さ8.0Nの一様な棒ABをあらい床と30°の角をなすように立てかけたい。壁はなめらかである。棒にはたらく重力は，すべて棒の中点Oに加わるとしてよい。*3)
$\sqrt{3} = 1.7$とする。

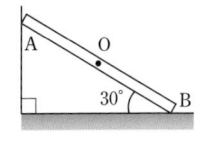

(1) 床が棒の下端Bを垂直に押す力の大きさN_B[N]を求めよ。
(2) 壁が棒の上端Aを垂直に押す力の大きさN_A[N]と，棒の下端Bが床から受ける摩擦力の大きさf_B[N]をそれぞれ求めよ。

---

*1) 力が同一平面上にある場合は，(68)式は次の2つの式で表すことができる（→p.50）。
力のx成分の和が0　$F_{1x} + F_{2x} + F_{3x} + \cdots = 0$
力のy成分の和が0　$F_{1y} + F_{2y} + F_{3y} + \cdots = 0$
剛体のつりあいの条件は，これら2式と(69)式の，計3つの式で表すことができる。

*2) 基準の点は自由に選んでよいが，大きさがわかっていない力がはたらく点や，複数の力がはたらく点に定めると，力のモーメントのつりあいの式が簡単になり解きやすいことが多い。これは，例題16の場合，点O（または点B）に対応する。

*3) 棒の中点Oが重心であることを表している（→p.88）。

D　剛体にはたらく力の合力

1つの平面上で剛体にはたらいている2つの力$\vec{F_1}$(大きさF_1), $\vec{F_2}$(大きさF_2)の合力$\vec{F}$を求めるときは,これら2つの力の向きが平行であるかないかによって,次のように分けて考える。

❶**平行でない2力の合力**　$\vec{F_1}$, $\vec{F_2}$が平行でない場合,これらの2力をそれぞれの作用線の交点まで移動して,平行四辺形の法則によって合成すると,合力が得られる(図73)。

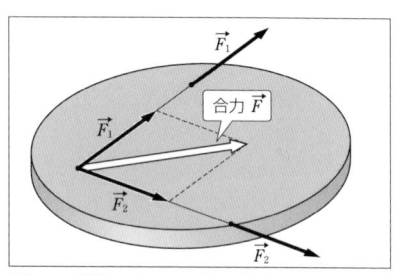

図73　平行でない2力の合成

❷**平行で同じ向きの2力の合力**

図74のように,$\vec{F_1}$, $\vec{F_2}$が平行で同じ向きの場合の合力$\vec{F}$を考える。

2力とつりあう力を$\vec{F_3}$とすると,合力$\vec{F}$の大きさは,$\vec{F_3}$の大きさと同じF_1+F_2,向きは逆向きで,同一作用線上にある。また,同図より,合力$\vec{F}$の作用線は,線分ABを力の大きさの逆比$F_2:F_1$に内分する。

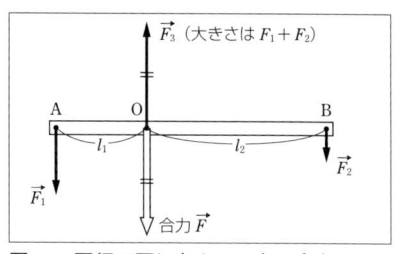

図74　平行で同じ向きの2力の合力
点Oのまわりの力のモーメントの和について
　　$F_1 \cdot l_1 - F_2 \cdot l_2 = 0$
であるから,点Oは,$l_1:l_2=F_2:F_1$となる位置にある。

❸**平行で逆向きの2力の合力**

図75のように,$\vec{F_1}$, $\vec{F_2}$が平行で逆向きの場合の合力$\vec{F}$を考える。ただし,F_1はF_2より大きいとする。

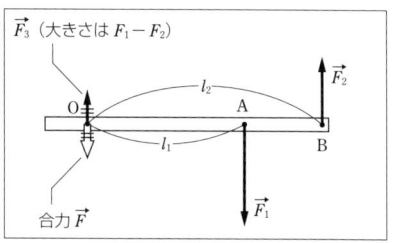

図75　平行で逆向きの2力の合力
点Oのまわりの力のモーメントの和について
　　$-F_1 \cdot l_1 + F_2 \cdot l_2 = 0$
であるから,点Oは,$l_1:l_2=F_2:F_1$となる位置にある。

2力とつりあう力$\vec{F_3}$は，2力の大小関係が$F_1 > F_2$であることから上向きとなる。また，$\vec{F_3}$の作用線がAの右側にあると，剛体は反時計回りに回転し始め，つりあわなくなるので，作用線はAの左側にあることがわかる。

よって，合力$\vec{F}$の大きさは，$\vec{F_3}$の大きさと同じ$F_1 - F_2$，向きは逆向きで，同一作用線上にある。また，同図より，合力$\vec{F}$の作用線は，線分ABを力の大きさの逆比$F_2 : F_1$に外分する。

問36. (1)～(3)のように，剛体に2つの平行な力がはたらいている。それぞれ，合力の向き，大きさ，および点Oから作用線までの距離を求めよ。

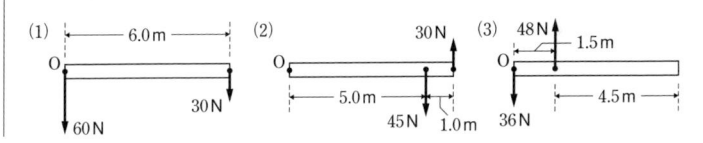

(1) 6.0 m, O, 30 N, 60 N

(2) 30 N, O, 5.0 m, 45 N, 1.0 m

(3) 48 N, 1.5 m, O, 4.5 m, 36 N

■参考■ 内分・外分

点Pが線分AB上にあり，

　　AP : PB = $m : n$　（m, nは正の数）

が成りたつとき，点Pは線分ABを$m:n$に**内分**するという。

一方，点Qが線分ABの延長線上にあり，

　　AQ : QB = $m : n$　（ただし，$m \neq n$）

が成りたつとき，点Qは線分ABを$m:n$に**外分**するという。$m > n$のときは，外分点Qは線分ABに対しB側の延長線上にくる。$m < n$のときは，外分点Q′は線分ABに対しA側の延長線上にくる。

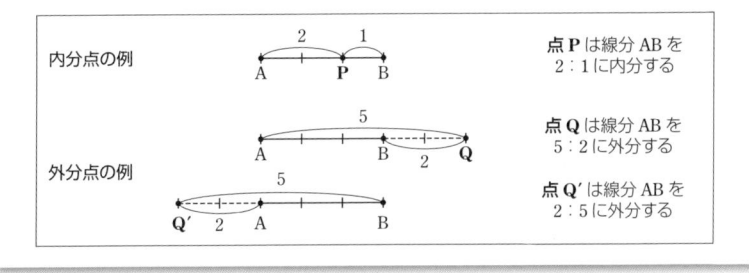

内分点の例	A——P—B （2:1）	点Pは線分ABを 2:1に内分する
外分点の例	A———B—Q （5:2）	点Qは線分ABを 5:2に外分する
	Q′—A———B （2:5）	点Q′は線分ABを 2:5に外分する

第Ⅱ章　運動の法則

E 偶力

平行で逆向きに同じ大きさの2力 $\vec{F}, -\vec{F}$ が剛体に加わっている場合には，線分ABを $F:F=1:1$ に外分する点は存在しない。したがって，この2力を1つの力に合成することはできない。このような場合，この2力を1対のものと考えて**偶力**という。

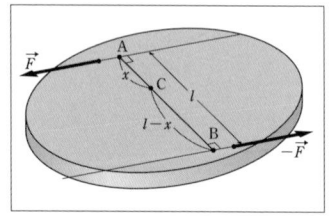

図76 偶力のモーメント
点Cのまわりの力のモーメントの和は
$Fx + F(l-x) = Fl$
となり，x（Cの位置）によらない。

偶力の作用線間の距離を l とすると，どの点のまわりの力のモーメントを考えても，その和は Fl となる（図76）。この Fl を**偶力のモーメント**という。

偶力は，剛体を回転させるはたらきをもつが，剛体を移動（並進運動）させるはたらきはもたない。

問37. 図のように，長さ0.80 mの棒の両端に，平行で逆向きに同じ大きさの2力を加える。各力の大きさを1.5 N，力と棒のなす角を30°とするとき，偶力のモーメントは何 N·m か。反時計回りを正とする。

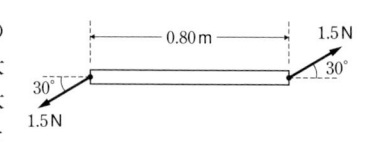

F 重心

物体を非常に多くの小さな部分に分けて考えるとき，各部分にはたらく重力の和が，この物体にはたらく重力となる。各部分にはたらく重力はすべて鉛直下向きに平行であり，これらの合力の作用点を**重心**という。重心は物体全体を代表する点であり，物体の各部分にはたらく重力を，重心の1点にはたらくものとして扱うことができる。

❶重心の座標 図77のように，軽い棒で結ばれた小物体A，Bの重心を考える。A，Bの質量を m_1, m_2 [kg]，位置を x_1, x_2 [m] とすると，重心の位置 x_G [m] は，同図より次の式で表される。

$$x_G = \frac{m_1 x_1 + m_2 x_2}{m_1 + m_2} \tag{70}$$

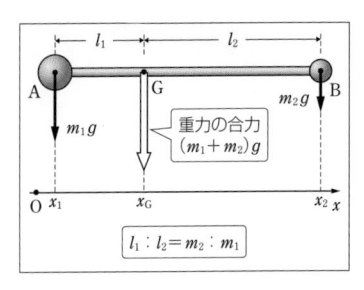

図77 2物体の重心

物体A，Bに，それぞれ大きさがm_1g，m_2gの平行な重力がはたらく（gは重力加速度の大きさ）。この2力の合力の作用点ABを$l_1 : l_2 = m_2 : m_1$に内分する点Gであり，これが重心である。$l_1 = x_G - x_1$，$l_2 = x_2 - x_G$ であるから $(x_G - x_1) : (x_2 - x_G) = m_2 : m_1$

よって $(x_G - x_1) \cdot m_1 = (x_2 - x_G) \cdot m_2$ *1)

この式をx_Gについて解くと，(70)式が得られる。

xy平面上にある2物体の重心の座標を求めるときは，x座標，y座標ごとに(70)式を用いるとよい（図78）。

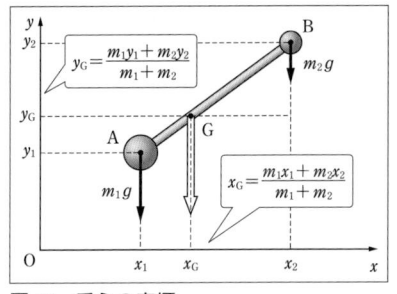

3つ以上の小物体や，一般の剛体の重心の座標を求めるときは，2物体の重心を求める操作をくり返せばよい。したがって，一般に，重心の座標(x_G, y_G)は次の式で表すことができる。

図78 重心の座標

$$x_G = \frac{m_1 x_1 + m_2 x_2 + m_3 x_3 + \cdots}{m_1 + m_2 + m_3 + \cdots} \tag{71}$$

$$y_G = \frac{m_1 y_1 + m_2 y_2 + m_3 y_3 + \cdots}{m_1 + m_2 + m_3 + \cdots} \tag{72}$$

問38. 図のように，長さ0.70 mの軽い棒の両端に，質量1.5 kgの小球Aと，質量1.0 kgの小球Bを固定した。このとき，小球Aから重心までの距離は何mか。ただし，小球の大きさは無視する。

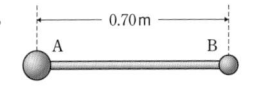

問39. 図のABは長さ3.0 mのまっすぐな棒であるが，重心は中点にはない。A端を地面につけたまま，B端に鉛直上向きの力を加えて少し持ち上げるには24 Nより大きな力，B端を地面につけたまま，A端を少し持ち上げるには12 Nより大きな力が必要であった。A端から棒の重心までの距離と，棒の重さを求めよ。

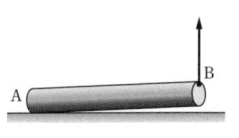

---

*1) 比の計算　外項の積と内項の積は等しい。

　　　　　外項の積　　内項の積

$a : b = c : d \rightarrow \boxed{a \times d} = \boxed{b \times c}$ （例 $1 : 2 = 3 : 6 \rightarrow 1 \times 6 = 2 \times 3$）

第Ⅱ章　運動の法則

❷**重心の位置** 重心の位置は，物体をつるすことで実験的に求めることもできる。物体を糸でつるすと，糸が引く力と重力がつりあうから，重心は糸の延長線上にある。よって，2つの異なる点でつるし，それぞれの場合の糸の延長線が交わる点を求めれば，これが重心である(図79)。

一様な棒の重心は中点にあり，一様な円板や球の重心は中心にある。また，重心は必ずしも物体内にあるとは限らない。例えば，ドーナツ形の一様な円環の重心は円の中心にある(図80)。

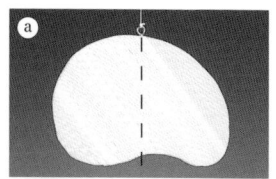

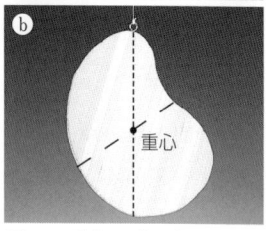

図79 重心の求め方

❸**重心の運動** 大きさのある物体の運動は，回転も考える必要があるので一見複雑である。しかし，物体の重心の動きに注目してみると，放物運動など単純な運動をしていることがある(図81)。

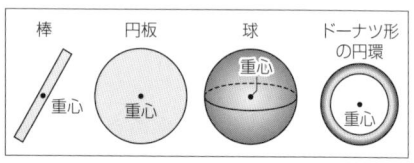

図80 一様な物体の重心

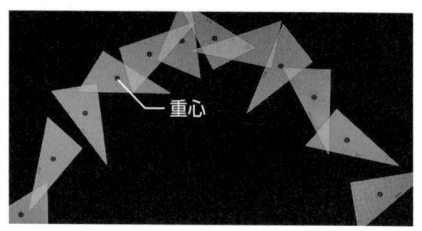

図81 三角定規の放物運動

G 転倒しない条件

図82ⓐのように，あらい水平な面上に直方体の物体を置き，水平方向に引く。ここで，引く力と，物体にはたらく重力との合力は，図の$\vec{F_1}$のように表される。

物体にはこのほかに，面から抗力(垂直抗力と摩擦力の合力)$\vec{F_2}$がはたらく。このとき，物体が静止している，すなわち，剛体のつりあいの条件を満たすためには，$\vec{F_1}$と$\vec{F_2}$が，同じ大きさで同一作用線上にあればよい。

したがって，$\vec{F_2}$ の作用点は，$\vec{F_1}$ の作用線が物体の下面ABと交わる点Pになる。

引く力を大きくしていくと，$\vec{F_2}$ の作用点は点Aに向かって移動していき，やがて点Aに達する（同図ⓑ）。さらに引く力を大きくしていくと，$\vec{F_1}$ の作用線は下面ABをはみ出し（同図ⓒ），物体は点Aのまわりに回転して傾き始める。なお，ⓑの状態になる前に引く力が最大摩擦力より大きくなるときは，傾くまでには至らず，その前に物体は水平面上をすべり始める。
→実験8

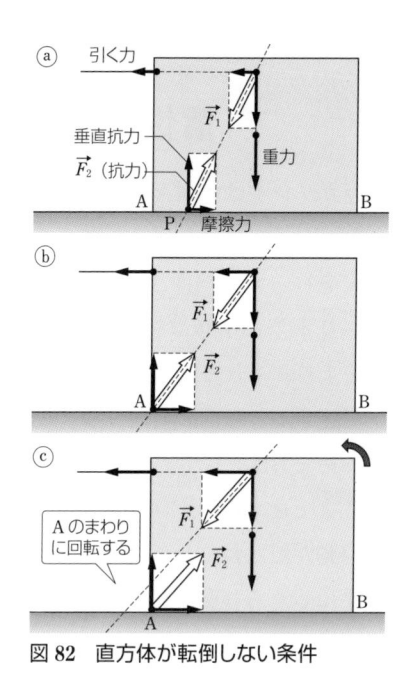

図82 直方体が転倒しない条件

問40. あらい水平面上にある重さ20Nの一様な直方体を，図の点Oにつけたひもで水平方向に引く。 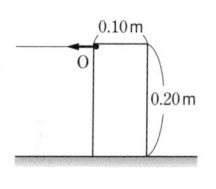
(1) 引く力を大きくしていくと，引く力の大きさが F_0 [N]となった直後に，直方体は水平面上をすべることなく傾き始めた。F_0 を求めよ。
(2) (1)で，直方体が水平面上をすべり始める前に傾き始めるためには，直方体と水平面との間の静止摩擦係数がある値 μ_0 以上である必要がある。μ_0 を求めよ。

（実験）8 斜面上の直方体

直方体をあらい斜面上に置き，斜面の傾きの角度を徐々に大きくしていく。直方体が転倒するときの角度を調べてみよう。また，写真のように直方体の置き方を変えて実験し，どのようなときに転倒しやすいか考えてみよう。

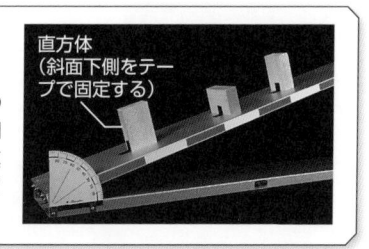

第Ⅱ章 運動の法則

物理の小径

慣性の法則と力学の成立

　ガリレイは，図Aのような斜面の組合せを用いた実験を行った。斜面ABをすべり下りた小球は斜面BCを上り，もとと同じ高さまで達する。斜面の角度をゆるめてBDとしても同じ高さまで達するが，この場合，移動距離は長くなる。斜面の角度をもっとゆるめていって，ついに水平にしたら移動距離は無限になるのではないか。

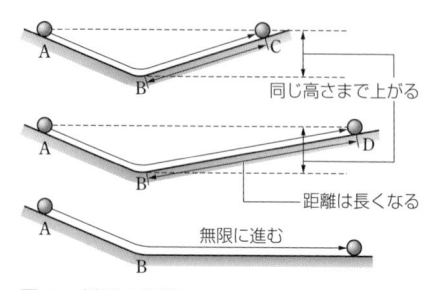

図A　斜面の実験

　このようにして，ガリレイは，なめらかで水平な床の上を物体は無限に動き続けるであろうと考えた。これは慣性の法則のもとになる考えである。ガリレイはまた，塔から落とした石が後ろへそれずに真下に落ちるのは何故か，を論じ，地球が動いていても鳥や雲が取り残されないのは慣性の法則によることを示唆し，地動説に対する疑問に答えた。もっとも，ガリレイは地球上の水平面を考えていたので，これは等速円運動に相当するものであるから，厳密には慣性の法則ではない。しかし本質には迫っていたといえるのではないか。

　デカルト（フランス，1596〜1650）は，物体は，衝突のような外的原因がなければ変化せずに同じ状態にとどまり，それだけでは曲線的には動かず直線的に運動し続ける傾向をもつ，といってガリレイの示唆した慣性の法則を一般化した。この法則はニュートン（イギリス，1642〜1727）に受け継がれて力学の基本法則となった。

図B　ニュートン

　ニュートンはイギリスのケンブリッジ大学

に学び，そこの職員となった。ある年ペストが大流行して大学が閉鎖されたとき郷里に帰り，力学に関する多くの成果を上げた。

ニュートンは農園でリンゴの落ちるのを見ながら重力のことを考えた。リンゴはなぜ真下に落ちるのか。なぜ上やら横へ行かず地球の中心へ向かうのか。これは地球がリンゴを引っ張っているからに違いない。この重力は高い山の上でもはたらく。重力は月にもはたらいていていいのではないだろうか。そうであれば，月も落下しているはずである。ニュートンは次のように考えた。

図Cのように，月は軌道上をPからQにいく。もし地球の引力がなければ，慣性の法則によって等速直線運動を続けて，QにはいかずにRにいくはずである。つまり，月はRからQへ落ちているのである。

ニュートンは，同じ時間の間の月とリンゴの落下距離を比べることにより，重力が距離の2乗に反比例していることを確かめた。こうして，リンゴを落とす力と，月を地球につなぎとめておく力が同じ力であることがわかった。ニュートンは，太陽が惑星を引く力も同じ種類の力であると考え万有引力と名づけた。

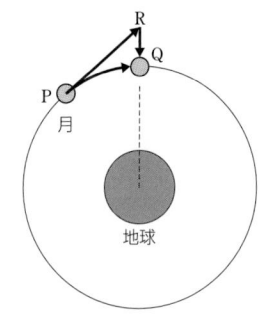

図C 月の落下

ケプラー(→p.175)以来，惑星の運動は距離の2乗に反比例する引力によるであろうと考えられていた。ハレー(イギリス，1656〜1743，ハレー彗星の周期を計算したハレーである)は，この逆2乗則からいかにしてケプラーの法則(面積速度一定の法則とだ円軌道)が導かれるかがわからなかったので，教えを請いにニュートンを訪れた。ニュートンがすでに問題を解決していることを知ると出版を勧めた。ニュートンは，偉大な著書「プリンキピア」を著し，万有引力と運動の3法則(慣性の法則，運動方程式，作用反作用の法則)をまとめあげ，現在われわれが学ぶ形の力学がここに完成したのである(1687)。

第Ⅲ章 仕事と力学的エネルギー

私たちがふだん使っているエネルギーという言葉は，エネルギー源をさす場合が多い。本来，エネルギーは物理学で用いられる用語で，仕事をする能力と定められている。
この章では，仕事とエネルギーの関係について詳しく学ぶ。

1 仕事

A 仕事

❶仕事の定義　日常的に，「仕事」という言葉はいろいろな意味で用いられるが，物理では，物体に力を加えてその物体を移動させたとき，力は「仕事」をしたという。一直線上で物体に一定の大きさの力 F [N] をはたらかせて，その力の向きに距離 x [m] だけ動かすとき（図83 ⓐ）

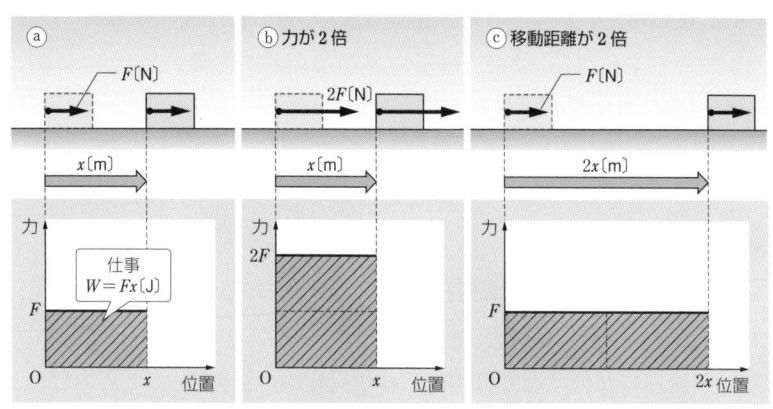

$$W = Fx \tag{73}$$

図83　F-x 図と仕事の関係
力や移動距離が2倍になると，仕事も2倍になる。

をその力のした**仕事**,または,力を及ぼしたものが物体にした仕事という。物体に1Nの力をはたらかせて,その向きに物体を1mだけ動かすときの仕事を1 **ジュール**(記号**J**)という。1J = 1N·mである。

図83のように,仕事Wは,力Fと位置xの関係を表すグラフ(F-x図)がx軸との間につくる面積 ////// に等しい。

問41. 物体に2.0Nの力を加え続けて,その力の向きに6.0m動かすとき,その力のした仕事は何Jか。

❷力が斜めにはたらく場合

図84 ⓐのように,一定の力Fでひもを斜め上方に引き続けて物体を動かす場合,力の向きと物体の動く向きが異なる。それらのなす角をθとして,力Fを物体の移動方向の分力$F\cos\theta$と,これと垂直な方向の分力$F\sin\theta$とに分解する。垂直な方向には物体は移動しないか

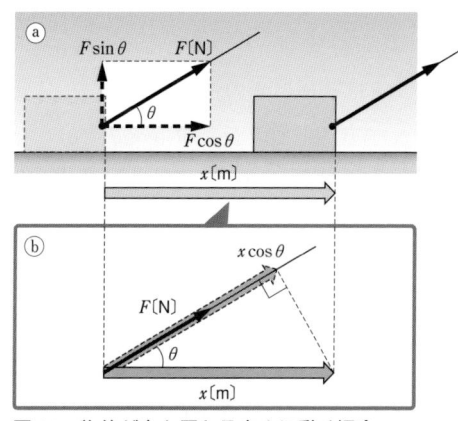

図84 物体が力と異なる向きに動く場合

ら,分力$F\sin\theta$は仕事をしない。したがって,分力$F\cos\theta$だけが仕事をすることになるから,これと移動距離xとの積が,この力のした仕事である。

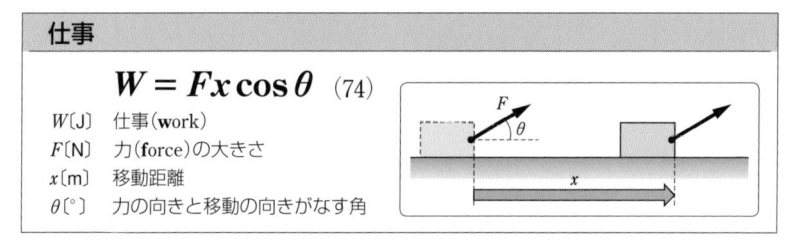

仕事

$$W = Fx\cos\theta \quad (74)$$

W〔J〕 仕事(work)
F〔N〕 力(force)の大きさ
x〔m〕 移動距離
θ〔°〕 力の向きと移動の向きがなす角

---

(74)式は 仕事 = 力の移動方向の分力 × 移動距離(変位の大きさ)
         W $F\cos\theta$ x
により求められている。一方,図84 ⓑのように考えると

仕事 = 力の大きさ × 変位の力方向の成分
 W F $x\cos\theta$

と求めることもできる。

問42. 水平な床に置かれた物体に対し，水平方向から30°の向きに大きさ10Nの力を加え続けたところ，物体は水平に4.0m移動した。加えた力のした仕事は何Jか。$\sqrt{3} = 1.7$ とする。

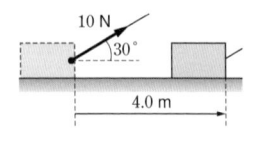

❸**仕事の正負** (74)式(→p.93)において，$\theta = 0°$ のときは $\cos\theta = 1$ である。したがって，このとき(74)式は(73)式($W = Fx$)と一致する。

$0° \leqq \theta < 90°$ ($\cos\theta > 0$) のときは，(74)式から $W > 0$ となるので，力 F は物体に正の仕事をする。

一方，$90° < \theta \leqq 180°$ ($\cos\theta < 0$) のときは $W < 0$ となるので，力 F は物体に負の仕事をする(図85)。例えば，物体があらい面上をすべるとき，動摩擦力は物体の動く向きと反対の向きにはたらくので，物体に対して負の仕事をする。

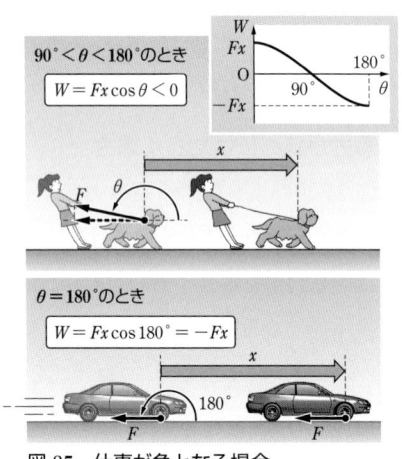

図85 仕事が負となる場合

❹**仕事をしない力** (74)式において，$\theta = 90°$ ($\cos\theta = 0$) のときは，仕事 W は 0 となる。また，移動距離 x が 0 の場合も，W は 0 となる。つまり，力 F がいくら大きくても，物体が力の向きと垂直に動く場合や，まったく動かない場合，力 F は仕事をしない(図86)。

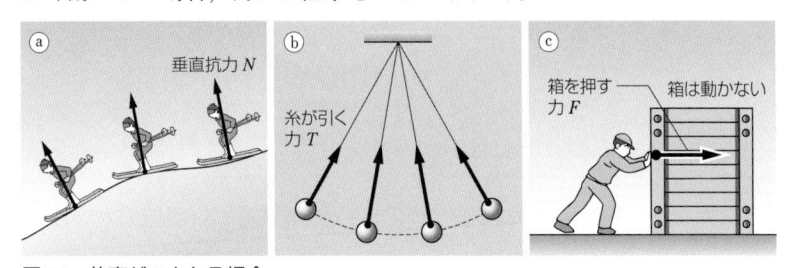

図86 仕事が0となる場合
ⓐスキーヤーは垂直抗力に対して常に垂直に動くので，垂直抗力は仕事をしない。
ⓑ振り子のおもりは糸が引く力に対して常に垂直に動くので，糸が引く力は仕事をしない。
ⓒ箱が動いていないので，箱を押す力は仕事をしない。

例題17. 仕事

水平より30°傾いたあらい斜面にそって，物体が距離l〔m〕すべり下りるとする。物体にはたらく重力，垂直抗力，動摩擦力の大きさをそれぞれF_1，F_2，F_3〔N〕とするとき，それぞれの力が物体にする仕事W_1，W_2，W_3〔J〕を求めよ。

解 物体の移動の向き（斜面にそって下向き）に対し，各力がなす角は

  重力　　：60°
  垂直抗力：90°
  動摩擦力：180°

であるから

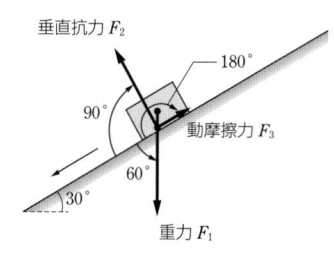

$$W_1 = F_1 l \cos 60° = \frac{F_1 l}{2} \text{〔J〕}$$

$$W_2 = F_2 l \cos 90° = 0 \text{ J} \qquad W_3 = F_3 l \cos 180° = -F_3 l \text{〔J〕}$$

類題17. 水平であらい床面上にある質量5.0kgの物体に対し，水平方向から60°の向きに大きさ20Nの力を加え続け，水平方向に4.0m移動させる。このとき，加える力がする仕事W_1〔J〕と，物体が床から受ける動摩擦力がする仕事W_2〔J〕を求めよ。物体と床との間の動摩擦係数を0.25，重力加速度の大きさを9.8m/s²，$\sqrt{3} = 1.7$とする。

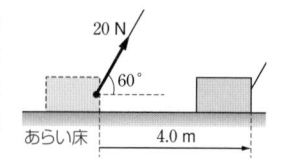

■ 参考 ■　力の大きさが変化する場合の仕事

一直線上で物体に一定の力Fをはたらかせて，その力の向きに物体を距離x動かすとき，力Fのする仕事WはF-x図がx軸との間につくる面積で表される（→p.92 図83）。

一般に，物体にはたらく力の大きさが変化する場合においても，仕事WはF-x図の面積によって表される（図A）。

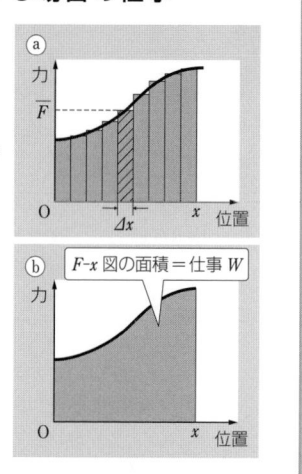

図A　力の大きさが変化する場合のF-x図
距離$\varDelta x$の短い区間の平均の力を$\overline{F}$とすると，この区間を移動するときの仕事$\varDelta W = \overline{F} \varDelta x$は，ⓐの細長い長方形の面積で表される。したがって，力がする仕事は，これらの長方形の面積の総和となり，$\varDelta x$をきわめて小さくとると，ⓑのF-x図の面積になる。

第Ⅲ章　仕事と力学的エネルギー

B 仕事の原理

図87 ⓐのように，定滑車を用いて質量 m [kg]の荷物を h [m]の高さまでゆっくりと持ち上げることを考える。このとき，人は mg [N]の力で h [m]だけひもを引くので

$$mg \times h = mgh \, [\text{J}]$$

の仕事をする。

一方，同図ⓑのように，軽い動滑車を用いて，同じ高さまで荷物をゆっくり持ち上げる場合を考える。このとき，ひもを引く力は $\frac{1}{2}mg$ [N]，ひもを引く距離は $2h$ [m]になるから，必要な仕事は

$$\frac{1}{2}mg \times 2h = mgh \, [\text{J}]$$

となる。

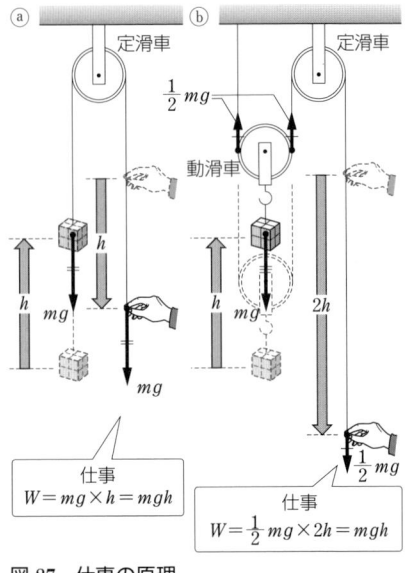

図87 仕事の原理
動滑車を使うと力は小さくできるが，仕事の量は同じ。

一般に，滑車などの道具を利用することによって，物体を動かすのに必要な力を小さくすることができる。その反面，動かす距離は長くなってしまうので，仕事を減らすことはできない。これを**仕事の原理**という。

問43. 図の(1)と(2)の方法で，質量 1.0 kg の物体をゆっくりと 5.0 m の高さまで持ち上げる。それぞれについて，持ち上げるのに必要な力の大きさ((1) F_1 [N]，(2) F_2 [N])と，この力が物体にする仕事((1) W_1 [J]，(2) W_2 [J])を求めよ。重力加速度の大きさを 9.8 m/s² とする。

C │ 仕事率

人や機械がする仕事の能率は，同じ時間内にする仕事の量で比較できる。そこで，単位時間当たりの仕事を考え，これを**仕事率**という。時間t〔s〕でW〔J〕の仕事をするときの仕事率P(power)は，次の式で表される。

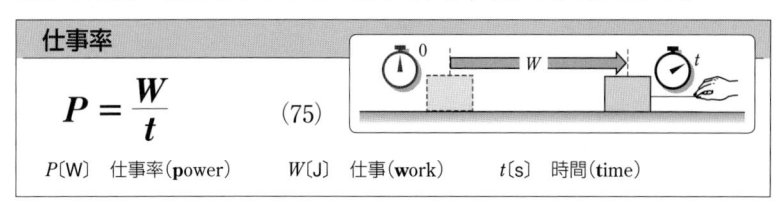

仕事率

$$P = \frac{W}{t} \tag{75}$$

P〔W〕 仕事率(power) W〔J〕 仕事(work) t〔s〕 時間(time)

仕事率の単位には，**ワット**(記号**W**)(watt)を用いる。1秒当たり1Jの割合(1J/s)で仕事をするときの仕事率が1Wである。また，1000Wを1**キロワット**(記号**kW**)という。

(75)式より，$W = Pt$であるから，仕事は，仕事率と時間との積で表すことができる。1kWの仕事率で1時間にする仕事を1**キロワット時**(記号**kWh**)といい，これを仕事の単位として用いることもある。[*1]

物体が一直線上でF〔N〕の一定の力を受けて，微小時間Δt〔s〕の間にΔx〔m〕進むとする。この間に力がする仕事は$F\Delta x$〔J〕で，速さv〔m/s〕は$\frac{\Delta x}{\Delta t}$であるから，仕事率$P$〔W〕は次のように表すこともできる。

$$P = \frac{F\Delta x}{\Delta t} = Fv \tag{76}$$

問44. クレーンが，質量500kgの物体を一定の速さで10秒間かけて20m持ち上げるときの，仕事W〔J〕と仕事率P〔W〕を求めよ。重力加速度の大きさを9.8m/s²とする。

> **コラム　馬力**
>
> 自動車の性能を表すときなどに用いられる「馬力(ばりき)」は，仕事率を表す単位の一つである。この単位は文字通り，1頭の馬が行うことのできる仕事率をもとに決められたものである。馬力にはいくつかの定義があるが，日本では，1馬力をおよそ735.5Wとして用いることが多い。

---

*1) 1kWhは，「1秒当たり1000Jの割合(1kW = 1000W = 1000J/s)で，1時間(= 3600s)仕事をする」ことに対応するから　1kWh = 1000J/s × 3600s = 3.6 × 10⁶J　となる。

2 | 運動エネルギー

A | エネルギー

引きしぼられた弓は矢を飛ばす仕事をし,高い所から落下する水は水車を回す仕事をする。また,振り下ろした金づちは釘を木材に打ちこむ仕事ができる。このように,弾性変形した物体や,高い所にある物体,運動している物体は仕事をすることができる。

物体がE〔J〕の仕事をする能力をもつとき,物体はE〔J〕の**エネルギー** energy をもつという。エネルギーの単位にも J(ジュール)が用いられる。

B | 運動エネルギー

一般に,運動している物体(速さをもつ物体)は,仕事をすることができる,つまり,エネルギーをもっている。このエネルギーを**運動エネルギー**という。
kinetic energy

図88のように,右向きに一定の速さv〔m/s〕で動いている,質量m〔kg〕の台車を考える。

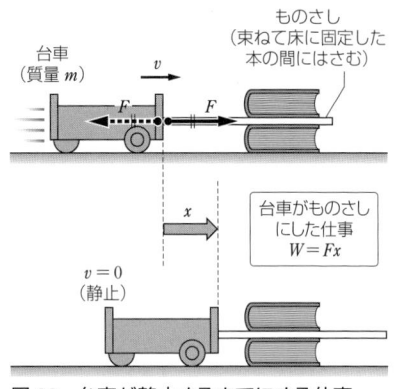

図88 台車が静止するまでにする仕事

台車は,ものさしに接触した後,ものさしを右向きに一定の大きさF〔N〕の力(→)で押し続け,x〔m〕だけ移動して静止したとする。作用反作用の法則(→p.52)より,この間,台車はものさしから左向きに大きさF〔N〕の力(◄----)を受けている。よって,台車の加速度をa〔m/s²〕(右向きを正)とすると,台車の運動方程式は次のようになる。

$$ma = -F \tag{77}$$

したがって,台車は負の加速度$a = -\dfrac{F}{m}$で等加速度直線運動をする。

---

*1) 力をはたらかせるのをやめるともとの形にもどるような変形を弾性変形といい,もとの形にもどらない変形を塑性変形という。

これと，変化後の速度 $v = 0$ と，初速度 $v_0 = v$ を，等加速度直線運動の(18)式に代入すると

$$0^2 - v^2 = 2 \times \left(-\frac{F}{m}\right) \times x \tag{78}$$

この式を整理すると

$$Fx = \frac{1}{2}mv^2 \tag{79}$$

より，台車がものさしにした仕事 W〔J〕は次のように求められる。

$$W = Fx = \frac{1}{2}mv^2 \tag{80}$$

つまり，速さ v〔m/s〕で運動している質量 m〔kg〕の物体は，$\frac{1}{2}mv^2$〔J〕[*2]の仕事をする能力をもっている。したがって，この物体のもつ運動エネルギー K〔J〕は，次のように表される。

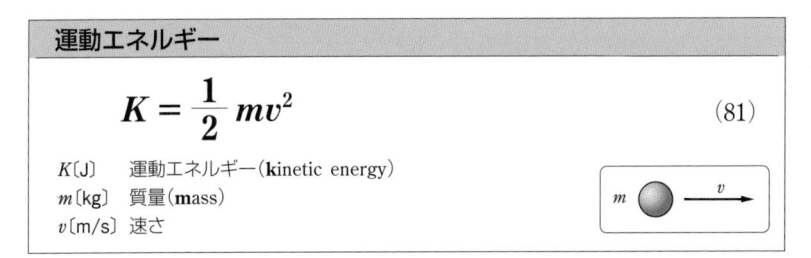

運動エネルギー

$$K = \frac{1}{2}mv^2 \tag{81}$$

K〔J〕　運動エネルギー（**k**inetic energy）
m〔kg〕　質量（**m**ass）
v〔m/s〕　速さ

---

(81)式より，運動エネルギー K は質量 m に比例し，速さ v の2乗に比例することがわかる。したがって，物体の速さが2倍，3倍，……になると，運動エネルギーは4倍，9倍，……と大きく変化する。このように，速さの変化の割合が小さくても，運動エネルギーはそれ以上に大きな割合で変化するため，自動車や自転車でスピードを出しすぎることはたいへん危険である。

問45. 質量 1.5×10^3 kg の自動車が 20 m/s の速さで走っている。この自動車のもつ運動エネルギーは何Jか。

---

*2) $\frac{1}{2}mv^2$ の単位は，質量 m の単位が kg，速さ v の単位が m/s なので，kg·m²/s² となる。
ここで，N = kg·m/s²（→p.62 (53)式），J = N·m（→p.93）を用いると
　　kg·m²/s² = (kg·m/s²)·m = N·m = J
となる。つまり，kg·m²/s² はエネルギーの単位Jに等しい。

C 運動エネルギーと仕事の関係

速さ v_0 [m/s]で動いている質量 m [kg]の物体が，一定の大きさ F [N]の力を運動の向きに受け，x [m]進んだときに速さが v [m/s]になったとする。この間の物体の加速度 a [m/s^2]は運動方程式より次のようになる。

$$a = \frac{F}{m} \tag{82}$$

等加速度直線運動の(18)式に代入すると

$$v^2 - v_0^2 = 2 \times \frac{F}{m} \times x \tag{83}$$

となる。この式を整理すると

$$\frac{1}{2}mv^2 - \frac{1}{2}mv_0^2 = Fx \tag{84}$$

Fx は，この間に物体にされた仕事 W [J]であるので(→p.92 (73)式)，次の関係式が得られる。

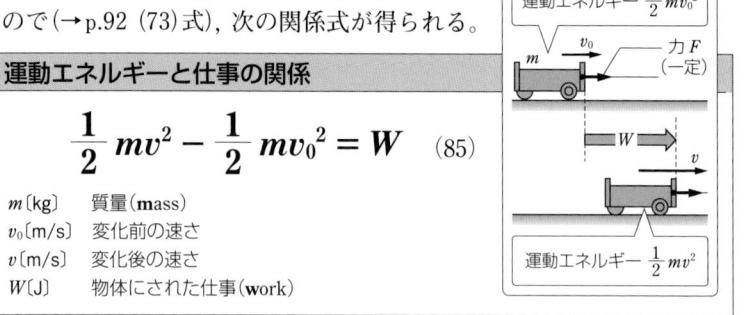

運動エネルギーと仕事の関係

$$\frac{1}{2}mv^2 - \frac{1}{2}mv_0^2 = W \tag{85}$$

m [kg]　　質量(mass)
v_0 [m/s]　変化前の速さ
v [m/s]　　変化後の速さ
W [J]　　物体にされた仕事(work)

---

(85)式は，物体の運動エネルギーの変化(左辺)は，物体にされた仕事(右辺)に等しいことを表している。一般に[*1)]

　物体の運動エネルギーの変化は，物体にされた仕事に等しい

この関係は，力が変化する場合や，運動の向きと逆向きに力を受ける場合にも成りたつ。例えば，物体が動摩擦力を受けて減速する場合，動摩擦力は運動の向きと逆向きにはたらくため物体に負の仕事をし，その結果として物体の運動エネルギーが減少する。

問46. 速さ 2.0 m/sで進む質量 2.0 kgの物体を，運動の向きに 6.0 Nの力を加え 10 m押し続けた。このとき，物体の速さは何m/sになるか。

---

*1) いくつかの力がはたらく場合，それらのする仕事の和が(85)式の W となる。

3 位置エネルギー

A 重力による位置エネルギー

❶重力による位置エネルギー 高く引き上げたおもりを落下させると,おもりは杭を打ちこむ仕事をする(図89)。おもりの質量が大きいほど,また,高さが高いほど,杭は深く打ちこまれる。一般に,高い所にある物体は,質量と高さに応じたエネルギーを蓄えている,と考えることができる。これを**重力による位置エネルギー**という(→p.102 実験9)。

図89 杭を打ちこむ仕事

質量 m〔kg〕の物体が,重力を受けて h〔m〕降下するとき,重力は物体に対し $mg \cdot h$〔J〕の仕事をする。運動エネルギーと仕事の関係より(→p.100),物体はこの仕事の分だけ運動エネルギーが増し,他の物体に仕事を行うことが可能になる。

つまり,物体は mgh〔J〕のエネルギーを蓄えていた,と考えることができる(図90)。

したがって,基準となる1つの水平面(これを**基準水平面**という)から高さ h〔m〕にある,質量 m〔kg〕の物体がもつ重力による位置エネルギー U〔J〕は,次のように表される。

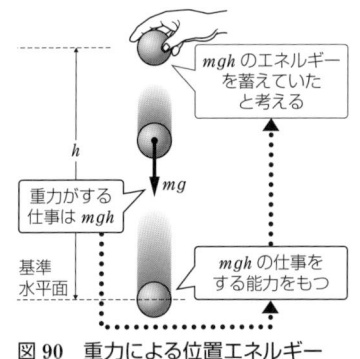

図90 重力による位置エネルギー

重力による位置エネルギー

$$U = mgh \qquad (86)$$

U〔J〕　重力による位置エネルギー
m〔kg〕　質量(**mass**)
g〔m/s²〕　重力加速度(**gravitational acceleration**)の大きさ
h〔m〕　高さ(**height**)

第Ⅲ章　仕事と力学的エネルギー

❷**基準水平面** 重力による位置エネルギーの基準水平面は，どの高さに定めてもよい。物体の位置が同じでも，基準水平面のとり方によって重力による位置エネルギーの値は異なるので，必ず基準水平面を明示しなければならない。

重力による位置エネルギーの値は，物体が基準水平面にあるときは0であり，それよりも上にあるときは正，下にあるときは負である(図91)。

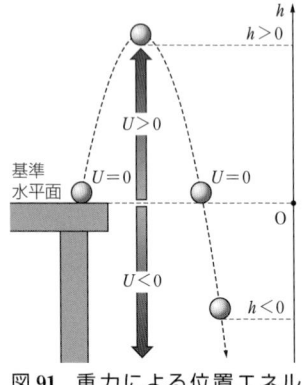

図91 重力による位置エネルギーの正負

問47. 地上4.0mの2階の床に置いた質量2.5kgの物体について，基準水平面を次のように定めるとき，物体の重力による位置エネルギー U 〔J〕をそれぞれ求めよ。重力加速度の大きさを9.8m/s^{2}とする。
(1) 地面　(2) 2階の床　(3) 地上8.0mの3階の床

> **実験 ⑨ 重力による位置エネルギー**
>
> 図のようなレール上で台車を静かにすべらせ，水平に置かれたものさしに衝突させる。台車の初めの高さをいろいろと変え，ものさしが進む距離との関係を調べよう。
>
> **Question** レールの傾きをゆるやかにして，台車を同じ高さからすべらせたとき，ものさしの進む距離はどう変わるだろうか？
> 　　ア．長くなる　　イ．短くなる　　ウ．ほぼ変わらない

B 弾性力による位置エネルギー

弾性変形(→p.98 脚注1)したばねにつけられた物体は，ばねが自然の長さにもどるときに仕事をすることができる。つまり，物体はエネルギーを蓄えていた，と考えることができる。

このようなエネルギーを**弾性力による位置エネルギー**という。

このエネルギーは，変形したばね自身に蓄えられているエネルギーと考えることもできる。これを**弾性エネルギー**という。

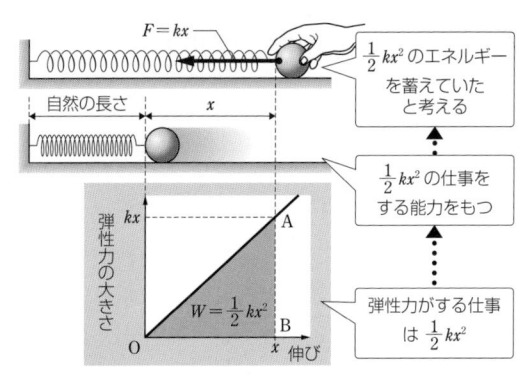

なめらかな水平面上で，ばね(ばね定数k〔N/m〕)につけられた物体を考える(図92)。自然の長さからの伸びがx〔m〕のとき，物体はばねから，大きさ$F=kx$〔N〕の弾性力を，縮もうとする向きに受ける。

図92 弾性力による位置エネルギー

このばねが自然の長さにもどるまでに物体にする仕事W〔J〕は，F-x図の△OABの面積(◢)で表されるから(→p.95 参考)

$$W = \frac{1}{2} \times x \times kx = \frac{1}{2}kx^2 \tag{87}$$

となる。x〔m〕縮められたばねが，自然の長さにもどるまでに物体にする仕事も同様に表される。

したがって，伸び(または縮み)がx〔m〕のばねにつけられた物体は，次の式で表される弾性力による位置エネルギーU〔J〕をもっている。

弾性力による位置エネルギー

$$U = \frac{1}{2}kx^2 \tag{88}$$

U〔J〕 弾性力による位置エネルギー
k〔N/m〕 ばね定数
x〔m〕 ばねの伸び(または縮み)

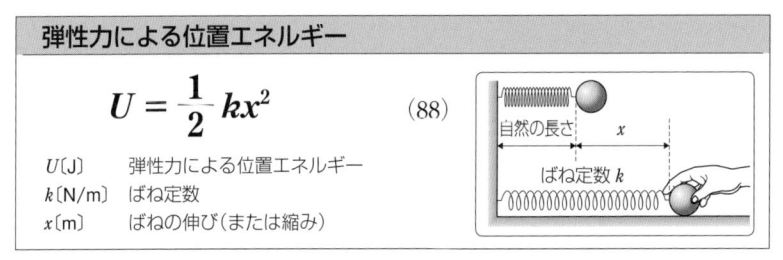

ばね定数が大きいほど，また，伸び(縮み)の量が大きいほど，弾性力による位置エネルギーは大きい。

問48. ばね定数50N/mのつる巻きばねに物体をつけ，ばねを0.20mだけ伸ばしたとき，弾性力による位置エネルギーは何Jか。

第Ⅲ章 仕事と力学的エネルギー

C 保存力と位置エネルギー

図93ⓐのように,基準水平面から高さh〔m〕の点Aにある質量m〔kg〕の物体が,基準水平面上の点Oまで移動することを考える。このとき,重力がする仕事は,いずれの経路をとってもmgh〔J〕となる。

一般に,物体が移動するとき,物体にはたらく力のする仕事が,途中の経路に関係なく始点と終点の位置だけで決まる場合,その力のことを**保存力**という。重力のほかに,弾性力や静電気力なども保存力である。

一方,動摩擦力や人が加える力などは,その仕事が途中の経路によって異なるので,保存力ではない(同図ⓑ)。

物体が点Aから基準点Oまで移動するときに保存力がする仕事を,点Oを基準点とした点Aにおける物体の**位置エネルギー**(potential energy)という。

物体が点Aから点Bまで移動するとき,保存力のする仕事W_{AB}〔J〕は,始点の位置エネルギーU_A〔J〕から終点の位置エネルギーU_B〔J〕を引くことで得られる。これは,保存力のする仕事の分だけ位置エネルギーが減少することを意味する。

$$W_{AB} = U_A - U_B \quad (89)$$

*1) (89)式を導く
点Aから,基準点Oを経由して点Bに移動する経路を考える。このときA→O間,O→B間で保存力のする仕事は,それぞれU_A,$-U_B$であるから,
$W_{AB} = U_A + (-U_B) = U_A - U_B$

問49. 質量0.25kgの小球が高さ3.6mから1.6mまで落下するとき,重力のする仕事は何Jか。重力加速度の大きさを9.8m/s²とする。

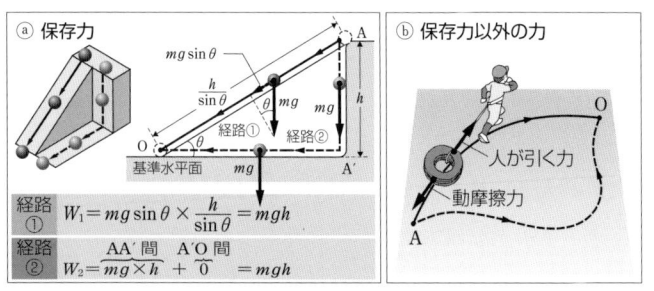

図93 保存力(ⓐ),保存力以外の力(ⓑ)のする仕事
重力(保存力)のする仕事は経路によらない。一方,動摩擦力は保存力ではないので,この力のする仕事は経路によって異なる。

4 | 力学的エネルギーの保存

A | 力学的エネルギー保存則

運動エネルギーと位置エネルギーの和を**力学的エネルギー**という。

❶落体の運動での力学的エネルギー 小球を自由落下させると，重力による位置エネルギーが減少する一方で，運動エネルギーは増加する(図94)。

このときの力学的エネルギーの変化を考える。質量 m [kg]の小球が高さ h_A, h_B [m]の点A，Bを通過するときの速さを，v_A, v_B [m/s]とする。小球が点Aから点Bまで落下する間に重力のする仕事 W_{AB} [J]は，重力による位置エネルギーの差であるから((89)式)

$$W_{AB} = mgh_A - mgh_B \tag{90}$$

また，物体の運動エネルギーの変化は，物体にされた仕事に等しいから(→p.100 (85)式)

$$\frac{1}{2}mv_B^2 - \frac{1}{2}mv_A^2 = W_{AB} \tag{91}$$

(90), (91)式より

$$\frac{1}{2}mv_A^2 + mgh_A = \frac{1}{2}mv_B^2 + mgh_B \tag{92}$$

つまり，小球の力学的エネルギーは，運動中，常に一定に保たれている。

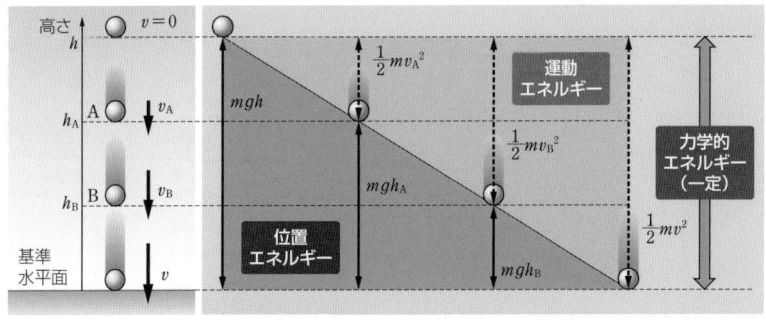

図94 自由落下する小球の運動エネルギーと位置エネルギーの変化

第Ⅲ章 仕事と力学的エネルギー

❷**力学的エネルギー保存則**　一般に，重力や弾性力のような保存力だけが仕事をする場合，物体が点Aから点Bまで動く間に保存力のする仕事W_{AB}〔J〕は，(89)式(→p.104)より位置エネルギーの差$U_A - U_B$で表される。したがって，(91)式(→p.105)は

$$\frac{1}{2}mv_B^2 - \frac{1}{2}mv_A^2 = U_A - U_B \tag{93}$$

のように表される。この式より

$$\frac{1}{2}mv_A^2 + U_A = \frac{1}{2}mv_B^2 + U_B \tag{94}$$

が成りたつ。つまり，力学的エネルギーは一定に保たれる。

また，振り子の運動やなめらかな面上での運動では，糸が引く力や面の垂直抗力がはたらくが，それらの向きは常に運動の方向に対し垂直であるので，仕事をしない(図95)。このように，保存力以外の力がはたらいてもそれらの力が仕事をしない場合には，(94)式が成りたつ。つまり

　物体に保存力だけがはたらくとき，または保存力以外の力がはたらいても仕事をしないとき，力学的エネルギーは一定に保たれる

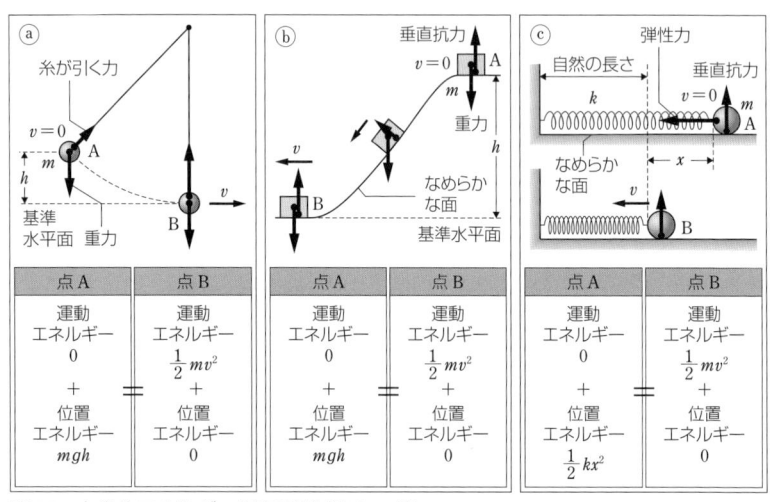

図95　力学的エネルギー保存則が成りたつ例
ⓐでは糸が引く力，ⓑとⓒでは垂直抗力がはたらくが，これらは仕事をしないので，力学的エネルギー保存則が成りたつ。

これを，**力学的エネルギー保存則**という。

力学的エネルギー保存則

力学的エネルギー ＝ 一定

条件 　保存力だけがはたらくとき，または保存力以外の力がはたらいても仕事をしないとき

例題18. **力学的エネルギー保存則①**
図のように，小球が点Aから静かに出発し，なめらかな曲面にそって，B→Cとすべるとする。このとき，小球が点Bと点Cを通過するときの速さv_B, v_C [m/s]を求めよ。重力加速度の大きさをg [m/s^2]とする。

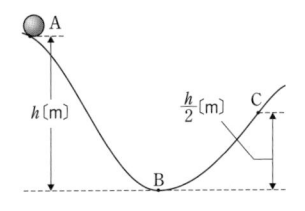

解 　小球の質量をm [kg]，点Bの高さを重力による位置エネルギーの基準水平面とすると，各点での運動エネルギーと重力による位置エネルギーは，表のようになる。

点	運動エネルギー	重力による位置エネルギー
A	$\frac{1}{2}m \times 0^2$	mgh
B	$\frac{1}{2}mv_B^2$	$mg \times 0$
C	$\frac{1}{2}mv_C^2$	$mg \times \frac{h}{2}$

点Aと点Bの間での力学的エネルギー保存則より

$$\frac{1}{2}m \times 0^2 + mgh = \frac{1}{2}mv_B^2 + mg \times 0$$

$mgh = \frac{1}{2}mv_B^2$ 　より 　$v_B = \sqrt{2gh}$ [m/s]

点Aと点Cの間での力学的エネルギー保存則より

$$\frac{1}{2}m \times 0^2 + mgh = \frac{1}{2}mv_C^2 + mg \times \frac{h}{2}$$

$\frac{1}{2}mgh = \frac{1}{2}mv_C^2$ 　より 　$v_C = \sqrt{gh}$ [m/s]

類題18. 長さl [m]の軽い糸におもりをつけた振り子がある。図のように，糸が鉛直方向と60°をなす点Aから，おもりを静かにはなす。このとき，おもりが図の点Bと点Cを通過するときの速さv_B, v_C [m/s]を求めよ。重力加速度の大きさをg [m/s^2]とする。

第Ⅲ章　仕事と力学的エネルギー

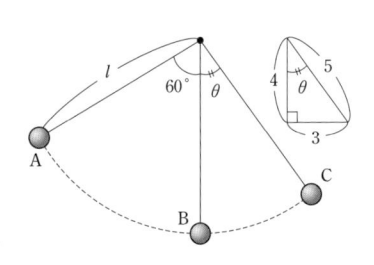

例題19. 力学的エネルギー保存則②

図のように，水平でなめらかな床上で，ばね定数 25 N/m のばねの一端を固定し，他端に質量 1.0 kg の物体をつけて置く。物体に力を加えてばねが 0.50 m 伸びた位置で静かに手をはなす。

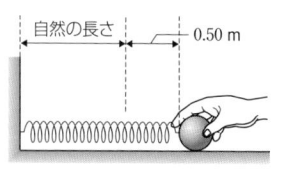

(1) ばねが自然の長さになったときの物体の速さ v_1 [m/s] を求めよ。
(2) ばねの縮みが 0.30 m になったときの物体の速さ v_2 [m/s] を求めよ。

解 点A〜Cを図のように定めると，各点を通るときの物体の力学的エネルギーは表のようになる。

(1) 点Aと点Bの間での力学的エネルギー保存則より

$$\frac{1}{2}m \times 0^2 + \frac{1}{2}k \times 0.50^2 = \frac{1}{2}mv_1^2 + \frac{1}{2}k \times 0^2$$

$$\frac{1}{2}k \times 0.50^2 = \frac{1}{2}mv_1^2$$

よって
$$v_1 = 0.50\sqrt{\frac{k}{m}} = 0.50\sqrt{\frac{25}{1.0}} = \mathbf{2.5\,m/s}$$

点	運動エネルギー	弾性力による位置エネルギー
A	$\frac{1}{2}m \times 0^2$	$\frac{1}{2}k \times 0.50^2$
B	$\frac{1}{2}mv_1^2$	$\frac{1}{2}k \times 0^2$
C	$\frac{1}{2}mv_2^2$	$\frac{1}{2}k \times 0.30^2$

※ $m = 1.0$ kg, $k = 25$ N/m

(2) 点Aと点Cの間での力学的エネルギー保存則より

$$\frac{1}{2}m \times 0^2 + \frac{1}{2}k \times 0.50^2 = \frac{1}{2}mv_2^2 + \frac{1}{2}k \times 0.30^2$$

$$\frac{1}{2}k(0.50^2 - 0.30^2) = \frac{1}{2}mv_2^2$$

よって $v_2 = \sqrt{0.16 \times \frac{k}{m}} = 0.40\sqrt{\frac{25}{1.0}} = \mathbf{2.0\,m/s}$

類題19.

ばね定数 k [N/m] のばねの上端を固定し，下端に質量 m [kg] のおもりを取りつけると，ばねは伸びてつりあった。この点をAとする。この後，ばねが自然の長さになる所までおもりを持ち上げ，静かにはなした。重力加速度の大きさを g [m/s²] とし，ばねは鉛直方向にのみ運動するとする。

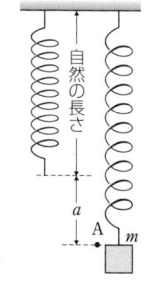

(1) 点Aでのばねの伸び a [m] を求めよ。
(2) おもりが点Aを通過するときの速さ v [m/s] を m，g，k で表せ。
(3) おもりが最下点に達するときのばねの伸び x [m] を a で表せ。

振り子や，なめらかな面をすべる小球を用いた実験を行うと，力学的エネルギー保存則が成りたつかを検証することができる。
→実験10

実験 ⑩ 力学的エネルギー保存則

❶図Aのような振り子装置で，小球を静かに振らせる。初めの小球の高さと，糸が釘にひっかかった後の小球の最高点の高さをものさしで測定し，比較してみよう。

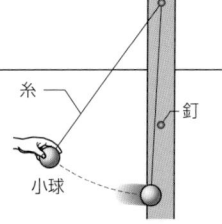

図A　振り子の実験

Question 1 図のように，振り子を釘の高さよりやや低い位置まで持ち上げ，静かに振らせたとき，小球の達する最高点の高さはどうなるか？
　　ア．初めより高い　　イ．初めより低い　　ウ．初めと同じ

❷断面が図Bⓐ，ⓑのような，なめらかなすべり台を準備する。点Oから小球を静かにすべらせたとき，それぞれの運動を観察しよう。

Question 2 ⓐ，ⓑで小球が到達する最高点は，どちらが高いだろうか？
　　ア．ⓐ　　イ．ⓑ　　ウ．同じ

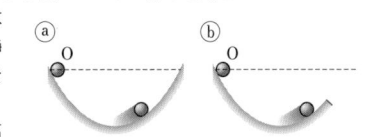

図B　なめらかなすべり台の実験

B　保存力以外の力が仕事をする場合

　高い所に引き上げられたジェットコースターは，重力による位置エネルギーを運動エネルギーに変えることによって，動力なしで動くことができる。このとき，力学的エネルギーはしだいに減少し，再びもとの高さまで上がることができなくなる。これは，動摩擦力や空気の抵抗が，ジェットコースターに対して負の仕事をするためである。一般に

　　物体に保存力以外の力が仕事をすると，その仕事の量だ
　　け物体の力学的エネルギーが変化する

　運動前後での物体の力学的エネルギーをE_1，E_2〔J〕とし，この間に保存力以外の力がする仕事をW〔J〕とすると，次の式が成りたつ。

$$E_2 - E_1 = W \tag{95}$$

第Ⅲ章　仕事と力学的エネルギー

例題20. 保存力以外の力が仕事をする場合

図のように，傾きの角 30°のあらい斜面上を，物体が静かにすべりだした。斜面上の距離 0.50 m だけすべったとき，物体の速さは 2.0 m/s であったとする。物体の質量を 4.0 kg，重力加速度の大きさを 9.8 m/s² とする。

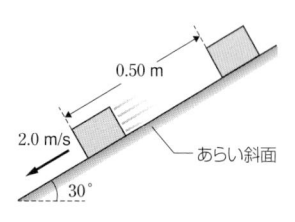

(1) この間に動摩擦力がした仕事 W〔J〕を求めよ。
(2) 物体と斜面との間の動摩擦力の大きさ F'〔N〕を求めよ。

解 移動後の高さを重力による位置エネルギーの基準水平面とすると，移動前の高さは $0.50\text{m} \times \sin 30° = 0.25\text{m}$ となる。よって，移動前後での物体の力学的エネルギーは表のようになる。

	運動エネルギー	重力による位置エネルギー
前	$\frac{1}{2}m \times 0^2$	$mg \times 0.25$
後	$\frac{1}{2}m \times 2.0^2$	$mg \times 0$

※ $m = 4.0$ kg，$g = 9.8$ m/s²

(1) 力学的エネルギーの変化が動摩擦力のした仕事に等しいので
$$\left(\frac{1}{2}m \times 2.0^2 + mg \times 0\right) - \left(\frac{1}{2}m \times 0^2 + mg \times 0.25\right) = W$$
$$W = \frac{1}{2}m \times 2.0^2 - mg \times 0.25 = 8.0 - 9.8 = \boldsymbol{-1.8\text{J}}$$

注) 動摩擦力は物体の運動の向きと逆向きにはたらく。よって，動摩擦力のする仕事は負である。

(2) 「$W = Fx\cos\theta$」($\to$ p.93 (74) 式) より
$$-1.8 = F' \times 0.50 \times \cos 180° = -0.50F' \quad \text{よって} \quad F' = \boldsymbol{3.6\text{N}}$$

注) 物体と斜面との間の動摩擦係数を μ' とすると，物体にはたらく垂直抗力の大きさは $N = mg\cos 30°$ であるから，「$F' = \mu'N$」より
$$\mu' = \frac{F'}{N} = \frac{F'}{mg\cos 30°} \fallingdotseq 0.11 \quad \text{と求められる。}$$

類題20.

図のように，あらい水平な床上で，ばね定数 k〔N/m〕のばねの一端を固定し，もう一方の端に質量 m〔kg〕の物体を取りつける。ばねを自然の長さから距離 x〔m〕だけ伸ばし，手をはなすと，物体は動きだした。物体と床との間の動摩擦係数を μ'，重力加速度の大きさを g〔m/s²〕とする。

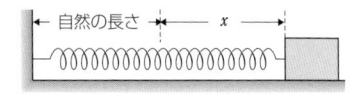

(1) 物体は図の左向きに移動し，自然の長さの位置を速さ v〔m/s〕で通過したとする。v〔m/s〕を求めよ。
(2) x〔m〕の大きさを変更して同じ実験をしたところ，物体は自然の長さの位置でちょうど静止したとする。このときの x〔m〕を求めよ。

特 集

運動に関する公式のまとめ

第1編ではここまで，運動に関するさまざまな公式や法則が登場してきた。それぞれの関係を明らかにし，ここまでの学習内容をまとめていく。

● 運動方程式 — 力をはたらかせれば加速する —

ここまで運動について学んできましたが，たくさんの公式や法則が出てきて，整理がつかなくなってきました……。

まず，物体の運動を考えるときに最も基本的な法則は，「**物体に力をはたらかせると，物体は力の向きに加速される**」ということです。

運動方程式「$m\vec{a} = \vec{F}$」のことですね。

その通りです。まず，物体にはたらく力を見つけ，合力 $\vec{F}$ を考えるようにしましょう。力の見つけ方については，54～58ページを確認しましょう。

もし，物体の運動が一直線上であり，合力が運動の向きで一定の大きさであったとします。このときは加速度も一定になりますので，等加速度直線運動の式を使うことができます。

では，合力がずっと0だったときはどうなるでしょうか？

はい，慣性の法則が成りたちます。静止している物体は静止をし続け，運動している物体は等速直線運動を続けるはずです。

正解です！ この場合は，等速直線運動の式や，力のつりあいの式を使うことができます。

● 力学的エネルギー保存則 — 初めと後の状態だけで考える —

次に，図Aのようなばねにつけられた小球の運動を考えてみましょう。この小球から静かに手をはなすと，小球が自然の長さを通過するときの速さはどうなるでしょう？

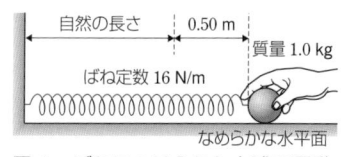

図A ばねにつけられた小球の運動

「$ma = F$」より加速度の大きさは $a = \dfrac{kx}{m} = \dfrac{16 \times 0.50}{1.0} = 8.0 \,\mathrm{m/s^2}$
0.50 m進んだときの速さだから，等加速度直線運動の式を用いて……

第Ⅲ章 仕事と力学的エネルギー

いいえ，そうではありません。この場合，ばねの伸びが変わっていくにつれて力の大きさが変化していきます。つまり，加速度も一定ではないので，等加速度直線運動の式を用いることはできません。ここでは，力学的エネルギー保存則を利用します。

はい。「$\frac{1}{2}mv^2 + \frac{1}{2}kx^2 = $一定」だから $\frac{1}{2} \times 16 \times 0.50^2 = \frac{1}{2} \times 1.0 \times v^2$
なので $v = 2.0$ m/s です。

正解です！ このように，物体にはたらく力が複雑に変化し，さらに，保存力以外の力が仕事をしない場合は，力学的エネルギー保存則を利用すると便利です。

◾️参考◾️ 運動に関する公式のまとめ

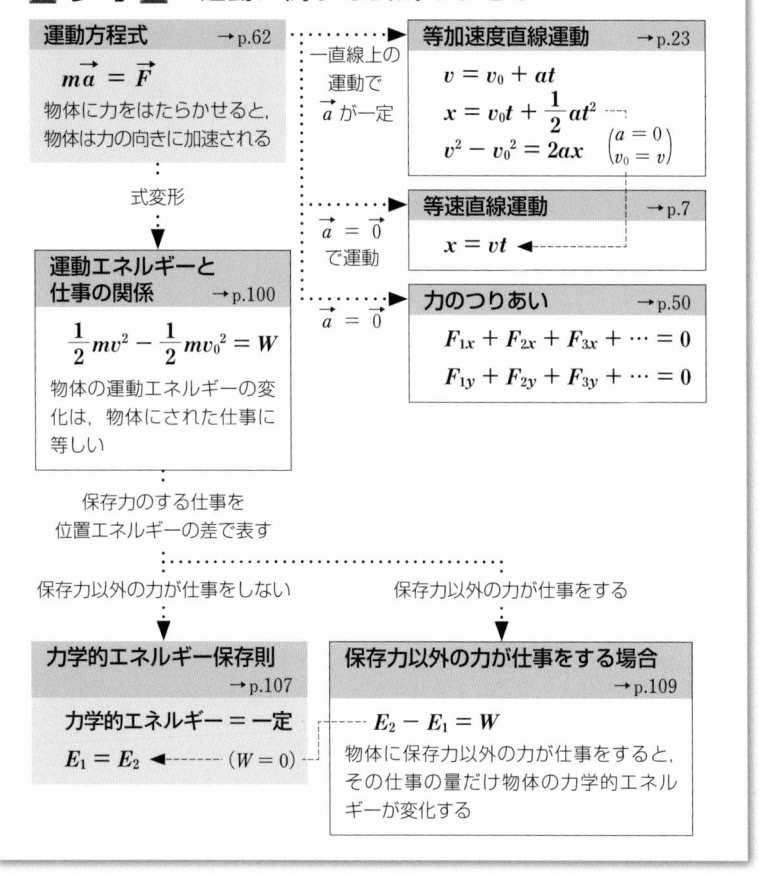

運動方程式 →p.62
$\vec{ma} = \vec{F}$
物体に力をはたらかせると，物体は力の向きに加速される

↓式変形

運動エネルギーと仕事の関係 →p.100
$\frac{1}{2}mv^2 - \frac{1}{2}mv_0^2 = W$
物体の運動エネルギーの変化は，物体にされた仕事に等しい

一直線上の運動で $\vec{a}$ が一定

等加速度直線運動 →p.23
$v = v_0 + at$
$x = v_0 t + \frac{1}{2}at^2$
$v^2 - v_0^2 = 2ax$ $\begin{pmatrix} a = 0 \\ v_0 = v \end{pmatrix}$

$\vec{a} = \vec{0}$ で運動

等速直線運動 →p.7
$x = vt$

$\vec{a} = \vec{0}$

力のつりあい →p.50
$F_{1x} + F_{2x} + F_{3x} + \cdots = 0$
$F_{1y} + F_{2y} + F_{3y} + \cdots = 0$

保存力のする仕事を位置エネルギーの差で表す

保存力以外の力が仕事をしない

力学的エネルギー保存則 →p.107
力学的エネルギー ＝ 一定
$E_1 = E_2$ ------ ($W = 0$)

保存力以外の力が仕事をする

保存力以外の力が仕事をする場合 →p.109
$E_2 - E_1 = W$
物体に保存力以外の力が仕事をすると，その仕事の量だけ物体の力学的エネルギーが変化する

第1編　力と運動

なお，保存力以外の力が仕事をする場合は，「力学的エネルギーの変化＝保存力以外の力がする仕事」の関係を用いるとよいでしょう。

ところで，力学的エネルギー保存則や，「力学的エネルギーの変化＝保存力以外の力がする仕事」の関係は，力（加速度）が一定の場合でももちろん成りたちます。等加速度直線運動の式のかわりに，こちらを用いてもよいケースもあります。

ただし，力学的エネルギーを用いる方法は，「初めの状態」と「後の状態」だけを考え，途中の経路は考えないことに注意が必要です。例えば，「初めの状態から後の状態になるまでの時間は？」など，時間を問われた場合は，力学的エネルギーを用いる方法で答えることはできません。

問 E. 物体が，①〜⑥のように点A，B間を運動するとき，次の問いに答えよ。物体の質量を m〔kg〕，点Aでの物体の速さを v_0〔m/s〕，重力加速度の大きさを g〔m/s^2〕とし，空気の抵抗は無視する。

(1) 点A，B間で等加速度直線運動をするものを①〜⑥よりすべて選べ。

(2) (1)の運動について，加速度を a〔m/s^2〕（点Aでの運動の向きを正）とし，物体の運動方程式を立てよ。また，a を求めよ。

(3) 点A，B間で力学的エネルギー保存則が成りたつものを①〜⑥よりすべて選べ。

(4) (3)の運動について，点Bでの物体の速さを v〔m/s〕とし，点A，B間での力学的エネルギー保存則の式を立てよ。また，v を求めよ。
　①〜③では点A，④〜⑥では点Bを含む面を基準水平面とする。

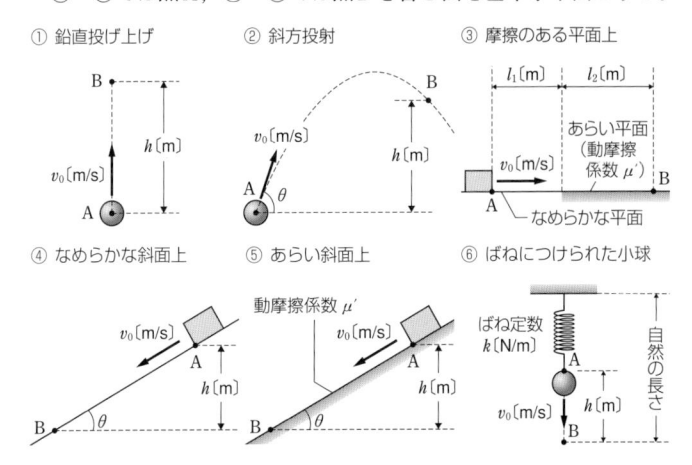

① 鉛直投げ上げ　　② 斜方投射　　③ 摩擦のある平面上

④ なめらかな斜面上　　⑤ あらい斜面上　　⑥ ばねにつけられた小球

物理の小径

仕事とエネルギー

18世紀に産業革命が起こり蒸気機関が発達した。初めて蒸気機関を製作したのはニューコメン(イギリス, 1663〜1729)である。しかし彼の発明した蒸気機関の熱効率(熱を仕事に変える割合→p.219)はわずか0.5%程度で実用にならなかった。

図A ワットの蒸気機関(レプリカ)

ニューコメンの蒸気機関の修理を頼まれたワット(イギリス, 1736〜1819)は, これを改良して熱効率を4%程度に上げ, 実用に供しうるものにした。

当時, 炭坑では馬を使ってポンプを回して排水していたが, ワットは馬のかわりに蒸気機関を使った。ワットは蒸気機関を貸し出して賃貸料を取ったので, 蒸気機関が仕事をする能力を正確にはかる必要が生まれた。それには馬のする仕事を基準にするのが適当であろうと考え, 滑車を用いて馬に物を引き上げさせ, 15000kgの物体を1分間に30cm引き上げる仕事の割合を1馬力とした。これを基準にして蒸気機関と同じ仕事をする馬の飼料から賃貸料を決めた。このようにして, 物理学における仕事や仕事率の概念が形成されていった。

仕事が 力×距離 で表されると, $Fx = \frac{1}{2}mv^2$ より, $\frac{1}{2}mv^2$ は仕事に転化しうるものと考えられるようになった。ヤング(イギリス, 1773〜1829)が"活力"(→p.133)にかわって"エネルギー"という言葉を用いると(1807), $\frac{1}{2}mv^2$ は"運動エネルギー"とよばれるようになった。

医師マイヤー(ドイツ, 1814〜1878)は, 東インド会社の船医としてジャワに航海した。このとき, 栄養物の酸化が身体の熱と活動力になることから, 化学反応, 熱, 力学的仕事は互いに転化しあうことができ, その総量は不変であるという考えに到達した(1842)。

ヘルムホルツ(ドイツ, 1821〜1894)は, エネルギーにはいろいろな形態があり, それらは互いに移り変わるが, 全体としてエネルギーの和は一定であるというエネルギー保存の法則を提唱した(1847)。

第Ⅳ章 運動量の保存

運動方程式により，力がわかると，物体の加速度が求められ，それによって速度を知ることができる。

しかし，衝突や分裂といった時間的に一定でない力を受けるときの物体の速度を知ることは容易ではない。

このような運動を考えるときに役立つ物理量 —運動量— について，この章で学ぶ。

1 運動量と力積

A 運動量

ボウリングでピンを倒すとき，ボールの質量が大きいほど，また，ボールが速いほど，ピンは勢いよく倒れる。

そこで，物体の運動の勢い(激しさ)を表す量の一つとして，「質量×速度」という量を考え，これを**運動量**(momentum)という。

運動量は速度と同じ向きをもつベクトルであり，単位には**キログラムメートル毎秒**(記号**kg·m/s**)が用いられる。質量 m [kg] の物体が速度 $\vec{v}$ [m/s] で運動しているとき，この物体の運動量 $\vec{p}$ [kg·m/s] は次のように表される。

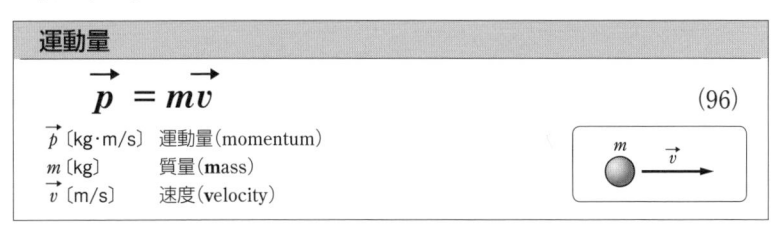

運動量

$$\vec{p} = m\vec{v} \tag{96}$$

$\vec{p}$ [kg·m/s]　運動量(momentum)
m [kg]　質量(mass)
$\vec{v}$ [m/s]　速度(velocity)

問50. 質量 3.0 kg の物体が東に向かって 1.5 m/s の速さで進んでいるときの，運動量の大きさと向きを求めよ。

B 運動量と力積の関係

❶直線運動における運動量と力積 物体の運動量を変化させるには力を加える必要がある。

図96のように,水平な床の上を走っている質量m〔kg〕の台車に,時間Δt〔s〕の間だけ水平方向に一定の力F〔N〕を加えたとする。力を加える前の台車の速度をv〔m/s〕,加えた後の速度をv'〔m/s〕とすると,加速度a〔m/s^2〕は

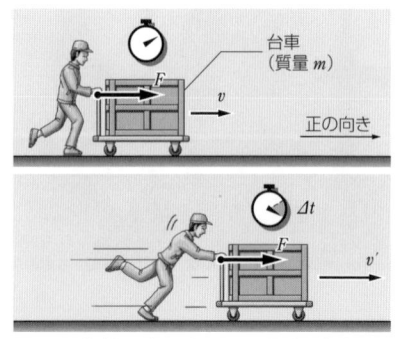

図96 物体に力FをΔtの間だけ加える

$$a = \frac{v' - v}{\Delta t} \tag{97}$$

と表される。これを運動方程式「$ma = F$」に代入して

$$m\frac{v' - v}{\Delta t} = F \tag{98}$$

となる。この式から次の式が得られる。

$$mv' - mv = F\Delta t \tag{99}$$

この式の左辺は運動量の変化を表す。右辺の,力と力がはたらく時間の積$F\Delta t$を**力積**という。力積は力と同じ向きをもつベクトルであり,単位は**ニュートン秒**(記号**N·s**)*¹⁾である。(99)式から次のことがいえる。
(impulse)

物体の運動量の変化は,その間に物体に与えられた力積に等しい

このときの,力と時間との関係を表すグラフ(F-t図)は図97のようになる。ここで,斜線をつけた部分の面積(　　)が,物体に与えられた力積の大きさを表す。また(99)式より,それと同じ大きさの運動量の変化があったことがわかる。

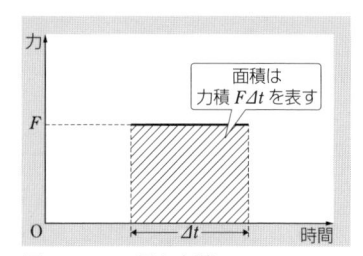

図97 F-t図と力積

問51. 速さ 1.0 m/s で走っている質量 2.0 kg の台車に対し，進んでいる向きに 2.5 N の大きさの力を 0.40 秒間加えたとする。このときの台車の速さは何 m/s か。

❷ 力が変化する場合の力積

ボールをバットで打つときのように，わずかな時間 Δt [s] の間に力が複雑に変化する場合，力の時間的変化を測定するのは難しいが，その間の力積 I [N·s] は，運動量の変化から求めることができる。

$$I = mv' - mv \quad (100)$$

ここで，力積 I は「力 × 時間」で求められるから，Δt [s] 間の平均の力 $\overline{F}$ [N] は次の式で表される。

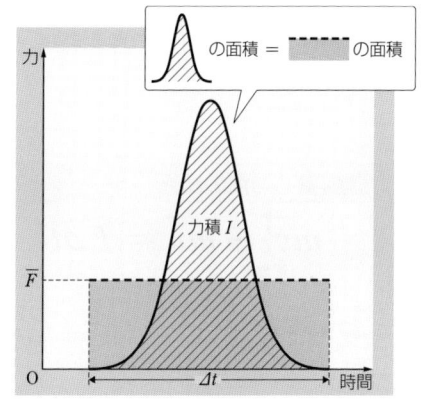

$$\overline{F} = \frac{mv' - mv}{\Delta t} \quad (101)$$

図98 F-t 図と力積の関係

向きが一定で大きさが実線のグラフのように変化する力がはたらくとき，力積 I の大きさは斜線部分の面積で表される。これと長方形の面積が等しくなるような $\overline{F}$ を考えると，これがこの間の平均の力になる。

この式から，次のことがいえる（図98）。

物体が受けた平均の力は，その物体の単位時間当たりの運動量の変化に等しい

問52. 速さ 40 m/s で飛んできた，質量 0.14 kg のボールを，グラブで受け止めた。 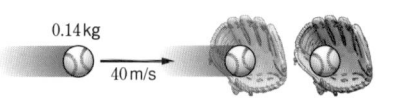
(1) グラブがボールに与えた力積の大きさは何 N·s か。
(2) ボールが止まるまでのグラブとボールの接触時間が 2.0×10^{-2} 秒であったとき，ボールがグラブに加える平均の力の大きさは何 N か。
(3) (2) の平均の力の大きさを半分にするには，グラブとボールの接触時間を何倍にすればよいか。

---

*1) 力積の単位 N·s は，$N = kg·m/s^2$ を用いると N·s = (kg·m/s²)·s = kg·m/s となり，運動量の単位に等しいことがわかる。

❸**平面運動における運動量と力積**　図99ⓐのように，物体の運動方向と力のはたらく方向が異なるときは，運動量の大きさだけでなくその向きも変わる。このときの運動量と力積の関係は同図ⓑのようになる。つまり，ベクトルを用いて考えれば，(99)式(→p.116)と同様の関係が成りたっている。
　　　→実験11

運動量と力積の関係

$$\overrightarrow{mv'} - \overrightarrow{mv} = \vec{F}\Delta t \quad (102)$$

（運動量の変化）　　（力積）

m〔kg〕　　　質量(mass)
$\overrightarrow{mv}$〔kg·m/s〕　変化前の運動量（$\vec{v}$〔m/s〕：変化前の速度）
$\overrightarrow{mv'}$〔kg·m/s〕　変化後の運動量（$\vec{v'}$〔m/s〕：変化後の速度）
$\vec{F}\Delta t$〔N·s〕　　力積（$\vec{F}$〔N〕：加えた力，Δt〔s〕：時間）

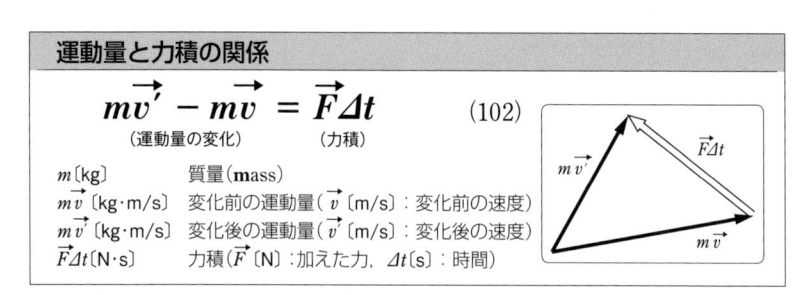

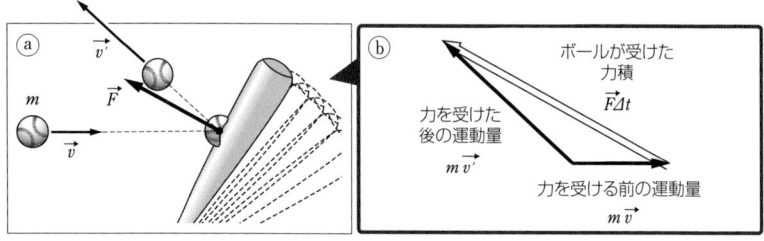

図99　ボールの運動の方向と異なる方向に与えた力積

（実験）⑪　運動量と力積

❶水平な机の上に台車（質量m〔kg〕）を置き，台車に紙テープをつける。紙テープを机に固定した記録タイマーに通す。

❷ばねはかり（水平にして力を加えないときの目盛りが0になるようにゼロ点を調整しておく）を用いて，一定の力F〔N〕で台車を引き続ける。

❸図のようにして，紙テープの打点間隔から，力を加えた時間t〔s〕,変化前の速度v〔m/s〕,変化後の速度v'〔m/s〕を読み取り，それらを(102)式に代入する。

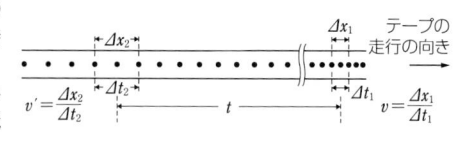

$v' = \dfrac{\Delta x_2}{\Delta t_2}$　　　$v = \dfrac{\Delta x_1}{\Delta t_1}$

問53. それぞれ質量が 3.0 kg, 3.0 kg, 2.0 kg の 3 つの球 A, B, C が図に示したような速度で運動している。このときの運動量をそれぞれ $\vec{p}_A$, $\vec{p}_B$, $\vec{p}_C$ [kg·m/s] とする。また, $\sqrt{2} = 1.4$ とする。 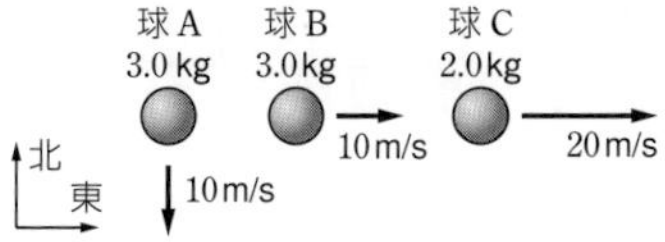
(1) $\vec{p}_A + \vec{p}_B$ の大きさと向きを求めよ。
(2) $\vec{p}_A - \vec{p}_B$ の大きさと向きを求めよ。
(3) $\vec{p}_A - \vec{p}_C$ の大きさを求めよ。

例題21. **運動量と力積**

東向きに速さ 20 m/s で飛んできた質量 0.15 kg のボールをバットで打ったところ, ボールは同じ速さで別の向きにはねかえったとする。ボールのはねかえった向きが次の (1), (2) のとき, ボールに与えられた力積の大きさと向きを求めよ。$\sqrt{2} = 1.4$ とする。
(1) 西向き　(2) 北向き

解

(1) 東向きを正の向きとすると,
　ボールの初めの運動量は
　　0.15×20 kg·m/s
　終わりの運動量は
　　$0.15 \times (-20)$ kg·m/s 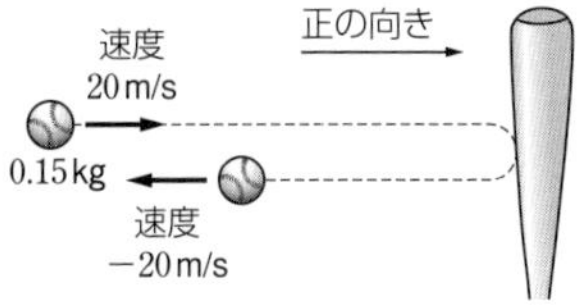
となる。よって, 力積を $F\varDelta t$ [N·s] とすると,「$mv' - mv = F\varDelta t$」(→p.116 (99)式) より
　　$0.15 \times (-20) - 0.15 \times 20 = F\varDelta t$
ゆえに　$F\varDelta t = -6.0$ N·s
力積の大きさは **6.0 N·s**, 向きは**西向き**

(2) 初めと終わりの運動量ベクトルと, 力積ベクトル $\vec{F}\varDelta t$ [N·s] の関係は図のようになる。これより, 力積の大きさは
　　$0.15 \times 20 \times \sqrt{2} = \mathbf{4.2}$ **N·s**
向きは**北西向き**

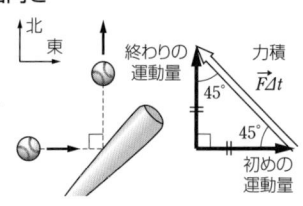

類題21. 正の向きに速さ 10 m/s で飛んできた質量 0.40 kg のサッカーボールをヘディングしたところ, ボールは正の向きに対し 120° をなす向きに同じ速さではねかえったとする。このとき, ボールに与えられた力積の大きさと, 力積の向きが正の向きとなす角度を求めよ。$\sqrt{3} = 1.7$ とする。

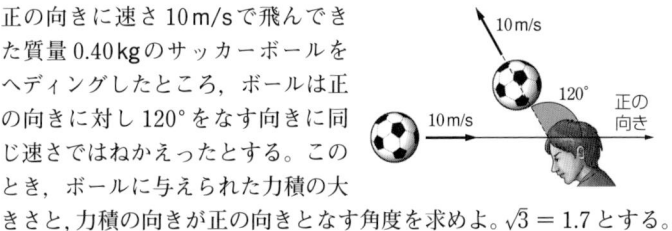

2 | 運動量保存則

A | 直線運動における運動量保存則

アイススケート場で,ある人が前方をすべっている他の人と衝突するとき,衝突の前後でそれぞれの運動量は変化するが,その和は一定に保たれる。このことについて考えてみよう。

速度 v_1 [m/s]で直線上を運動するA(質量 m_1 [kg])が,同じ直線上を速度 v_2 [m/s]で運動するB(質量 m_2 [kg])に追いついて衝突し,速度がそれぞれ v_1', v_2' [m/s]になったとする(図100)。A,Bが衝突するときの接触時間 Δt [s]の間にBがAから受ける(平均の)力を F [N]とすると,作用反作用の法則によって,AがBから受ける(平均の)力は $-F$ [N]である。(99)式(→p.116)から,このときの運動量の変化と力積の関係は

Aについて　　$m_1 v_1' - m_1 v_1 = -F\Delta t$ 　　　　　　　　　　(103)

Bについて　　$m_2 v_2' - m_2 v_2 = F\Delta t$ 　　　　　　　　　　(104)

となる。この2式を辺々加えると,次の式が得られる。

$$m_1 v_1 + m_2 v_2 = m_1 v_1' + m_2 v_2' \qquad (105)$$

つまり,衝突する前後でA,Bの運動量の和は変わらない。

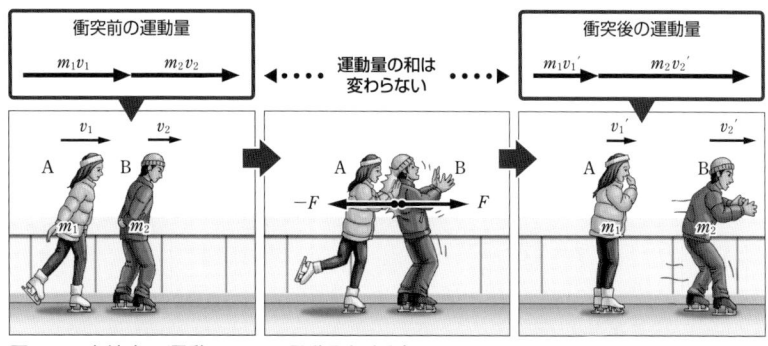

図100 直線上の運動における運動量保存則

図100の物体A,Bを1つのまとまり(これをA,Bからなる**物体系**という)として考えるとき,F,$-F$のように,A,Bが互いに及ぼしあう力を**内力**という。これに対してA,B以外から力がはたらくとき,その

力を**外力**という(図101)。

(103), (104)式からわかるように, 2つの物体間の内力による力積は互いに逆向きで同じ大きさなので, 物体系全体としてみると互いに打ち消しあい, 運動量の総和を変化させることはない。一般に

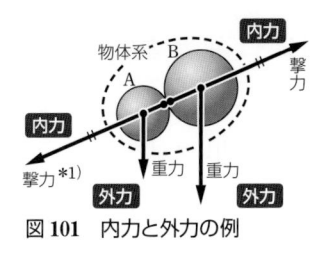

物体系が内力を及ぼしあうだけで外力を受けていないとき,[*1)]
全体の運動量は変化しない

これを**運動量保存則**という。運動量保存則は, 衝突後に離れていく場合だけでなく, くっついて一体となる場合や, 1つの物体が2つ以上の物体に分裂するような場合でも成りたつ。また, 多数の物体からなる物体系についても成りたつ。

図101 内力と外力の例

例題22. 直線上の運動量保存則

一直線上を, 質量2.0kgの小球Aが正の向きに4.0m/sの速さで進み, その前方を質量3.0kgの小球Bが負の向きに4.0m/sの速さで進んできて小球Aと衝突した。衝突後の小球Bの速さが正の向きに2.0m/sであるとき, 小球Aの速度v[m/s]を求めよ。

解 衝突前後の小球A, Bの速度は図のようになる。よって, 運動量保存則より

$$2.0 \times 4.0 + 3.0 \times (-4.0)$$
$$= 2.0v + 3.0 \times 2.0$$

これより

$$2.0 \times 4.0 + 3.0 \times (-4.0) - 3.0 \times 2.0 = 2.0v$$

ゆえに $v = -5.0\text{m/s}$

注) vの負の符号は, 速度が負の向きであることを表している。

類題22.

一直線上を, 正の向きに3.0m/sの速さで進む質量1.2kgの小球Aと, 負の向きに2.0m/sの速さで進む質量2.8kgの小球Bが衝突し, 一体となった。一体となった後の速度v[m/s]を求めよ。

---

*1) 衝突では瞬間的にきわめて大きな力がはたらく。このような力を**撃力**という。このとき重力などの外力がはたらく場合, その外力による力積は撃力による力積に比べて無視することができ, 衝突の前後で運動量保存則が成りたつと考えてよい。

B 平面運動における運動量保存則

(105)式(→p.120)は，物体の運動が直線運動でないときにはベクトル記号を用いた式で表す。したがって，図102のように2物体A，Bが斜めの衝突をしたときには，運動量保存則は次の式で表される。

$$m_1\vec{v_1} + m_2\vec{v_2} = m_1\vec{v_1}' + m_2\vec{v_2}' \tag{106}$$

運動量保存則

運動量の和 ＝ 一定

条件　外力がはたらかない(あるいは，はたらいてもその力積が無視できる)

一般に，斜めの衝突では，2物体の運動を含む平面上にx，y軸をとり，運動量をx成分とy成分とに分解して考えるとよい。このとき次の式で示すように，運動量のx，y成分はそれぞれ保存される。

$$m_1v_{1x} + m_2v_{2x} = m_1v_{1x}' + m_2v_{2x}' \tag{107}$$

$$m_1v_{1y} + m_2v_{2y} = m_1v_{1y}' + m_2v_{2y}' \tag{108}$$

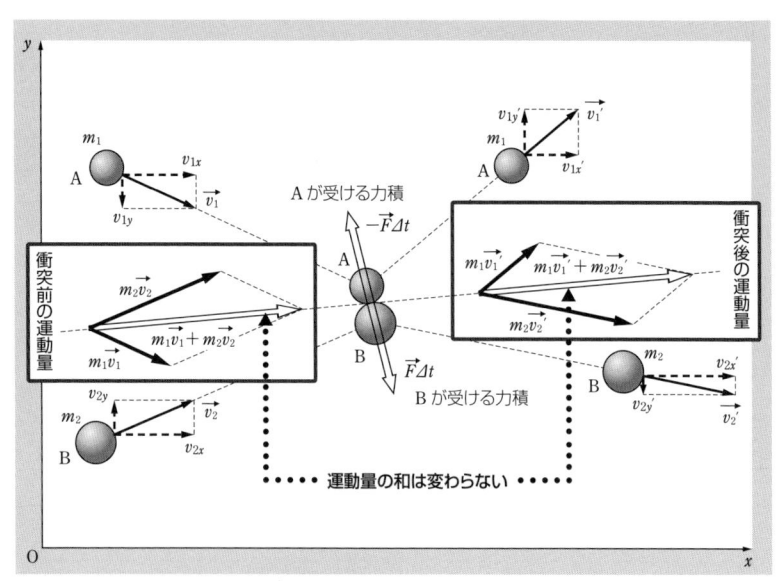

図102　斜めの衝突における運動量の保存

例題23. **平面上の運動量保存則**

図のように，なめらかな水平面上を，質量 0.20 kg の小球Aが速さ 1.7 m/s で進んできて，静止していた質量 0.80 kg の小球Bと衝突した。衝突後の小球A，Bの運動の向きが図のようであるとき，衝突後の小球Aの速さ v_1' [m/s] と小球Bの速さ v_2' [m/s] を求めよ。$\sqrt{3} = 1.7$ とする。

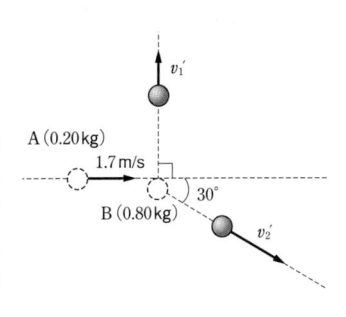

解 図のように x，y 軸を定め，それぞれの方向について運動量保存則の式を立てる。

x 成分について
$$0.20 \times 1.7 + 0.80 \times 0$$
$$= 0.20 \times 0 + 0.80 \times v_2' \cos 30° \quad \cdots\cdots ①$$

y 成分について
$$0.20 \times 0 + 0.80 \times 0$$
$$= 0.20 \times v_1' + 0.80 \times (-v_2' \sin 30°) \quad \cdots\cdots ②$$

①式より $v_2' = \dfrac{0.20 \times 1.7}{0.80 \times \cos 30°} = \dfrac{0.20 \times 1.7}{0.80 \times \dfrac{\sqrt{3}}{2}} = \mathbf{0.50\ m/s}$

これを②式に代入して $0 = 0.20 \times v_1' - 0.80 \times 0.50 \times \dfrac{1}{2}$

より $v_1' = \mathbf{1.0\ m/s}$

類題23. x 軸上を速さ 2.0 m/s で正の向きに進む質量 0.20 kg の小球Aと，y 軸上を速さ 6.0 m/s で正の向きに進む質量 0.10 kg の小球Bとが座標軸の原点で衝突し，衝突後，小球Aは速さ 1.0 m/s で y 軸上を正の向きに進んだ。このとき，衝突後の小球Bの速さ v' [m/s] と，小球Bの進む向きが x 軸の正の向きとなす角 θ [°] を求めよ。
$\sqrt{2} = 1.4$ とする。

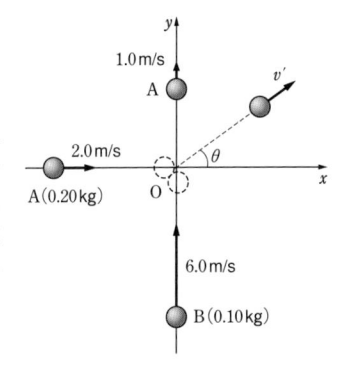

▰ 参考 ▰ 衝突における重心の運動

ⓐのように，2球A，Bがx軸上を運動している。それぞれの質量はm_1, m_2で，速度はv_1, v_2であるとする。

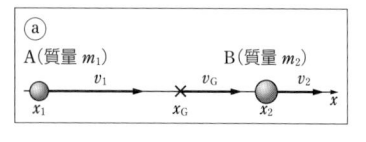

ある時刻において2球の位置がそれぞれx_1, x_2であるとき，2球の重心の位置x_Gは

$$x_G = \frac{m_1 x_1 + m_2 x_2}{m_1 + m_2} \quad (\to \text{p.86 (70)式})$$

この時刻からΔt後の2球の重心の位置$x_G{'}$は

$$x_G{'} = \frac{m_1(x_1 + v_1 \Delta t) + m_2(x_2 + v_2 \Delta t)}{m_1 + m_2}$$

と表すことができる。したがって重心の速度v_Gは

$$v_G = \frac{x_G{'} - x_G}{\Delta t} = \frac{m_1 v_1 + m_2 v_2}{m_1 + m_2}$$

A，Bが外力を受けなければ，運動量の和$m_1 v_1 + m_2 v_2$が保存されるので，上式より，重心の速度v_Gは衝突が起こっても変化しない。

このことは2球が平面内で衝突するときにも成りたつ。

$m_1 : m_2 = 2 : 3$ の場合の重心の動きの例を表したのがⓑである。各時刻における重心(×印)は一直線上に等間隔に並ぶ。すなわち，衝突によって重心の速度は変わらず，重心は等速直線運動を続ける。

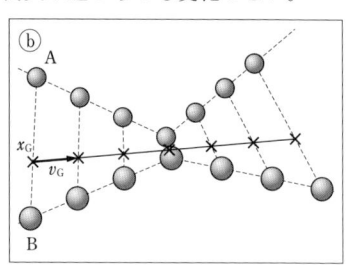

C │ 物体の分裂

運動量保存則は，1つの物体がいくつかの物体に分裂するときにも成りたつ。図103のように，静止していた台車A(質量m_1〔kg〕)と台車B(質量m_2〔kg〕)が，互いに力をはたらかせて離れた場合を考える。離れた後のA，Bの速度をそれぞれ$\vec{v_1{'}}$, $\vec{v_2{'}}$〔m/s〕とすると，運動量保存則は次のように表される。

$$\vec{0} = m_1 \vec{v_1{'}} + m_2 \vec{v_2{'}} \tag{109}$$

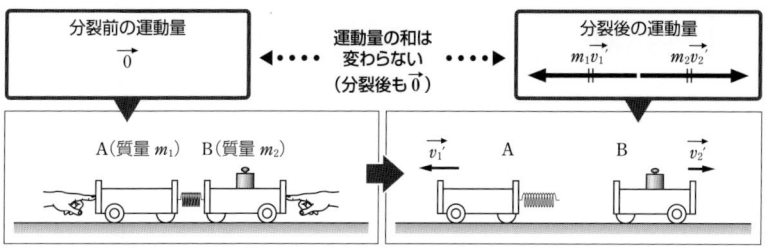

図103 一直線上での分裂

例題24. 物体の分裂

静止していた質量5.0kgの物体が，質量3.0kgの物体A，質量2.0kgの物体Bの2つに分裂した。分裂後の物体Aは東向きに速さ4.0m/sで進んだとする。分裂後の物体Bの速さとその向きを求めよ。

解 東向きを正の向きにとり，分裂後の物体Bの速度をv_2'[m/s]とする。
運動量保存則より
$$0 = 3.0 \times 4.0 + 2.0 \times v_2'$$
よって $v_2' = -\dfrac{3.0 \times 4.0}{2.0} = -6.0 \text{ m/s}$

ゆえに，Bの速さは**6.0 m/s**，向きは**西向き**

類題24. 速さV[m/s]で進んでいた質量M[kg]（燃料を含む）のロケットから，質量m[kg]の燃料を地上で静止している人から見て，ロケットの進む向きと反対の向きに速さv[m/s]で噴射した。噴射後のロケットの速さV'[m/s]を求めよ。

(実験) ⑫ 2物体の衝突

❶ 質量の等しい2つの台車A，Bを準備する。
❷ 台車の間にゴムひもをつけ，ゴムひもを伸ばした状態で静止させる。
❸ 2つの台車を同時に静かにはなし，衝突させる。衝突する位置がどこになるか確認しよう。

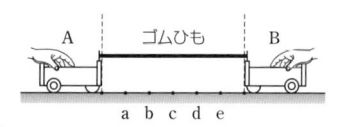

Question 台車Bにおもりをのせ，質量を2倍にして同じ実験を行う。このとき，台車が衝突する位置はどこになると予想されるか？
　　ア．点a　　イ．点b　　ウ．点c　　エ．点d　　オ．点e

第Ⅳ章 運動量の保存

3 | 反発係数

A | 床との衝突

　テニスボールを床に落とすとはずむが，ゴムボールを落とすともっとよくはずみ，床から勢いよくはねかえってくる。しかし，粘土では床にくっついてしまってはねかえらない。このような，はねかえりの程度を表す量を考える。

　図104のように，鉛直下向きを正の向きとして，小球が床に衝突する直前の速度をv[m/s]（$v>0$），衝突した直後の速度をv'[m/s]（$v'<0$）とする。ここで，衝突直前の速さ（速度の大きさ）は$|v|=v$，衝突直後の速さは$|v'|=-v'$と表されるので，衝突前後の速さの比をeとすると

$$e = \frac{|v'|}{|v|} = -\frac{v'}{v} \tag{110}$$

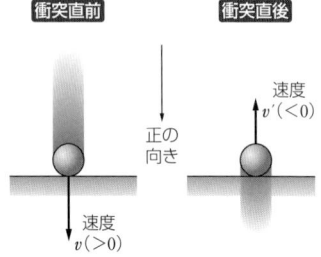

図104　小球と床との衝突

が成りたつ。eはvの大きさに関係なく，小球と床の種類によって決まる定数で，**反発係数**(**はねかえり係数**)という。$|v'|$が$|v|$よりも大きくなることはないから，eは$0 \leq e \leq 1$の値をとる。
→実験13

　$e=1$の衝突を**弾性衝突**（完全弾性衝突ということもある）といい，このとき$|v'|=|v|$になるので，最もよくはねかえる。

　$0 \leq e < 1$の衝突を**非弾性衝突**という。$e=0$の場合を特に**完全非弾性衝突**といい，このとき$|v'|=0$になるので，はねかえらない。

問**54.** 水平面上を進む小球が，壁と垂直に衝突してはねかえった。衝突直前の小球の速さが2.0m/s，衝突直後の小球の速さが1.5m/sであるとき，小球と壁との間の反発係数はいくらか。

問**55.** 水平な机の面より80cmの高さの所から，小球を自由落下させた。机の面と小球との間の反発係数を0.50とするとき，小球は衝突後何cmの高さまではね上がるか（→p.127 参考）。

▲ 参考 ▲　自由落下した小球のはねかえり

　質量 m〔kg〕の小球を，高さ h〔m〕の所から自由落下させ，床に衝突した後に小球が到達する最高点の高さ h'〔m〕を考える。小球と床との間の反発係数を e とする。

　鉛直下向きを正の向きとし，衝突直前の小球の速度を v〔m/s〕$(v>0)$ とする。床を重力による位置エネルギーの基準水平面とすると，力学的エネルギー保存則より（g〔m/s²〕は重力加速度の大きさ）

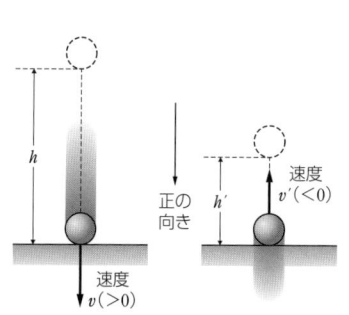

図A　自由落下した小球のはねかえり

$$\frac{1}{2}m \times 0^2 + mgh = \frac{1}{2}mv^2 + mg \times 0 \quad \text{(A)}$$

$v>0$ より　$v = \sqrt{2gh}$　　　　　　　　　　　　　(B)

　衝突直後の速度を v'〔m/s〕$(v'<0)$ とすると，衝突前と同様にして

$$\frac{1}{2}mv'^2 + mg \times 0 = \frac{1}{2}m \times 0^2 + mgh' \quad \text{(C)}$$

$v'<0$ より　$v' = -\sqrt{2gh'}$　　　　　　　　　　　(D)

　これらの結果を(110)式(→p.126)に代入すると，次の式が得られる。

$$e = -\frac{v'}{v} = \frac{\sqrt{2gh'}}{\sqrt{2gh}} = \sqrt{\frac{h'}{h}} \quad \text{(E)}$$

　(E)式を用いると，h と h' から反発係数 e を求めることができる。

実験 ⓭ 反発係数の測定

❶ 机の面上にものさしを垂直に固定する。
❷ ボールを落下させる高さ h_1〔m〕をものさしで読み取る。
❸ ボールを静かに落下させ，机の面ではねかえった後の最高点の高さ h_2〔m〕をものさしで読み取る。
❹ h_1 と h_2 から，上の参考の(E)式を用いて反発係数を求める。
❺ h_1 を変えて実験をくり返し，h_1 と h_2 の関係をグラフにかく。h_1 を変えても反発係数の値は変わらないだろうか。

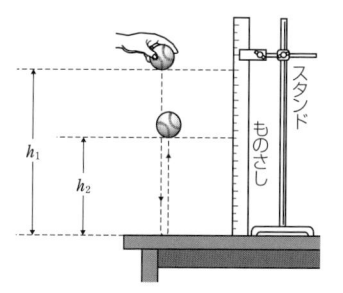

B 直線上の2物体の衝突

A|では，衝突する2物体(小球と床)のうちの一方(床)が静止して動かない場合の反発係数を考えた。ここではより一般的に，2物体が同一直線上をともに運動している場合の衝突における反発係数を考える。

同一直線上を運動する2つの小球A，Bが衝突するとき，一方から見て他方が，衝突後に遠ざかる相対的な速さと，衝突前に近づく相対的な速さとの比が一定になる。この比の値 e を2球の間の反発係数とする。

$$e = \frac{衝突後に遠ざかる速さ}{衝突前に近づく速さ} = \frac{|衝突後の相対速度|}{|衝突前の相対速度|} \quad (111)$$

衝突前のAの運動の向きを正とし，A，Bの衝突直前の速度をそれぞれ v_1, v_2 [m/s]，衝突直後の速度をそれぞれ v_1', v_2' [m/s] とする。衝突前，Bに対するAの相対速度は $v_1 - v_2$ で，これは正である。また，衝突後，Bに対するAの相対速度は $v_1' - v_2'$ で，これは負である(図105)。したがって，次の式が成りたつ。

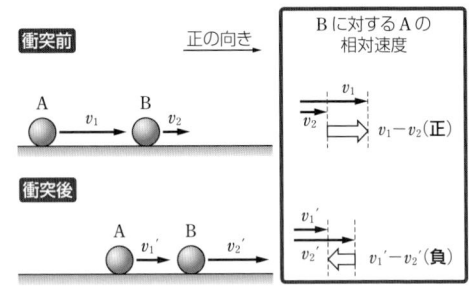

図105 衝突による相対速度の変化

反発係数

$$e = -\frac{v_1' - v_2'}{v_1 - v_2} \quad {}^{*1)} \quad (112)$$

e 物体Aと物体Bの間の反発係数
v_1 [m/s] 衝突前の物体Aの速度
v_2 [m/s] 衝突前の物体Bの速度
v_1' [m/s] 衝突後の物体Aの速度
v_2' [m/s] 衝突後の物体Bの速度

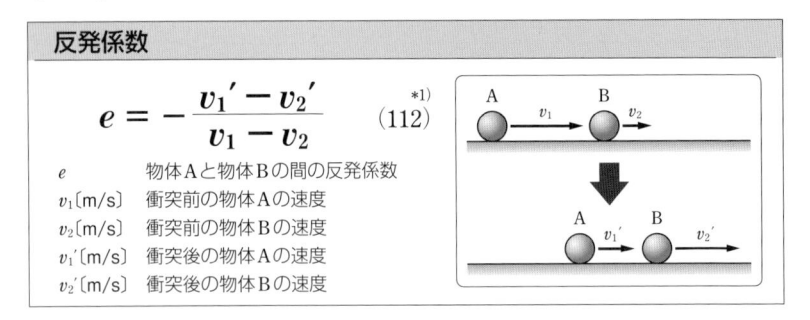

---

*1) 小球と床との衝突は，床(物体B)の質量が十分に大きいため衝突後も静止して動かない，とみなせるケースと考えればよい。つまり，(112)式で，$v_1 = v$, $v_1' = v'$, $v_2 = v_2' = 0$ とすると，(110)式(→p.126)が得られる。

問 56. 一直線上を互いに反対の向きに進んできた2物体A, Bが正面衝突し、衝突後はどちらも初めと反対の向きに進んだ。衝突前のA, Bの速さはそれぞれ4.0 m/s, 1.6 m/sであり、衝突後はそれぞれ1.5 m/s, 1.3 m/sであった。2物体の間の反発係数を求めよ。

例題 25. 反発係数①

一直線上を正の向きに進んできた小球Aと、負の向きに進んできた小球Bが正面衝突した。衝突前の小球Aの速度が4.0 m/s, 小球Bの速度が -1.0 m/sであり、小球A, Bの質量は等しいとする。2球の間の反発係数 e の値が次の(1), (2)のとき、衝突後の小球A, Bの速度 v_1', v_2' [m/s] をそれぞれ求めよ。

(1) $e = 1$　　(2) $e = 0$

解 小球A, Bの質量を m [kg] とすると、運動量保存則より

$$m \times 4.0 + m \times (-1.0) = mv_1' + mv_2'$$

よって

$$3.0 = v_1' + v_2' \quad \cdots\cdots ①$$

反発係数の式 (→(112)式) より

$$e = -\frac{v_1' - v_2'}{4.0 - (-1.0)} = -\frac{v_1' - v_2'}{5.0} \quad \cdots\cdots ②$$

(1) ②式で $e = 1$ とすると

$$5.0 = -(v_1' - v_2') \quad \text{より} \quad v_2' = 5.0 + v_1' \quad \cdots\cdots ③$$

これを①式に代入して

$$3.0 = v_1' + (5.0 + v_1') \quad \text{よって} \quad v_1' = \mathbf{-1.0\ m/s}$$

③式より　$v_2' = 5.0 + (-1.0)$　よって　$v_2' = \mathbf{4.0\ m/s}$

注) 同じ質量の2物体が弾性衝突 ($e=1$) するときは、衝突後、それぞれの速度が交換される。

(2) ②式で $e = 0$ とすると

$$0 = -(v_1' - v_2') \quad \text{より} \quad v_2' = v_1' \quad \cdots\cdots ④$$

これを①式に代入して

$$3.0 = v_1' + v_1' \quad \text{よって} \quad v_1' = \mathbf{1.5\ m/s}$$

④式より　$v_2' = v_1' = \mathbf{1.5\ m/s}$

注) 完全非弾性衝突 ($e=0$) のときは、衝突後、2物体の速度は同じになる、すなわち、一体となって運動する。

類題 25. 一直線上を正の向きに進む小球A (質量 0.050 kg, 速度 3.0 m/s) と、負の向きに進む小球B (質量 0.10 kg, 速度 -2.0 m/s) が正面衝突した。衝突後の小球A, Bの速度 v_1', v_2' [m/s] をそれぞれ求めよ。2球の間の反発係数を 0.80 とする。

C 床との斜めの衝突

小球がなめらかな床に斜めに衝突する場合には，衝突の直前と直後の速度 $\vec{v}$, $\vec{v'}$ [m/s]を，床に平行な成分 v_x, v_x' [m/s]と，床に垂直な成分 v_y, v_y' [m/s]とに分解して扱う（図106）。床はなめらかなので，小球は床に平行な方向には力を受けないため，v_x' は v_x に等しい。一方，v_y, v_y' について(110)式(→p.126)を用いると

$$e = -\frac{v_y'}{v_y} \tag{113}$$

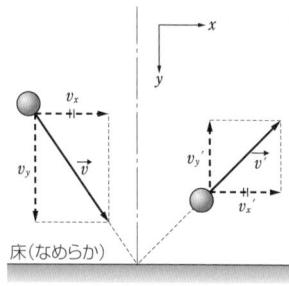

図106 床との斜めの衝突

以上より，次の式が成りたつ。

$$v_x' = v_x \tag{114}$$
$$v_y' = -ev_y \tag{115}$$

例題26． **反発係数②**

水平でなめらかな床に，小球が床面と60°の角をなす方向から衝突し，はねかえった。小球と床の間の反発係数が $\frac{1}{\sqrt{3}}$ であるとき，小球がはねかえる向きと床面がなす角 θ [°] $(0° \leqq \theta \leqq 90°)$ を求めよ。

解 図のように x, y 軸を定める。衝突直前の小球の速度の大きさを v [m/s]とすると，速度の x 成分，y 成分は

$$v_x = v\cos 60° = \frac{1}{2}v$$
$$v_y = v\sin 60° = \frac{\sqrt{3}}{2}v$$

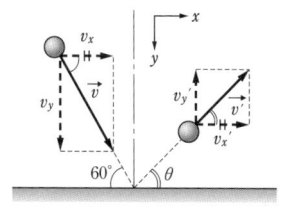

衝突直後の小球の速度の x 成分，y 成分を v_x', v_y' [m/s]とすると，

「$v_x' = v_x$」(→(114)式)より $v_x' = \frac{1}{2}v$

「$v_y' = -ev_y$」(→(115)式)より $v_y' = -\frac{1}{\sqrt{3}} \times \frac{\sqrt{3}}{2}v = -\frac{1}{2}v$

よって $\tan\theta = \frac{|v_y'|}{v_x'} = 1$ したがって $\theta = 45°$

類題26． 水平でなめらかな床に，小球が床面と60°の角をなす方向から衝突し，床面と30°の角をなす方向にはねかえった。このとき，小球と床の間の反発係数 e を求めよ。答えの分数はそのままでよい。

D 運動量と力学的エネルギー

❶質量の等しい2球の衝突 2物体が衝突するときに運動量は保存されるが、これらの物体がもっている力学的エネルギーはどのようになるだろうか。

なめらかな水平面上で静止している質量m〔kg〕の小球Bに、速度v_1〔m/s〕で進む同じ質量の小球Aが一直線上で正面衝突することを考える(図107)。衝突後の小球A, Bの速度をそれぞれ$v_1{}'$, $v_2{}'$〔m/s〕、2球の間の反発係数をeとすると、(105)式と(112)式より
　　→p.120　→p.128

$$mv_1 + m \times 0 = mv_1{}' + mv_2{}' \quad (116)$$

$$e = -\frac{v_1{}' - v_2{}'}{v_1 - 0} \quad (117)$$

(116), (117)式を連立させて解くと、$v_1{}'$, $v_2{}'$は次のように求められる。

$$v_1{}' = \frac{1-e}{2}v_1$$
$$v_2{}' = \frac{1+e}{2}v_1 \quad (118)^{*1)}$$

これを用いると、衝突前後での力学的エネルギーの変化ΔE〔J〕は次のように求められる。

$$\Delta E = -\frac{1}{4}mv_1{}^2(1-e^2) \quad (119)^{*2)}$$

$e = 1$(弾性衝突)のときは、$\Delta E = 0$、すなわち、力学的エネルギーが保存される。また、$0 \leq e < 1$(非弾性衝突)のときは、$\Delta E < 0$、すなわち、力学的エネルギーは減少する。

図107　質量の等しい2球の衝突

*1) (118)式を導く
　(116)式より $v_1 = v_1{}' + v_2{}'$ …①
　(117)式より $ev_1 = -v_1{}' + v_2{}'$ …②
　①式から②式を引くと
　　$(1-e)v_1 = 2v_1{}'$
　よって　$v_1{}' = \dfrac{1-e}{2}v_1$
　これを①式に代入して
　　$v_2{}' = v_1 - v_1{}'$
　　　　$= \left(1 - \dfrac{1-e}{2}\right)v_1$
　　　　$= \dfrac{1+e}{2}v_1$

*2) (119)式を導く
$$\Delta E = \left(\frac{1}{2}mv_1{}'^2 + \frac{1}{2}mv_2{}'^2\right)$$
$$\quad - \left(\frac{1}{2}mv_1{}^2 + \frac{1}{2}m \times 0^2\right)$$
これに(118)式を代入して
$$\Delta E = \frac{1}{2}mv_1{}^2\left\{\left(\frac{1-e}{2}\right)^2 \right.$$
$$\left. + \left(\frac{1+e}{2}\right)^2 - 1\right\}$$
$$= \frac{1}{8}mv_1{}^2\{(1-2e+e^2)$$
$$\quad + (1+2e+e^2) - 4\}$$
$$= -\frac{1}{4}mv_1{}^2(1-e^2)$$

❷**衝突による力学的エネルギーの変化** ❶では質量の等しい2物体を考えたが，一般の場合についても，力学的エネルギーと反発係数の間に同様の関係が成りたつ（図108）。つまり，衝突する2物体において

　弾性衝突（$e=1$）では，力学的エネルギーが保存され，

　非弾性衝突（$0 \leq e < 1$）では，力学的エネルギーは減少する

非弾性衝突で失われた力学的エネルギーは，熱の発生や物体の変形などに使われる。

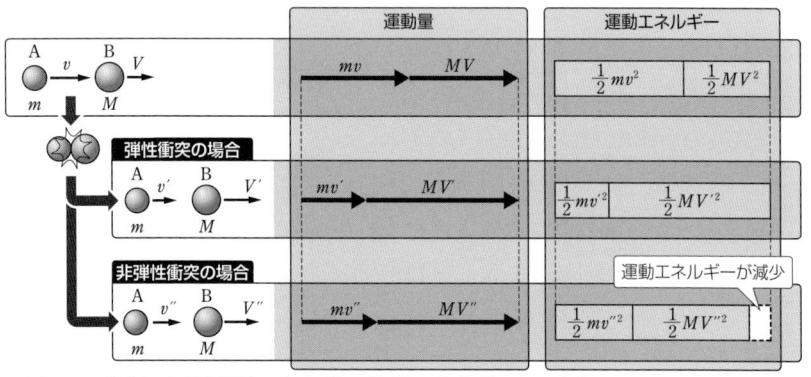

図108 衝突による力学的エネルギー（運動エネルギー）の変化

例題27. 運動量と力学的エネルギー

一直線上を4.0m/sの速さで進む質量1.0kgの小球Aが，静止している質量1.5kgの小球Bと正面衝突し，一体となって進み始めた。この過程での力学的エネルギーの変化ΔE〔J〕を求めよ。

解 一体となった後の速さをV〔m/s〕とすると，
運動量保存則より
$$1.0 \times 4.0 + 1.5 \times 0 = (1.0 + 1.5)V$$
よって　$V = 1.6$m/s
したがって
$$\Delta E = \frac{1}{2} \times (1.0 + 1.5) \times 1.6^2 - \left(\frac{1}{2} \times 1.0 \times 4.0^2 + \frac{1}{2} \times 1.5 \times 0^2 \right)$$
$$= 3.2 - 8.0 = \mathbf{-4.8 J}$$

類題27.

一直線上を4.0m/sの速さで進む質量1.0kgの小球Aが，静止している質量1.5kgの小球Bと正面衝突した。2球の間の反発係数が0.25であるとき，この過程での力学的エネルギーの変化ΔE〔J〕を求めよ。

物理の小径

運動量と活力（エネルギー）

　かなづちを釘の頭に当てて押しても釘はささらないが，かなづちを振り下ろすとささる。このことから，ガリレイは運動しているものは仕事をする能力があると考えていた。

　デカルトやニュートンは，運動は運動量ではかられるものと考え，運動量と力積の関係式 $mv' - mv = F\varDelta t$ を基本法則とした。

図A　ダランベール

　一方，ライプニッツ（ドイツ，1646〜1716）は，速さ v で投げ上げられた物体は高さ $h = \dfrac{v^2}{2g}$ まで上がることから，運動は mv^2 ではかられるべきだと主張した。mv^2 は"活力"とよばれた。

　この論争は18世紀半ばにダランベール（フランス，1717〜1783）によって決着がつけられた（1743）。

　速さ v [m/s]で運動している質量 m [kg]の物体に一定の力 F [N]が加わって t [s]後に距離 x [m]だけ進んで止まったとする。このとき，運動量と力積の関係から $mv = Ft$ となる。したがって，運動の持続時間 t は $\dfrac{mv}{F}$ となり，mv に比例する。

　一方，等加速度運動の場合，進んだ距離 x は $x = \dfrac{mv^2}{2F}$ となり，mv^2 に比例する。

　こうして，運動の効果はその持続時間からみる見方と，移動距離からみる見方があることがわかった。このようにして運動に関するエネルギー論が形成されていった。

　前に述べたように $\dfrac{1}{2}mv^2$ は"運動エネルギー"とよばれた。一方，一定の力 F が加えられて止まった後も力 F が加え続けられると，物体は押し戻され，もとの位置で $\dfrac{1}{2}mv^2$ の運動エネルギーをもつようになる。それゆえ，Fx の仕事を受けた物体は Fx に等しい"位置エネルギー"をもつと考えられるようになった。

第Ⅴ章
円運動と万有引力

惑星は太陽のまわりをだ円を描きながら回り，公園のブランコはほぼ一定の周期でゆれている。この章では，円運動や単振動のような周期的な運動の表し方や，これらの運動の原因となる力について学ぶ。
さらに，乗りものが加速や減速をするときに感じる力―慣性力―についても学習する。

鉄棒を回る体操選手のストロボ写真

1 等速円運動

A 角速度

遊園地では，観覧車やメリーゴーランドなど多くの乗りものが一定の速さで回転している。このように，物体が円周上を一定の速さで回る運動を**等速円運動**という。

円運動をする物体の単位時間当たりの回転角を**角速度**(angular velocity)という。角度の単位にラジアン(radian)(記号 **rad**)(→p.135 参考)を用い，時間 t〔s〕の間の回転角を θ〔rad〕とすると(図109 ⓑ)，これらと角速度 ω(オメガ)の関係は

$$\omega = \frac{\theta}{t}, \quad \theta = \omega t \tag{120}$$

ⓐ 1秒当たり　ⓑ t〔s〕間　P_0P 間の円弧の長さ $l = r\theta$　ⓒ 回転の向き　始点　$\theta = \omega t$

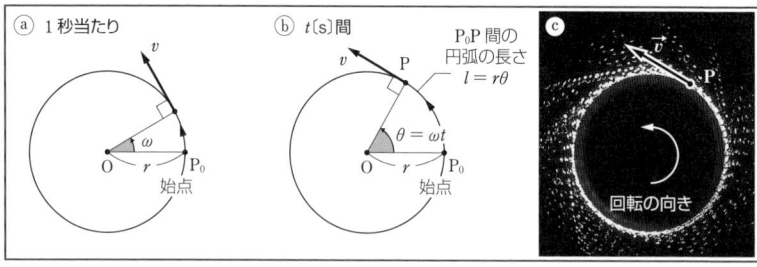

図109　等速円運動の速度と角速度
ⓒは，回転円板に落とした水滴がその縁から円の接線方向へ飛び出すようす。速度 $\vec{v}$ が円の接線方向であることがわかる。

となる。これより，角速度ωの単位は**ラジアン毎秒**（記号**rad/s**）となる。

等速円運動の円の半径をr〔m〕，物体の速さをv〔m/s〕とすると，時間t〔s〕の間に物体が移動する距離l〔m〕は$l = r\theta$と表されるから

$$v = \frac{l}{t} = r\frac{\theta}{t} \tag{121}$$

となり，(121)式に(120)式を代入すると，次の式が得られる。

$$v = r\omega \tag{122}$$

等速円運動は，角速度が一定の円運動ということもできる。

曲線的に運動する場合の速度の方向は，運動の経路に対しその点で引いた接線の方向になる（→p.15）。よって，等速円運動をする物体の速度の方向は，円の接線方向であり，円の中心を向く方向に対し垂直である（同図ⓒ）。

問57. 半径8.0mの円周上を等速円運動する物体が5.0秒間で180°回転した。この物体の角速度ω〔rad/s〕，速さv〔m/s〕を求めよ。円周率をπとする。

参考　弧度法

半径と等しい長さの円弧に対する中心角を1ラジアン（記号**rad**）という（図Aⓐ）。このような角度の表し方を**弧度法**という。これを用いると，半径r〔m〕の円で，長さl〔m〕の円弧（同図ⓑ）に対する中心角θ〔rad〕は

$$\theta = \frac{l}{r} \tag{A}$$

と表される。これを変形すると，円弧の長さl〔m〕は次のようになる。

$$l = r\theta \tag{B}$$

ここで，1回転するときの角度360°を弧度法の角度θ_a〔rad〕で表してみよう。半径r〔m〕の円を用いて考えると，円周の長さは$2\pi r$〔m〕（πは円周率）であるから，(A)式より$\theta_a = \dfrac{2\pi r}{r} = 2\pi$ radとなる。よって

$$360° = 2\pi \text{ rad} \tag{C}$$

が成りたつ。(C)式より，次の式が導かれる。

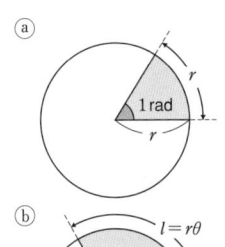

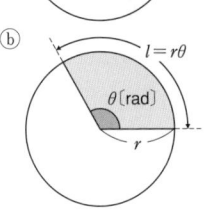

$$1° = \frac{\pi}{180} \text{ rad} \quad \text{あるいは} \quad 1\text{ rad} = \frac{180°}{\pi} (\fallingdotseq 57.3°) \tag{D}$$

図A　弧度法

B | 周期と回転数

等速円運動する物体が1回転する時間を**周期**という。等速円運動の半径をr〔m〕, 角速度をω〔rad/s〕, 速さをv〔m/s〕, 周期をT〔s〕とすると, 1回転したときの物体の移動距離は円周$2\pi r$〔m〕であるから(πは円周率), (122)式(→p.135)を用いると次の式が得られる。

$$T = \frac{2\pi r}{v} = \frac{2\pi}{\omega} \tag{123}$$

1秒当たりの回転の回数を**回転数**という。回転数の単位には**ヘルツ**(記号 **Hz**)を用いる[*1]。回転数n〔Hz〕と周期Tの関係は次のようになる。

$$n = \frac{1}{T} \tag{124}$$

また, (123), (124)式より, ωとnの関係は次のようになる。

$$\omega = 2\pi n \tag{125}$$

問58. 半径0.40mの円周上を1分間に15回転する等速円運動を考える。このときの, 周期T〔s〕, 回転数n〔Hz〕, 角速度ω〔rad/s〕, 速さv〔m/s〕を求めよ。円周率をπとする。

C | 等速円運動の加速度

等速円運動では, 速度の大きさ(速さ)は一定だが, その向きは常に変化しているので, 速度自体は変化している。つまり, 加速度が生じている。この加速度$\vec{a}$〔m/s²〕を求めてみよう。

半径r〔m〕の円周上を角速度ω〔rad/s〕で等速円運動する物体を考える。時間Δt〔s〕の間に角$\Delta\theta$〔rad〕($=\omega\Delta t$)だけ回転し, 速度が$\vec{v}$〔m/s〕から$\vec{v'}$〔m/s〕になったとする。このとき, 速度の向きも$\Delta\theta$だけ回転するので, $\vec{v}$と$\vec{v'}$のなす角は$\Delta\theta$である(図110 ⓐ, ⓑ)。

経過時間Δtを短くしていくと, $\Delta\theta$も小さくなっていく。このとき, 速度の変化$\Delta\vec{v} = \vec{v'} - \vec{v}$は, $\vec{v}$に垂直な向き, すなわち, 円の中心を向くようになる。等速円運動の加速度は, $\vec{a} = \dfrac{\Delta\vec{v}}{\Delta t}$で与えられるから$\Delta\vec{v}$と同じ向き, すなわち, 円の中心方向を向く(同図ⓒ, ⓓ)。

図110 等速円運動の加速度

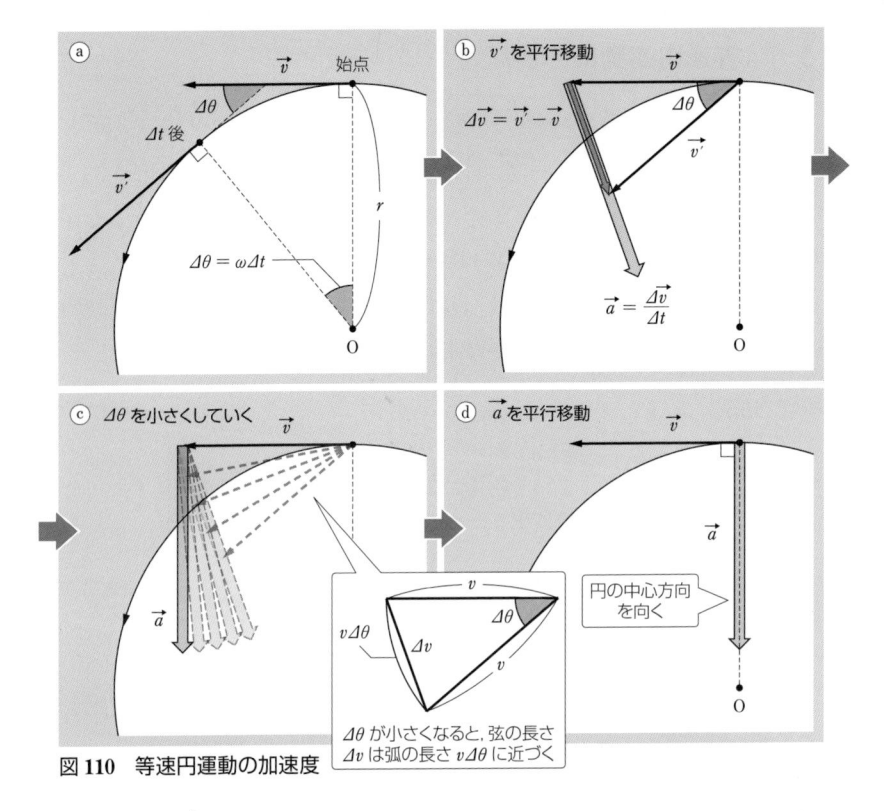

また，$\vec{\Delta v}$ の大きさ Δv は，弧の長さ $v\Delta\theta = v\omega\Delta t$ に近づく（同図ⓒ）。したがって，加速度の大きさは $a = \dfrac{\Delta v}{\Delta t} = v\omega$ となる。

これに (122) 式 (→p.135) を代入すると

$$a = r\omega^2 = \dfrac{v^2}{r} \tag{126}$$

となる。つまり，a は常に同じ大きさである。

以上より，等速円運動の加速度は，大きさは変化せず，向きは常に円の中心を向くように変化することがわかる。[*2]

問59. 半径 5.0×10^2 m の円周上を，60 m/s の速さで等速円運動している飛行機の，角速度 ω〔rad/s〕および加速度の大きさ a〔m/s²〕を求めよ。

[*1] 回転の回数や回転角はいずれも無次元の量なので，回転数 n〔Hz〕や角速度 ω〔rad/s〕の次元は〔T⁻¹〕である。

[*2] 等速円運動の加速度は常に円の中心を向いていることから，**向心加速度**ということもある。

第Ⅴ章 円運動と万有引力

D 等速円運動に必要な力

等速円運動をしている物体の質量を m [kg]，受けている力を $\vec{F}$ [N] とすると，運動方程式 $m\vec{a} = \vec{F}$ から，物体は常に加速度と同じ向き，すなわち，円の中心へ向かう向きに一定の大きさの力を受けていることがわかる（図 111）。この力を**向心力**という。

向心力の大きさを F [N] とし，(126)式（→p.137）を用いると，等速円運動の中心方向に対する運動方程式は次のように表すことができる。

$$mr\omega^2 = F \quad \text{または} \quad m\frac{v^2}{r} = F \tag{127}$$

問60. 等速円運動をしている物体の質量と，円運動の半径を変えずに，角速度や速さを2倍にするためには，何倍の向心力が必要か。

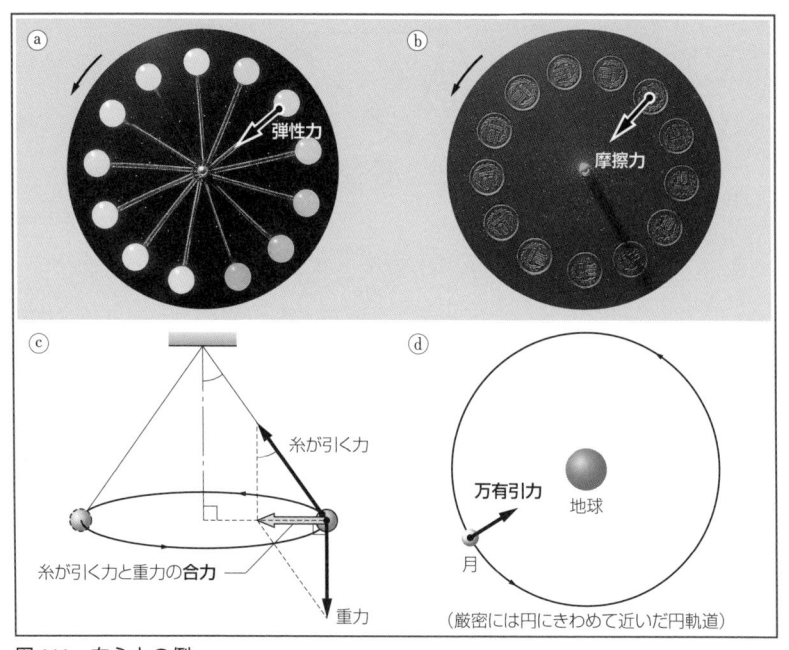

図111 向心力の例
ⓐつる巻きばねにつけた小球の等速円運動（向心力はばねの弾性力） ⓑあらい面に置かれた硬貨の等速円運動（向心力は面の摩擦力） ⓒ糸の下端につるしたおもりの水平面内の等速円運動（円錐振り子→p.145）（向心力は糸が引く力と重力の合力） ⓓ月の円運動（向心力は地球に向かってはたらく万有引力（→p.159））

等速円運動の式

周期 $T = \dfrac{2\pi r}{v} = \dfrac{2\pi}{\omega}$

速さ $v = r\omega$

加速度 $a = r\omega^2 = \dfrac{v^2}{r}$

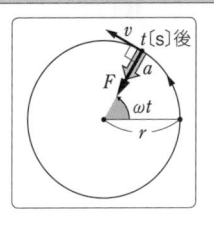

運動方程式(中心方向)

$$mr\omega^2 = F \quad \text{または} \quad m\dfrac{v^2}{r} = F$$

r〔m〕 半径 　ω〔rad/s〕 角速度 　a〔m/s²〕 加速度(acceleration)
v〔m/s〕 速さ 　T〔s〕 周期 　F〔N〕 向心力

例題28. 等速円運動

自然の長さ0.15m、ばね定数20N/mの軽いつる巻きばねの一端に質量0.50kgの小球を取りつけ、ばねの他端を中心にしてなめらかな水平面上で等速円運動をさせたところ、ばねの長さは0.25mとなった。
(1) このときのばねの弾性力の大きさF〔N〕を求めよ。
(2) 等速円運動の速さv〔m/s〕、加速度の大きさa〔m/s²〕、周期T〔s〕を求めよ。円周率をπとする。

解
(1) ばねの伸びは　$0.25 - 0.15 = 0.10$ m
であるから、「$F = kx$」より
$F = 20 \times 0.10 = \mathbf{2.0\,N}$

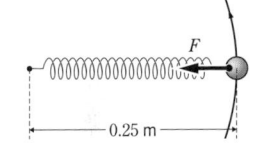

(2) 等速円運動の中心方向の運動方程式
「$m\dfrac{v^2}{r} = F$」(→(127)式) より
$0.50 \times \dfrac{v^2}{0.25} = 2.0$　　よって　$v = \sqrt{\dfrac{2.0 \times 0.25}{0.50}} = \mathbf{1.0\,m/s}$

「$a = \dfrac{v^2}{r}$」(→p.137(126)式) より　$a = \dfrac{1.0^2}{0.25} = \mathbf{4.0\,m/s^2}$

「$T = \dfrac{2\pi r}{v}$」(→p.136(123)式) より　$T = \dfrac{2 \times \pi \times 0.25}{1.0} = \mathbf{0.50\pi\,s}$

類題28.

水平なあらい回転台に置かれた質量2.0kgの物体が、半径0.20mの等速円運動をしている。物体と回転台との間の静止摩擦係数を0.25、重力加速度の大きさを9.8m/s²とする。
(1) 等速円運動の角速度が1.5rad/sであるとき、物体にはたらく静止摩擦力の大きさF〔N〕を求めよ。
(2) 角速度を徐々に大きくしていくと、物体が回転台上をすべり始めたとする。このときの角速度ω_{max}〔rad/s〕を求めよ。

第V章　円運動と万有引力

2 | 慣性力

A | 慣性力

　図112のように,電車内に質量m〔kg〕の小球を糸でつるし,電車を一定の速度で走らせることを考えてみよう。

　このとき,糸は鉛直方向を向いたままである。小球にはたらく力は,糸が引く力$\vec{S}$〔N〕と重力$m\vec{g}$〔N〕であり,この2力はつりあっている。これを,地上に静止している観測者Aは,「小球が等速直線運動をしているため」と観測し,車内の観測者Bは,「小球が静止しているため」と観測する。いずれにせよ,どちらの立場でも慣性の法則が成りたつ。

　しかし,電車が加速度運動をしている場合は状況が異なってくる。電車を一定の加速度$\vec{a}$で走らせると糸は斜めに傾く。これは,小球の慣性によるものである。このときも,小球にはたらいている力は,糸が引く力$\vec{S}$と重力$m\vec{g}$である(図113)。

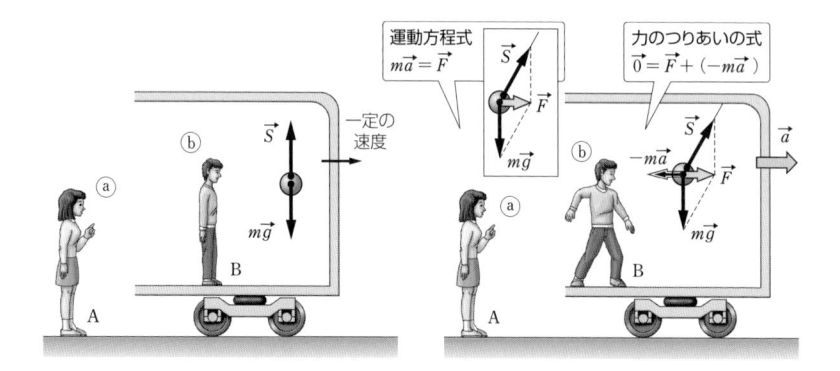

図112 電車が等速直線運動をしている場合の2人の観測者の立場
ⓐAの立場では小球は電車とともに等速直線運動をしているので,小球にはたらく糸が引く力と重力とがつりあう。
ⓑBの立場では小球は静止しているので,小球にはたらく糸が引く力と重力とがつりあう。

図113 電車が等加速度運動をしている場合の2人の観測者の立場
ⓐAの立場では小球は$\vec{S}$と$m\vec{g}$の合力$\vec{F}$によって加速度$\vec{a}$の運動をしている。
ⓑBの立場では小球は静止している。$\vec{a}$と反対向きの力$-m\vec{a}$を考えると,この力と,$\vec{S}$と$m\vec{g}$の合力$\vec{F}$とのつりあいの式を立てることができる。

運動方程式　$m\vec{a} = \vec{F}$

力のつりあいの式　$\vec{0} = \vec{F} + (-m\vec{a})$

観測者Aは、これら2力の合力$\vec{F} = \vec{S} + m\vec{g}$によって小球が加速度$\vec{a}$〔m/s²〕の運動をしていると考え、運動方程式$m\vec{a} = \vec{F}$を立てることができる。一方、観測者Bにとっては、小球は合力$\vec{F}$を受けながら静止して見えるので、慣性の法則は成りたたないようにみえる[*1)]。しかし、この場合でも、小球には合力$\vec{F}$のほかに、これとつりあう力$-m\vec{a}$〔N〕がはたらいていると考えれば、慣性の法則が成りたつとみなせる。この$-m\vec{a}$は小球の慣性にもとづくみかけの力で、**慣性力**[*2)]という。
→実験14

一般に、加速度運動をする観測者が物体の運動を観測する場合、運動の法則は成りたたないようにみえるが、実際にはたらく力のほかに慣性力をあわせて考えると、運動の法則が成りたつ。

加速度$\vec{a}$で運動する観測者が、力$\vec{F}$を受けて運動する質量mの物体を観測するとき、その加速度を$\vec{a'}$とする。このとき、実際にはたらく力$\vec{F}$のほかに慣性力$-m\vec{a}$を考えれば、運動方程式は次のようになる。

$$m\vec{a'} = \vec{F} + (-m\vec{a}) \tag{128}$$

（実験）⑭ 慣性力

糸の両端にゴム栓と鉄球を固定し、水の入ったフラスコに鉄球を入れてゴム栓でふたをする(ⓐ)。同様に、糸の他端にコルクを固定し、こちらはフラスコを逆さまにする(ⓑ)。これらのフラスコを手に持ち、加速しながら動かしてみよう。

Question 右向きに加速させたとき、鉄球とコルクのついた糸はそれぞれどちら向きに傾くだろうか？
ア.右向き　イ.左向き　ウ.傾かない

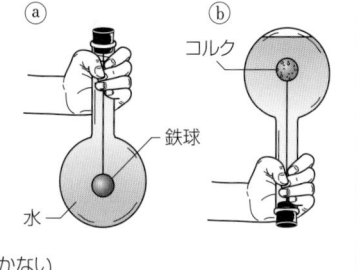

[*1)] 観測者Aのような慣性の法則が成りたつ座標系(座標軸で位置を表したもの)を**慣性系**、観測者Bのような慣性の法則が成りたたない座標系を**非慣性系**という。
[*2)] 慣性力は、力を及ぼす他の物体が存在しないため、作用・反作用の考えが成りたたない力であり、これまで扱ってきた力とは区別して考える必要がある。

第Ⅴ章　円運動と万有引力

例題29. **慣性力①**

エレベーターの天井に軽いばねはかり(ニュートンはかり)を固定し、質量0.50kgの物体をつるした状態でエレベーターを上昇させた。エレベーターが(1)〜(3)の状態で、エレベーター内から見て物体が静止していたとするとき、ばねはかりが示す目盛りF'〔N〕を求めよ。重力加速度の大きさを9.8m/s^{2}とする。
(1) 上向きの加速度(大きさ0.80m/s^2)で加速中
(2) 等速度で上昇中
(3) 下向きの加速度(大きさ0.80m/s^2)で減速中

解 エレベーター内の人から見た立場で考える。
(1) 物体には、ばねはかりが物体を引く弾性力(上向き)、重力(下向き)、慣性力(下向き)の3力がはたらき、これらがつりあって静止しているように見える。したがって、力のつりあいより
$$F' - 0.50 \times 9.8 - 0.50 \times 0.80 = 0$$
よって
$$F' = 0.50 \times 9.8 + 0.50 \times 0.80 = \mathbf{5.3N}$$

注) 地上に静止している人から見た立場で考えると、物体には、ばねはかりが物体を引く力と重力がはたらき、物体はこの合力によって鉛直上向きに加速度0.80m/s^{2}で運動しているように見える。よって、運動方程式より
$$0.50 \times 0.80 = F' + (-0.50 \times 9.8)$$
これを解くと、上と同じ答えが得られる。

(2) 慣性力がはたらかないので、ばねはかりの目盛りは物体の重さ(重力の大きさ)を正しく示す。よって
$$F' = 0.50 \times 9.8 = \mathbf{4.9N}$$

(3) 慣性力は、(1)とは逆に上向きにはたらく。(1)と同様に考えて
$$F' = 0.50 \times 9.8 - 0.50 \times 0.80 = \mathbf{4.5N}$$

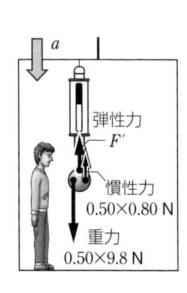

類題29. エレベーターの天井に軽いばねを固定し、質量0.10kgの物体をつるした状態でエレベーターを運動させたところ、ばねの伸びが0.042mになり、エレベーター内から見て物体が静止していたとする。ばねのばね定数を20N/m、重力加速度の大きさを9.8m/s^{2}とする。
(1) エレベーター内の人から見たときに、物体が受けているとみなせる慣性力の大きさF〔N〕と向きを求めよ。
(2) エレベーターの加速度の大きさa〔m/s^2〕と向きを求めよ。

例題30. 慣性力②

図のように，水平に等加速度直線運動をする電車の中で，天井から質量 m〔kg〕のおもりをつるした軽いひもが鉛直に対して θ 傾いて静止していた。このとき，ひもがおもりを引く力の大きさ S〔N〕，および，地上から見た電車の加速度の大きさ a〔m/s²〕をそれぞれ求めよ。重力加速度の大きさを g〔m/s²〕とする。

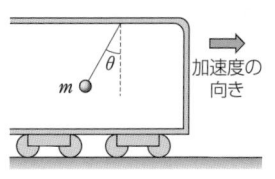

解 電車内の人から見た立場で考えると，おもりには，重力 $m\vec{g}$，ひもが引く力 $\vec{S}$，慣性力 $\vec{f}$ の3力がはたらき，これらがつりあって静止しているように見える。

地上の人から見た電車の加速度を $\vec{a}$ とすると，$\vec{f} = -m\vec{a}$ である。よって，水平方向，鉛直方向の力のつりあいの式は次のようになる。

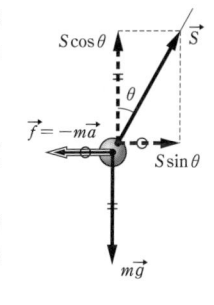

水平方向：$S\sin\theta - ma = 0$ ……①
鉛直方向：$S\cos\theta - mg = 0$ ……②

②式より $S = \dfrac{mg}{\cos\theta}$ 〔N〕

これを①式に代入して整理すると

$$a = \frac{S\sin\theta}{m} = \frac{mg\sin\theta}{m\cos\theta} = g\tan\theta \text{〔m/s}^2\text{〕}$$

注）地上に静止している人の立場で考えると，おもりには，重力 $m\vec{g}$ とひもが引く力 $\vec{S}$ がはたらき，おもりはこの合力によって水平方向に加速度 $\vec{a}$ で運動しているように見える。よって，運動方程式は
$m\vec{a} = m\vec{g} + \vec{S}$
となる。これを水平方向，鉛直方向についてそれぞれ書くと

水平方向：$ma = S\sin\theta$
鉛直方向：$0 = S\cos\theta - mg$

これを解くと，上と同じ答えが得られる。

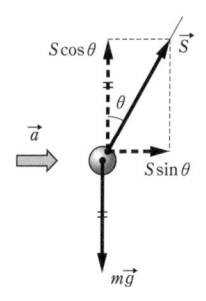

類題30. 水平に等加速度直線運動をする電車の中で，天井から軽いひもで質量 m〔kg〕のおもりをつるし，静止させた。地上から見た電車の加速度の大きさを a〔m/s²〕，重力加速度の大きさを g〔m/s²〕とする。
(1) ひもが鉛直方向となす角を θ とするとき，$\tan\theta$ を求めよ。
(2) ひもがおもりを引く力の大きさ S〔N〕を，m，a，g を用いて表せ。

第Ⅴ章 円運動と万有引力

B 遠心力

　自動車が急カーブを曲がるとき，自動車に乗っている人はカーブの外側に向けて力を受けるように感じる。この現象は，自動車に生じる加速度(向心加速度)と反対向きにみかけの力(慣性力)がはたらいている，と考えると説明がつく。このような，物体とともに円運動する立場から見たときの慣性力を，特に**遠心力**という。

　図114のような，なめらかな回転板上での，質量m〔kg〕の小球の等速円運動を考える。地上に静止している観測者Aから見ると，小球にはたらく水平方向の力は，ばねの弾性力(大きさF〔N〕)のみであり，これを向心力として小球が等速円運動をしていると観測する(同図ⓐ)。よって，等速円運動の半径をr〔m〕，角速度をω〔rad/s〕，速さをv〔m/s〕とすると，次の運動方程式が成りたつ。

$$mr\omega^2 = F \quad \text{または} \quad m\frac{v^2}{r} = F \quad \text{(p.138(127)式)}$$

　一方，小球とともに回転している観測者Bから見ると，小球が静止して見えるので，小球にはたらく水平方向の力は，弾性力だけでなく，それとつりあう外向きの遠心力がはたらいていると観測する(同図ⓑ)。よって，遠心力の向きは，向心力の向き(等速円運動の加速度の向き)と逆向きで，その大きさf〔N〕は次の式で表されることがわかる。

$$f = mr\omega^2 \quad \text{または} \quad f = m\frac{v^2}{r} \tag{129}$$

ⓐ 静止している観測者A　　　ⓑ 小球とともに回転する観測者B

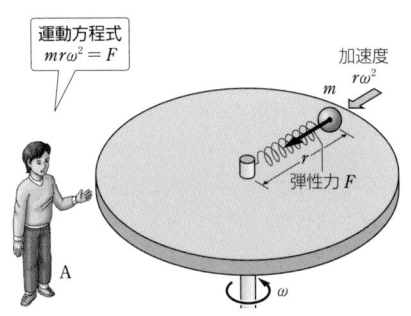

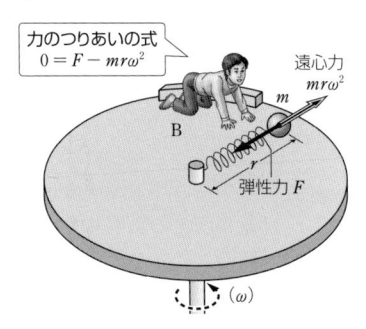

図114　等速円運動を観測する2つの立場

例題31. **円錐振り子**

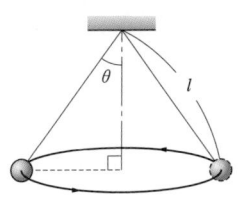

長さ l [m]の軽い糸の上端を固定し，下端につるした質量 m [kg]の小球を，水平面内で等速円運動させる（これを**円錐振り子**という）。糸が鉛直方向と θ の角をなすとき，糸が小球を引く力の大きさ S [N]と，小球の等速円運動の周期 T [s]をそれぞれ求めよ。
重力加速度の大きさを g [m/s²]，円周率を π とする。

解 小球とともに回転する立場で考える。
等速円運動の半径を r [m]，角速度を ω [rad/s]とする。 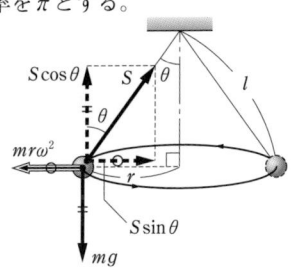
小球にはたらく力は，重力 mg [N]，糸が引く力 S [N]，遠心力 $mr\omega^2$ [N]であり，これらがつりあって静止しているように見える。よって，水平方向，鉛直方向の力のつりあいの式は次のようになる。

$$水平方向：S\sin\theta - mr\omega^2 = 0 \quad \cdots\cdots ①$$
$$鉛直方向：S\cos\theta - mg = 0 \quad \cdots\cdots ②$$

②式より $S = \dfrac{mg}{\cos\theta}$ [N]

これを①式に代入すると $mr\omega^2 = mg\tan\theta$

ここで，$r = l\sin\theta$ より $\omega = \sqrt{\dfrac{g}{l\cos\theta}}$

「$T = \dfrac{2\pi}{\omega}$」（→p.136(123)式）より $T = 2\pi\sqrt{\dfrac{l\cos\theta}{g}}$ [s]

注）地上に静止している人の立場で考えると，小球には，重力 mg [N]と糸が引く力 S [N]がはたらき，小球はこの合力を向心力として水平面内を等速円運動しているように見える。よって，運動方程式は，次のようになる。

$$水平方向：mr\omega^2 = S\sin\theta \quad 鉛直方向：0 = S\cos\theta - mg$$

これを解くと，上と同じ答えが得られる。

類題31. 長さ l [m]の軽い糸の上端を固定し，下端につるした質量 m [kg]の小球が，なめらかな水平面上で面から垂直抗力を受けながら等速円運動をしている。角速度が ω [rad/s]，糸が鉛直方向と θ の角をなすとき，糸が小球を引く力の大きさ S [N]と，小球が面から受ける垂直抗力の大きさ N [N]を求めよ。
重力加速度の大きさを g [m/s²]とする。

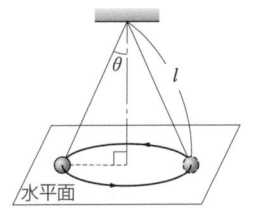

第Ⅴ章 円運動と万有引力

例題32. 鉛直面内の円運動

図の半径r[m]のなめらかな半円筒の内面の最下点Aに向かって，質量m[kg]の小球を水平方向に速さv[m/s]ですべらせた。重力加速度の大きさをg[m/s^2]とする。

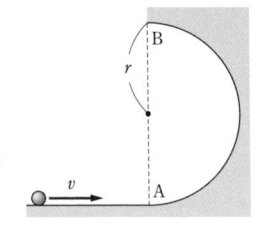

(1) 小球は半円筒の内面をすべり，最高点Bに達したとする。このときの点Bにおける小球の速さv_B[m/s]と，小球が受ける垂直抗力の大きさN_B[N]を求めよ。

(2) 小球が半円筒の最高点Bに達するためには，vがある大きさ$v_{\min}$以上である必要がある。$v_{\min}$[m/s]を求めよ。

解 (1) 点Aを含む水平面を重力による位置エネルギーの基準水平面とすると，点Aと点B間での力学的エネルギー保存則より

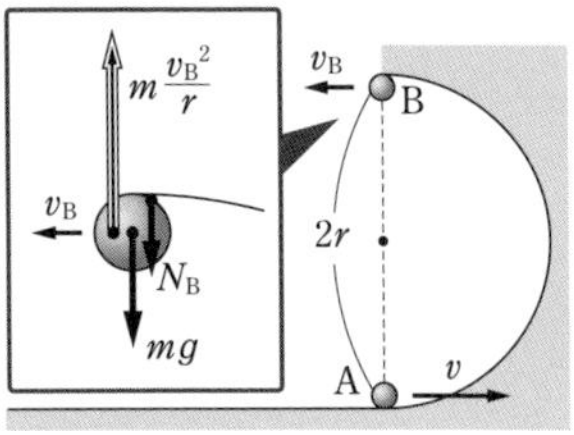

$$\frac{1}{2}mv^2 = \frac{1}{2}mv_B^2 + mg \times 2r$$

よって

$$v_B = \sqrt{v^2 - 4gr} \text{ [m/s]}$$

小球とともに回転する立場で考えると，点Bにおいて小球には重力，垂直抗力，遠心力がはたらき，これらがつりあっている。したがって

$$m\frac{v_B^2}{r} - N_B - mg = 0$$

よって $N_B = m\dfrac{v_B^2}{r} - mg = m\dfrac{v^2}{r} - 5mg$ [N]

(2) $N_B \geqq 0$ であれば，小球は半円筒を離れずに点Bに達することができる。したがって

$$m\frac{v_{\min}^2}{r} - 5mg = 0 \quad \text{より} \quad v_{\min} = \sqrt{5gr} \text{ [m/s]}$$

類題32. 点Oに固定した長さl[m]の軽い糸に，質量m[kg]の小球をつける。糸がたるまないように小球を水平の位置Aまで持ち上げ，静かにはなす。小球が最下点Bを通る瞬間，糸はBの真上r[m]の距離の点Cにある釘に触れ，その後，小球は点Cを中心とする円運動をする。重力加速度の大きさをg[m/s^2]とする。

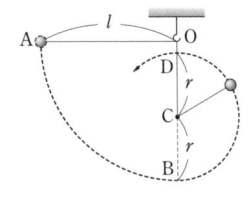

(1) 小球が図の最高点Dに達したとする。点Dにおける小球の速さv_D[m/s]と，糸が小球を引く力の大きさT_D[N]を求めよ。

(2) 小球が最高点Dに達するためには，rがある大きさ$r_{\max}$以下である必要がある。$r_{\max}$[m]を求めよ。

3 単振動

A 単振動

ばねにおもりをつけ，つりあいの位置より下に引いてから手をはなすと，おもりは往復運動を始める。図115 ⓐは，この往復運動のストロボ写真である。一方，同図ⓑは，等速円運動する物体を運動面の真横と真上から撮影したストロボ写真である。これらを比べると，ばねにつけたおもりの往復運動と，等速円運動を真横から見た運動は，同じ運動のように見える。このような一直線上の振動を**単振動**という。

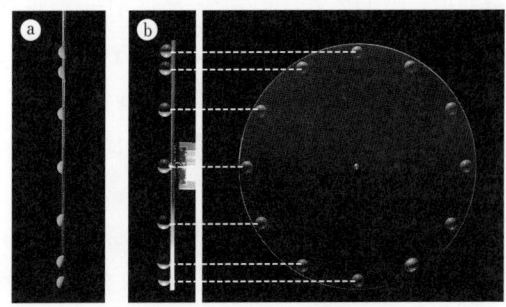

図115 ばねにつけたおもりの往復運動（ⓐ）と等速円運動する物体（ⓑ）のストロボ写真

単振動において，振動の中心から振動の端までの長さ A〔m〕を**振幅** amplitude という。また，1回の振動に要する時間 T〔s〕を**周期** period，1秒当たりの往復回数 f〔Hz〕を**振動数** frequency という。周期 T と振動数 f は，等速円運動の周期と回転数の関係と同じであるから，(124)式（→p.136）と同じ関係が成りたつ。

$$f = \frac{1}{T} \tag{130}$$

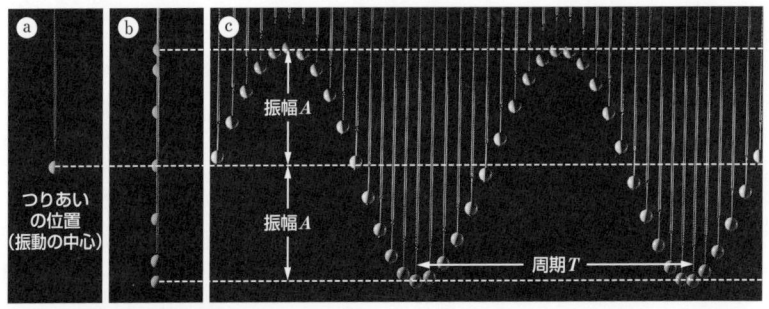

図116 単振動の時間変化
ⓒは，おもりの振動を，フィルムを等速度で横にずらしながら撮影したもの。

B 単振動の変位・速度・加速度

❶変位 図117ⓐのように，半径A〔m〕，角速度ω〔rad/s〕の等速円運動をしている物体Pを考え，Pからx軸に下ろした垂線の交点(正射影)をQとする。Qは，時刻0に原点Oをx軸の正の向きに出発したとすると，t〔s〕後におけるQの変位(座標)x〔m〕は次のように表される。

$$x = A \sin \omega t \tag{131}$$

これが，振幅Aの単振動における変位を表す式である。横軸に時間t，縦軸に変位xをとって(131)式を表すと，同図ⓑのようなx-t図が得られる。このような曲線を**正弦曲線**という。ここで，ω〔rad/s〕を単振動の**角振動数**(angular frequency)といい，(131)式の角度を表す部分ωt〔rad〕を**位相**(phase)[*1] という。位相は物体がどのような振動状態にあるかを表す量であり，位相が2π rad進むごとに1回の単振動が行われる。

(123)式(→p.138)，(130)式(→p.147)より，角振動数ωと，周期T〔s〕および振動数f〔Hz〕の間には次の関係が成りたつ。

$$\omega = \frac{2\pi}{T} = 2\pi f \tag{132}$$

問61. 時刻t〔s〕における変位x〔m〕が$x = 0.50 \sin 4.0\pi t$と表される単振動の，振幅A〔m〕，周期T〔s〕，振動数f〔Hz〕をそれぞれ求めよ。

❷速度と加速度 Qの速度v〔m/s〕は，等速円運動をしているPの速度(大きさ$A\omega$〔m/s〕)(→p.135(122)式)のx成分で表される(同図ⓒ)。

$$v = A\omega \cos \omega t \tag{133}^{*2}$$

同じように，Qの加速度a〔m/s^2〕は，Pの加速度(大きさ$A\omega^2$〔m/s^2〕)(→p.137(126)式)のx成分で表される(同図ⓔ)。

$$a = -A\omega^2 \sin \omega t \tag{134}^{*2}$$

(131)，(134)式から，次の式が得られる。

$$a = -\omega^2 x \tag{135}$$

[*1] もとになる等速円運動の時刻0における回転角がϕ〔rad〕であるとき，時刻t〔s〕における位相(回転角)は$\omega t + \phi$〔rad〕となる。ϕを**初期位相**という。このとき，単振動の変位の式((131)式)は$x = A\sin(\omega t + \phi)$となる。

[*2] (133)，(134)式は，(131)式をtについて微分していくと得られる。

問 62. 時刻 t [s] における変位 x [m] が $x = 2.0 \sin 0.40t$ と表される単振動を考える。
(1) 時刻 t [s] における速度 v [m/s] と加速度 a [m/s^2] を, t を用いて表せ。
(2) 速度が最大になるときの変位 x_1 [m] と加速度 a_1 [m/s^2] を求めよ。
(3) 加速度が最大になるときの変位 x_2 [m] と速度 v_2 [m/s] を求めよ。

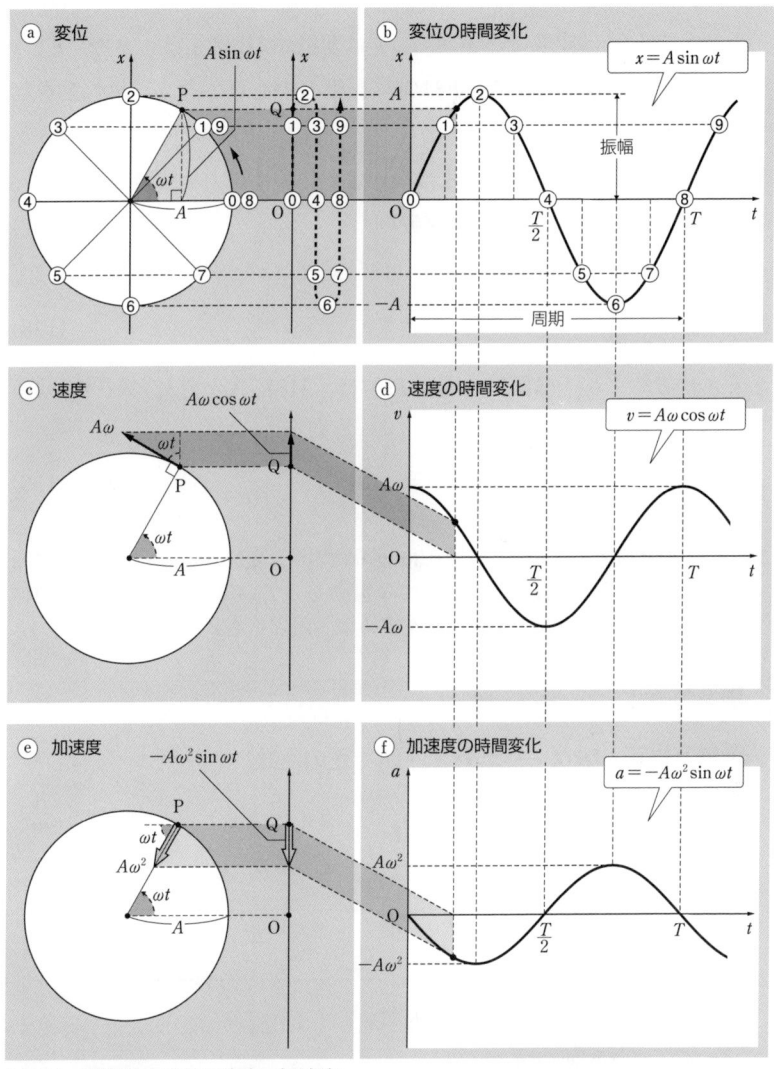

図 117 単振動の変位・速度・加速度

第 V 章 円運動と万有引力

C 単振動に必要な力

質量m〔kg〕の物体が，x軸上を原点Oを中心として角振動数ω〔rad/s〕で単振動している。このとき，物体にはたらいている力をF〔N〕とすると，運動方程式「$ma=F$」と(135)式(→p.148)より，次の式が得られる。

$$F = -m\omega^2 x \tag{136}$$

この式で$m\omega^2$は定数であるから，Fは変位xに比例する。また，Fとxとは正負が反対であるから，Fは常に振動の中心Oに向く。単振動を起こすこのような力を**復元力**という。

一般に，単振動の運動方程式は次のように表すことができる。

$$ma = -Kx \quad (K：正の定数) \tag{137}$$

単振動の角振動数ω〔rad/s〕は，(135)式と(137)式より

$$\omega = \sqrt{\frac{K}{m}} \tag{138}$$

と表される。また，単振動の周期T〔s〕は，(138)式と(132)式(→p.148)より次のようになる。

$$T = 2\pi\sqrt{\frac{m}{K}} \tag{139}$$

問63. 一直線上を運動する質量 0.30 kg の物体が，変位x〔m〕のとき$F = -30x$で表される力F〔N〕を受けて単振動をしている。この単振動の角振動数ω〔rad/s〕と周期T〔s〕を求めよ。円周率をπとする。

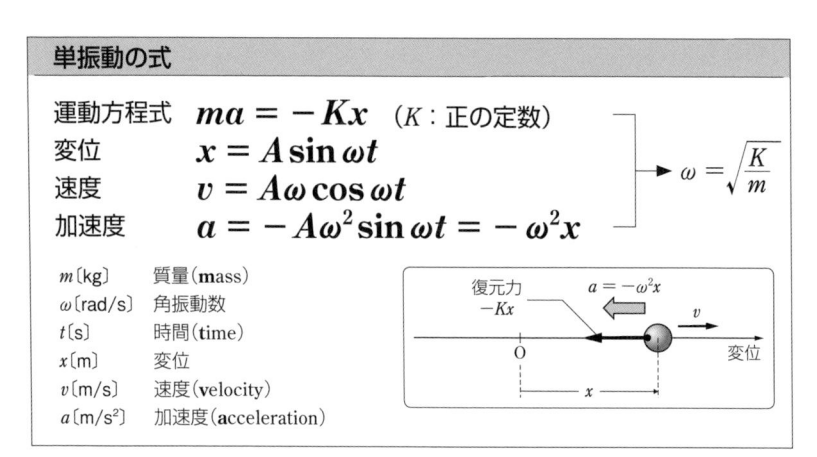

単振動の式

運動方程式	$ma = -Kx$	(K：正の定数)
変位	$x = A\sin\omega t$	
速度	$v = A\omega\cos\omega t$	
加速度	$a = -A\omega^2\sin\omega t = -\omega^2 x$	

$$\omega = \sqrt{\frac{K}{m}}$$

m〔kg〕	質量 (mass)
ω〔rad/s〕	角振動数
t〔s〕	時間 (time)
x〔m〕	変位
v〔m/s〕	速度 (velocity)
a〔m/s²〕	加速度 (acceleration)

第1編 力と運動

D ばね振り子

軽いつる巻きばねに小球をつけたものをばね振り子という。

❶水平ばね振り子 図118のように，ばね振り子をなめらかな水平面上に置き，一端を壁に固定する。自然の長さからA〔m〕伸ばして静かに手をはなしたときの小球の運動を考える。自然の長さのときの小球の位置をOとし，点Oを原点としてx軸をとり，ばねが伸びる向き（図の右向き）を正の向きとする。

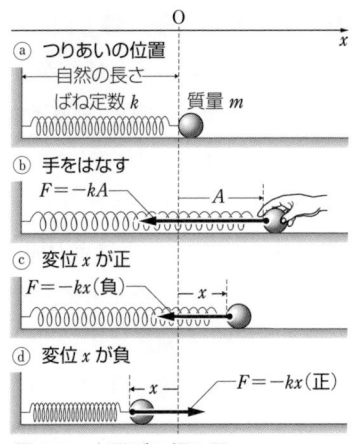

図118 水平ばね振り子

小球の質量をm〔kg〕，ばね定数をk〔N/m〕とすると，変位がx〔m〕のとき小球にはたらく水平方向の力F〔N〕は$F=-kx$となり，復元力である。よって，小球の加速度をa〔m/s²〕として運動方程式を書くと

$$ma = -kx \tag{140}$$

となる。したがって，小球は点Oを中心として振幅Aの単振動をする。また，周期T〔s〕は，(139)式より

$$T = 2\pi\sqrt{\frac{m}{k}} \tag{141}$$

となる。この式から，ばね振り子の振動の周期Tは，振幅Aによらず，質量mとばね定数kのみで決まることがわかる。

問64. ばね定数50N/mの軽いつる巻きばねの一端に質量2.0kgの小球をつけたばね振り子を，なめらかな水平面上に置いて他端を固定し，ばねを伸ばしてから静かに手をはなす。このとき，小球の振動の周期T〔s〕を求めよ。円周率をπとする。

問65. 図のように，なめらかな水平面上の質量m〔kg〕の小球に，ばね定数k_1, k_2〔N/m〕のつる巻きばねが連結され，どちらも自然の長さである。小球を面にそって少し右に動かしてからはなしたときの，小球の振動の周期T〔s〕を求めよ。円周率をπとする。

第V章　円運動と万有引力　151

❷**鉛直ばね振り子** ❶と同じばね振り子を，図119のように天井に固定した場合を考える。ばねが自然の長さのときの小球の位置を原点Oとし，ばねが伸びる向き（鉛直下向き）にx軸をとる。

小球がつりあいの位置で静止しているときのばねの伸びをx_0〔m〕とする（同図ⓑ）。このとき物体にはたらく力は，ばねの弾性力$-kx_0$〔N〕と重力mg〔N〕（g〔m/s²〕は重力加速度の大きさ）の2力であり，これらがつりあっている。したがって，次の式が成りたつ。

$$-kx_0 + mg = 0 \tag{142}$$

ここで，小球を上下に振動させる。変位x〔m〕のときに小球にはたらく力は，ばねの弾性力$-kx$〔N〕と重力mg〔N〕である。したがって，合力F〔N〕は，(142)式を用いると

$$F = -kx + mg = -k(x - x_0) \tag{143}$$

となり，常につりあいの位置（$x = x_0$）を向く（同図ⓓ，ⓔ）。つまり，Fは復元力である。小球の運動方程式は次のようになる。

$$ma = -k(x - x_0) \tag{144}$$

これは，小球が$x = x_0$の位置を中心として単振動をすることを表している。また，周期T〔s〕は❶の場合と同じく(141)式（→p.151）で表される。

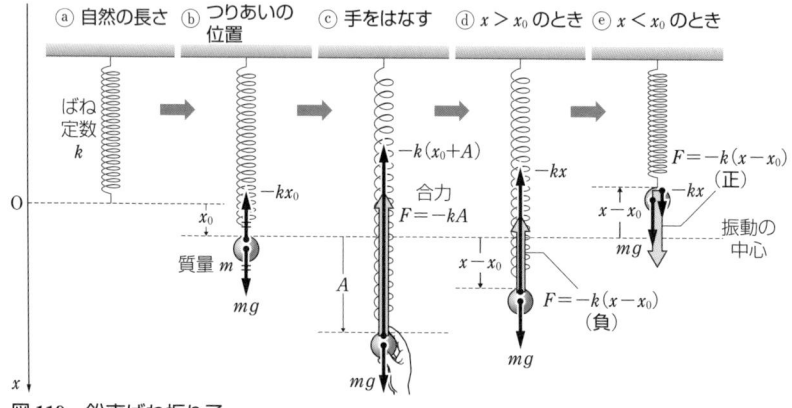

図119　鉛直ばね振り子

例題33. **鉛直ばね振り子**

軽いつる巻きばねの一端に質量 0.80 kg の小球をつけたばね振り子を鉛直につるしたところ，ばねは 9.8 cm 伸びて静止した．重力加速度の大きさを 9.8 m/s² とする．

(1) ばね定数 k [N/m] を求めよ．
(2) ばねが自然の長さになるように手で支えてから手を静かにはなしたところ，小球は単振動を始めた．このとき，単振動の振幅 A [m]，周期 T [s]，速さの最大値 v [m/s] を求めよ．円周率を π とする．

解

(1) つりあいの位置での力のつりあいより
$$-k(9.8 \times 10^{-2}) + 0.80 \times 9.8 = 0$$
よって $k = \dfrac{0.80 \times 9.8}{9.8 \times 10^{-2}} = \mathbf{80\,N/m}$

(2) 小球はつりあいの位置を中心として単振動をする．よって，その振幅は
$$A = 9.8\,\text{cm} = \mathbf{9.8 \times 10^{-2}\,m}$$
「$T = 2\pi\sqrt{\dfrac{m}{k}}$」(→p.151(141)式) より
$$T = 2\pi\sqrt{\dfrac{0.80}{80}} = \mathbf{0.20\pi\,s}$$

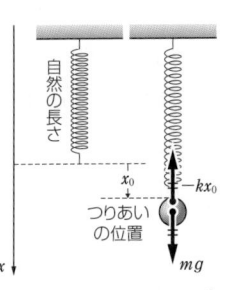

速さの最大値は「$A\omega\ (\omega = \sqrt{\dfrac{k}{m}}$ は角振動数)」で与えられるから
$$v = (9.8 \times 10^{-2}) \times \sqrt{\dfrac{80}{0.80}} = \mathbf{0.98\,m/s}$$

※ $m = 0.80$ kg，$g = 9.8$ m/s²，$x_0 = 9.8 \times 10^{-2}$ m

注) v は力学的エネルギー保存則を用いて求めることもできる．自然の長さの位置と，振動の中心(つりあいの位置)の間での力学的エネルギー保存則より(振動の中心を重力による位置エネルギーの基準水平面とする)
$$0.80 \times 9.8 \times (9.8 \times 10^{-2})$$
$$= \dfrac{1}{2} \times 0.80 \times v^2 + \dfrac{1}{2} \times 80 \times (9.8 \times 10^{-2})^2$$
これを解くと v が求められる．

類題33. ばね定数 k [N/m] の軽いつる巻きばねの一端に，質量 m [kg] の小球をつけたばね振り子を鉛直につるした．重力加速度の大きさを g [m/s²] とする．

(1) 小球がつりあいの位置で静止しているときのばねの伸び x_0 [m] を求めよ．
(2) ばねの伸びを $3x_0$ [m] にし，手を静かにはなしたところ，小球は単振動を始めた．このとき，単振動の振幅 A [m]，周期 T [s]，速さの最大値 v [m/s] を，k，m，g で表せ．円周率を π とする．

E 単振り子

軽い糸に小球をつるして、鉛直面内で振動させたものを**単振り子**という。

糸の長さをl〔m〕、小球の質量をm〔kg〕とする。小球にはたらく力は、糸が引く力(大きさS〔N〕)と重力(大きさmg〔N〕)であり、糸が引く力は小球の運動方向に垂直である。

小球を最下点Oへ引きもどすはたらきをするのは、重力の接線方向の成分F〔N〕である(図120)。糸が鉛直方向となす角をθ〔rad〕(反時計回りを正とする)、小球の点Oからの円弧にそった変位をx〔m〕(右向きを正とする)とする。振れが小さいとき、単振り子は一直線上を往復するとみなせるので、図120より、Fは次のように表すことができる。

$$F = -mg\sin\theta \fallingdotseq -\frac{mg}{l}x \quad (145)$$

したがって、小球は、Fが復元力となって単振動をすると考えてよい。その振動の周期T〔s〕は、(139)式(→p.150)で $K = \dfrac{mg}{l}$ とおけばよいから、次のようになる。

$$T = 2\pi\sqrt{\frac{l}{g}} \quad (146)$$

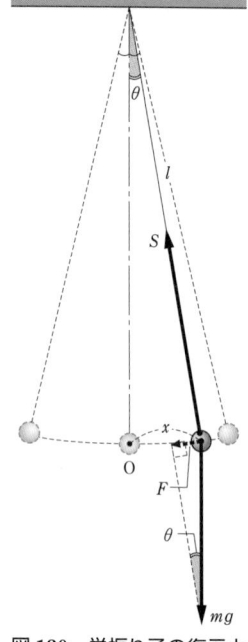

図120 単振り子の復元力

重力mgの、円弧に対する接線方向の成分Fは
$$F = -mg\sin\theta$$
ここで、小球の点Oから円弧にそった変位xは、$x = l\theta$であるから
$$F = -mg\sin\frac{x}{l} \quad \cdots\cdots ①$$
振れの角θ〔rad〕が十分小さい(糸の長さlに比べて変位xが十分小さい)とき、
$\sin\theta \fallingdotseq \theta$が成りたつから
$$\sin\frac{x}{l} \fallingdotseq \frac{x}{l} \quad \cdots\cdots ②$$
①, ②式より
$$F \fallingdotseq -\frac{mg}{l}x$$

周期は糸の長さと重力加速度の大きさだけで決まり、振幅に無関係である。これを、振り子の**等時性**という。
→実験15

問66. 単振り子の周期が4.00π sであるとき、単振り子の糸の長さは何mか。重力加速度の大きさを9.80 m/s^{2}とする。

問67. 月面での重力加速度の大きさは、地球上のおよそ6分の1である。月面で単振り子を振らせたときの周期は、同じ単振り子を地球上で振らせたときの周期のおよそ何倍になるか。答えの根号はそのままでよい。

実験 ⑮ 単振り子

糸の長さが異なる単振り子を複数用意し，それぞれの周期を測定する（単振り子が100往復する時間をはかって100でわる，などとすると精度よく周期が求められる）。横軸に周期，縦軸に糸の長さをとってグラフをかき，これらの関係を調べよう。

Question 長さの比が1:4である2つの単振り子を同時に振り始める。短いほうの振り子の周期をT〔s〕とすると，両方が振り始めた位置に同時にもどってくる時間は？
ア．T〔s〕後　　イ．$2T$〔s〕後　　ウ．$4T$〔s〕後

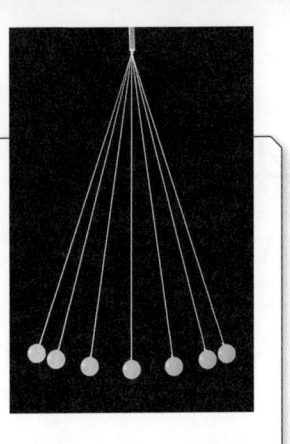

参考　単振動のエネルギー

図Aの水平ばね振り子が単振動しているときの，小球がもつ力学的エネルギーE〔J〕を考える。

ばねの伸びがx〔m〕のときの小球の速さをv〔m/s〕とすると，Eは，小球の運動エネルギーと弾性力による位置エネルギーの合計

$$E = \frac{1}{2}mv^2 + \frac{1}{2}kx^2 \quad \text{(A)}$$

図A 単振動のエネルギー

で求められる。ここで，(131)，(133)，(138)式（ただし$K \to k$）を用いると（→p.148, 150）

$$E = \frac{1}{2}m(A\omega\cos\omega t)^2 + \frac{1}{2}(m\omega^2)(A\sin\omega t)^2$$
$$= \frac{1}{2}m\omega^2 A^2(\cos^2\omega t + \sin^2\omega t)$$
$$= \frac{1}{2}m\omega^2 A^2 \quad \text{(B)}$$

となり，(132)式（→p.148）を代入すると，次の式が得られる。

$$E = 2\pi^2 m f^2 A^2 \quad \text{(C)}$$

これは，小球の力学的エネルギーは常に一定で，振幅Aの2乗と振動数fの2乗に比例することを表している。このことは，水平ばね振り子だけでなく，一般に単振動をしているすべての物体について成りたつ。

第V章　円運動と万有引力

4 | 万有引力

A | 惑星の運動

かつて人々は，太陽や惑星を含む天体は地球を中心に回転しているという**天動説**を信じていた。ただし，火星などの惑星は，他の恒星に対する位置を日々変えながら，時には逆戻りするように移動することが知られており，これを説明するためには複雑な惑星の軌道を考える必要があった。

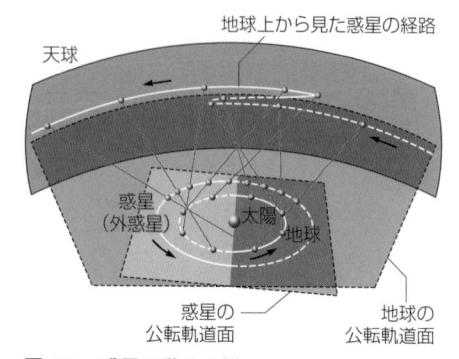

図121 惑星の動きの例
惑星の公転軌道面は，地球の公転軌道面に対してわずかに傾いている。

16世紀半ば，コペルニクス（ポーランド）は天動説に対し，地球も惑星も太陽を中心に円運動するという**地動説**を唱えた。地動説を用いると，惑星の複雑な運動を単純に説明することができる（図121）。その後，ティコ・ブラーエ（デンマーク）は，望遠鏡のない時代に精密な天体観測を長年行った。彼の晩年に助手になったケプラー（ドイツ）は，その観測資料を整理し，その結果，惑星がだ円軌道を運行していることに気づいて，次の結論を得た。これを**ケプラーの法則**という（図122，123）。

ケプラーの法則

第一法則 惑星は太陽を1つの焦点とするだ円上を運動する

第二法則 惑星と太陽とを結ぶ線分が一定時間に通過する面積は一定である（面積速度一定の法則）[*1]

第三法則 惑星の公転周期Tの2乗と軌道だ円の長半径（半長軸の長さ）aの3乗の比は，すべての惑星で一定になる

$$\frac{T^2}{a^3} = k \quad (k\text{ は定数}) \tag{147}$$

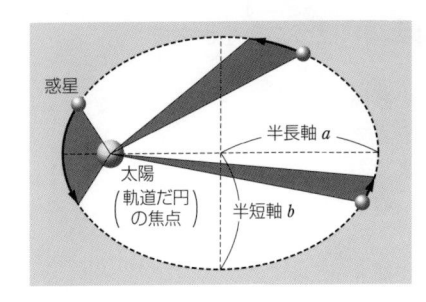

図122　ケプラーの第一法則・第二法則
惑星の軌道はだ円になる（第一法則）。また、惑星が ← で示した部分を通過する時間が等しいとき、◢ で示された部分の面積は等しい（第二法則）。

図123　ケプラーの第三法則
公転周期 T の単位を年、軌道長半径 a の単位を天文単位（1天文単位は、地球の公転軌道の長半径を示す）とすると、$\dfrac{T^2}{a^3}$ はすべての惑星でほぼ1になる。

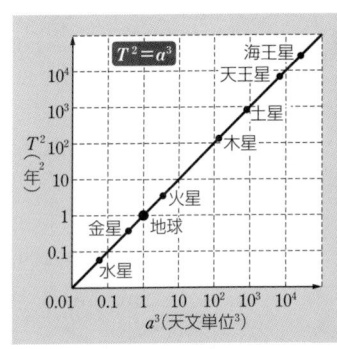

惑星	公転周期 T〔年〕	軌道長半径 a〔天文単位〕	$\dfrac{T^2}{a^3}$
水星	0.241	0.387	1.00
金星	0.615	0.723	1.00
地球	1	1	1
火星	1.88	1.52	1.01
木星	11.9	5.20	1.01
土星	29.5	9.55	0.999
天王星	84.0	19.2	0.997
海王星	165	30.1	0.998

※ 1 天文単位 $= 1.50 \times 10^{11}$ m

■参考■　だ円

だ円は、ある決まった2点 F_1, F_2 からの距離の和が等しい点Pの集まりである。この2点をだ円の**焦点**という。

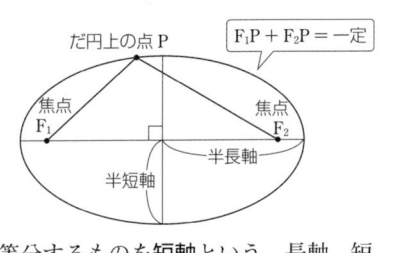

だ円上の2点を結ぶ線分のうち、2つの焦点 F_1, F_2 を通るものを**長軸**、長軸を垂直に2等分するものを**短軸**という。長軸、短軸の半分の長さの線分を、それぞれ**半長軸**、**半短軸**という。

$F_1P + F_2P = $ 一定

---

*1) 惑星と太陽を結ぶ線分が単位時間当たりに通過する面積を**面積速度**という。軌道中のある点における面積速度は、太陽と惑星を結ぶ線分の長さを r、惑星の速度の大きさを v、線分と速度がなす角を θ とすると、$\dfrac{1}{2}rv\sin\theta$ と表される。

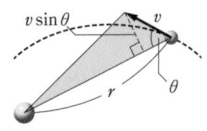

ケプラーの第二法則（面積速度一定の法則）は、惑星の運動に限らず、一般に物体が常にある1点に向かって力を受ける場合に成りたつ。

ケプラーの第二法則より，惑星は太陽に近づくと速さを増す。
→実験 16

問 68. 図のようなだ円軌道を周回する物体を考える。太陽から図の点Pまでの距離を 1.5 天文単位，点Qまでの距離を 2.5 天文単位とする。このとき，物体が点Qを通過するときの速さは，点Pを通過するときの速さの何倍か。

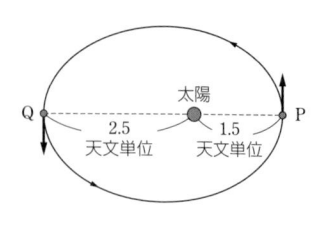

問 69. ハレー彗星は，太陽を１つの焦点とするだ円軌道上を運動する。軌道だ円の長半径を 18 天文単位とする。地球の公転軌道の長半径が 1.0 天文単位，公転周期が 1.0 年であることを用いて，ハレー彗星の公転周期が何年になるか求めよ。$\sqrt{2} = 1.4$ とする。

（実験）16 ケプラーの法則

❶ 図のように，回転運動をさせる物体（ゴム栓）に糸をつけ，その糸を鉛直にしたガラス管に通す。ガラス管は長さ 10 cm，内径 2 mm くらいで，両端をガスバーナーで熱してなめらかにしたものを使用する。
❷ ガラス管を通した糸の端を手で持ちながら，他方の手で鉛直にしたガラス管を 2, 3 回振ってゴム栓を回転させる。
❸ さらに，糸の端をゆっくりと上下させて回転半径を変え，物体の速さがどのように変わるかを観察してみよう。結果について，仕事とエネルギーの関係から考察してみよう。

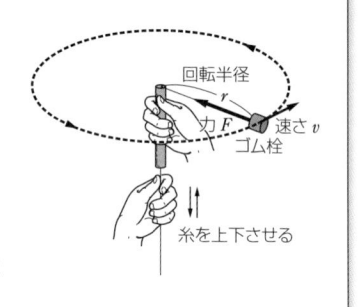

B 万有引力

ケプラーの法則の発見から約半世紀後，ニュートン（イギリス）は，惑星の公転は惑星に太陽が引力を及ぼすためと考えた。

図 124 のように，惑星の公転軌道を近似的に円と考えると，ケプラーの第二法則から，惑星は等速円運動をする。太陽が惑星に及ぼす力 F [N] が向心力であるから，惑星の質量を m [kg]，角速度を ω [rad/s]，軌道半径を r [m] とすると，運動方程式

$$mr\omega^2 = F \tag{148}$$

が成りたつ(→p.138 (127)式)。ここで，公転周期をT〔s〕とすると，(123)式(→p.136)より $\omega = \dfrac{2\pi}{T}$ であるから，これを(148)式に代入すると

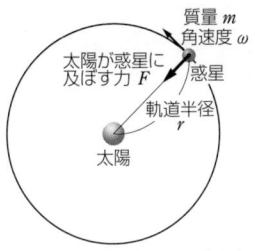

$$mr\left(\dfrac{2\pi}{T}\right)^2 = F \tag{149}$$

図124 太陽が惑星に及ぼす力

となる。さらにケプラーの第三法則(→p.156 (147)式)より

$$\dfrac{T^2}{r^3} = k \quad (kは定数) \tag{150}$$

が成りたつので，(149)，(150)式より

$$F = mr\dfrac{4\pi^2}{kr^3} = \dfrac{4\pi^2}{k} \cdot \dfrac{m}{r^2} \tag{151}$$

となり，惑星にはたらく向心力の大きさFは，惑星の質量mに比例し，軌道半径rの2乗に反比例することがわかる。一方，作用反作用の法則から考えると，太陽も惑星から，大きさが等しく向きが反対の引力を受けており，それは太陽の質量にも比例していると考えられる。

　ニュートンは，一般に2つの物体は常に両者の質量の積に比例し，距離の2乗に反比例する引力を及ぼしあっていると結論づけた。この引力はすべての物体の間ではたらくので，**万有引力**といわれる。

　2つの物体が及ぼしあう万有引力の大きさFは，2物体の

　　質量m_1，m_2の積に比例し，距離rの2乗に反比例する

これを**万有引力の法則**といい，(153)式で表される(→p.160 実習17)。Gは物体によらない定数で，**万有引力定数**とよばれる。
gravitational constant [universal constant of gravitation]

$$G = 6.67 \times 10^{-11} \, \mathrm{N \cdot m^2/kg^2} \tag{152}$$

万有引力の法則

$$F = G\dfrac{m_1 m_2}{r^2} \tag{153}$$

F〔N〕　　　　万有引力の大きさ
G〔N·m²/kg²〕　万有引力定数(gravitational constant)
m_1, m_2〔kg〕　物体1と2の質量(mass)
r〔m〕　　　　物体1と2の距離

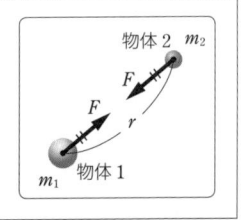

第V章　円運動と万有引力

実習 ⑰ 万有引力の法則

❶ 書籍やインターネットなどで、地球の周囲を円に近い軌道で回る物体(月、国際宇宙ステーション、人工衛星など)の軌道半径 r と周期 T を調べ、表にまとめてみよう。

❷ 両対数グラフ(グラフの両方の軸を対数目盛りで表記したグラフ)の横軸に r、縦軸に T をとり、調べたデータをプロットしてみよう。一定の関係が見られるだろうか。

物体	公転周期 T〔分〕	軌道半径 r〔km〕
月		
国際宇宙ステーション		

コラム　キャベンディッシュによる万有引力定数の測定

万有引力の法則を発見したニュートンは、地球の密度の推定値をもとに万有引力定数の値を推測していた。

逆に、キャベンディッシュ(イギリス)は、地球の正確な密度を知るために、ねじりはかりを使った装置(ⓐ)を用いて万有引力定数を測定する実験を行った。万有引力定数の測定の原理は、以下の通りである。

ⓑの小鉛球 m_1, m_2、大鉛球 M_1, M_2 はそれぞれ質量が等しい。m_1 は M_1 に、m_2 は M_2 に引かれ、糸がねじれる。ねじれの角から万有引力の大きさがわかるので、万有引力定数が求められる。

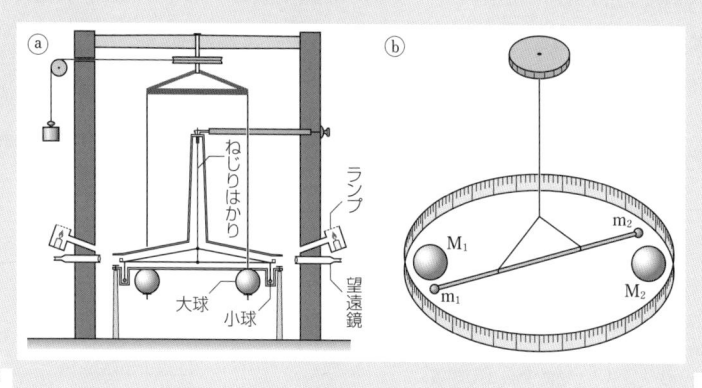

問70. 質量 2.0×10^{30} kg の太陽と質量 6.0×10^{24} kg の地球とが及ぼしあう万有引力の大きさは何Nか。地球と太陽の距離を 1.5×10^{11} m，万有引力定数を 6.7×10^{-11} N·m²/kg² とする。

例題34. **万有引力を受ける運動①**

惑星が，質量 M[kg] の太陽を中心として半径 r[m] の等速円運動をしているとする。万有引力定数を G[N·m²/kg²]，円周率を π とする。
(1) 惑星の等速円運動の速さ v[m/s] と周期 T[s] を求めよ。
(2) ケプラーの第三法則より，「$\dfrac{T^2}{r^3} = k$(定数)」が成りたつ。定数 k を G, M で表せ。

解 (1) 惑星の質量を m[kg] とする。

万有引力が向心力となっているので，運動方程式「$m\dfrac{v^2}{r} = F$」(→p.138 (127)式)，および万有引力の式「$F = G\dfrac{m_1 m_2}{r^2}$」(→p.159 (153)式)

より $m\dfrac{v^2}{r} = G\dfrac{Mm}{r^2}$ よって $v = \sqrt{\dfrac{GM}{r}}$ [m/s]

「$T = \dfrac{2\pi r}{v}$」(→p.136 (123)式) より $T = 2\pi r\sqrt{\dfrac{r}{GM}}$ [s]

(2) $T^2 = 4\pi^2 r^2 \cdot \dfrac{r}{GM} = \dfrac{4\pi^2}{GM} \cdot r^3$ より $k = \dfrac{4\pi^2}{GM}$

類題34. 太陽を中心として等速円運動する2つの惑星A，Bを考える。惑星Bの軌道半径は惑星Aの軌道半径の2倍であるとする。このとき，惑星Bの公転運動の速さ，周期は，それぞれ惑星Aと比べて何倍になるか。答えの分数や根号はそのままでよい。

コラム　静止衛星

地球の自転と同じ周期(1日)で，自転の向きに赤道上を回っている人工衛星は，地上から見て静止しているように観測される。このような人工衛星を**静止衛星**といい，放送・通信・気象などの用途に用いられている。

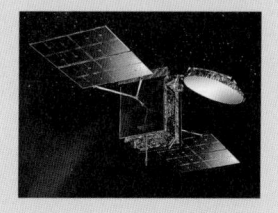

地球の周囲を万有引力を受けながら円運動するためには，周期と軌道半径は例題34(1)で求めたような関係(ただし M は地球の質量)を満たす必要がある。つまり，静止衛星はすべて，同じ半径(約42000km→地球の半径が約6000kmなので，地上から約36000km)の軌道を回っている。

第Ⅴ章　円運動と万有引力

C 重力

地球が地球上の物体に及ぼす引力は、地球各部が及ぼす万有引力の合力で、これは地球の全質量が地球の中心（重心）に集まったときに及ぼす万有引力に等しい。

物体を地上から見ると、物体には万有引力のほかに、地球の自転による遠心力（→p.144）がはたらく。物体にはたらく重力は、厳密にはこの遠心力と万有引力の合力である。

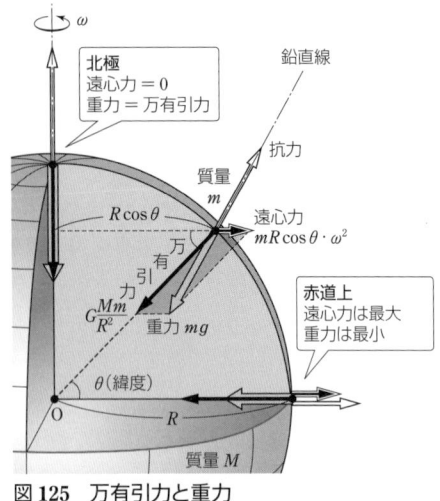

図125 万有引力と重力
遠心力の大きさを実際よりも大きくかいてある。

しかし実際には、遠心力は、大きさが最大となる赤道上でも万有引力の約 $\dfrac{1}{290}$ 程度しかないため[*1)]、通常は、重力は万有引力と等しく、重力の方向（鉛直線）は地球の中心を通る、と考えてよい。

地球を質量 M [kg]、半径 R [m] の球とし、地上での重力加速度の大きさを g [m/s^2] とする。地上の質量 m [kg] の物体にはたらく重力は万有引力と等しいと考えると、(153)式（→p.159）より

$$mg = G\dfrac{Mm}{R^2} \tag{154}$$

となる。したがって、次の式が得られる。

$$g = \dfrac{GM}{R^2} \quad \text{または} \quad GM = gR^2 \tag{155}$$

---

*1) 赤道上にある質量 1.0kg の物体が受ける遠心力の大きさ f は、地球の半径が約 6400km であることを用いると、次のようになる（→p.144 (129)式）。

$$f = mr\omega^2 = 1.0 \times (6.4 \times 10^6) \times \left(\dfrac{2 \times 3.14}{24 \times 60 \times 60}\right)^2 ≒ 3.4 \times 10^{-2} \text{N}$$

一方、万有引力の大きさ F は、地球の質量（約 6.0×10^{24} kg）を用いて（→p.159 (153)式）

$$F = G\dfrac{m_1 m_2}{r^2} = (6.67 \times 10^{-11}) \times \dfrac{1.0 \times (6.0 \times 10^{24})}{(6.4 \times 10^6)^2} ≒ 9.8 \text{N}$$

であるから、$\dfrac{f}{F} = \dfrac{3.4 \times 10^{-2}}{9.8} ≒ \dfrac{1}{290}$ となる。

D 万有引力による位置エネルギー

重力がする仕事と同様に，万有引力がする仕事も経路に関係なく，2点の位置だけで決まる。したがって，万有引力も保存力であり，位置エネルギー[*2)]，すなわち**万有引力による位置エネルギー**を考えることができる(図126 ⓑ)。

質量M〔kg〕の地球の中心Oから距離r〔m〕の点Pにある，質量m〔kg〕の物体がもつ万有引力による位置エネルギーをU〔J〕とする。無限に遠い(無限遠の)点P_0を基準点($U=0$の点)に選ぶと，Uは次のようになる(→p.164参考)。

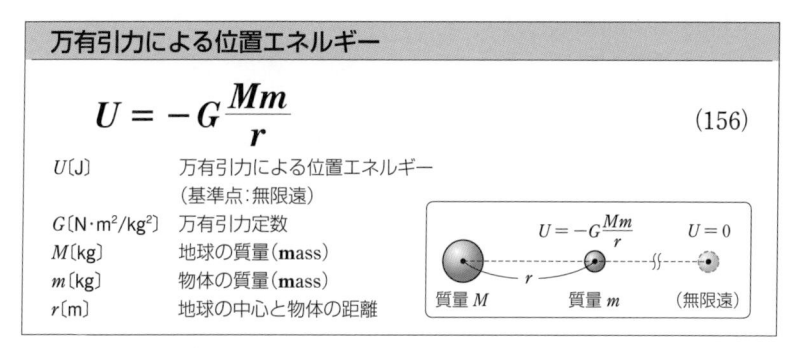

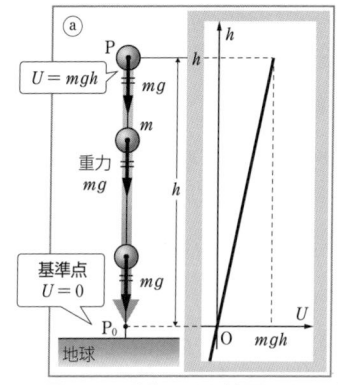

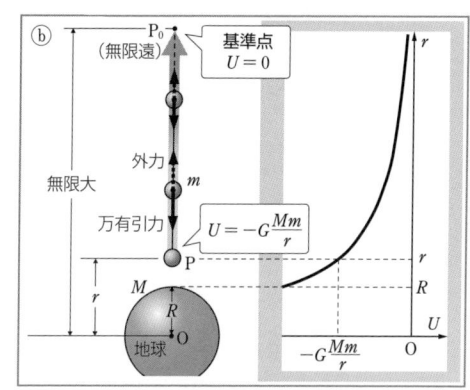

万有引力による位置エネルギー

$$U = -G\frac{Mm}{r} \quad (156)$$

U〔J〕	万有引力による位置エネルギー(基準点：無限遠)
G〔N·m²/kg²〕	万有引力定数
M〔kg〕	地球の質量(**mass**)
m〔kg〕	物体の質量(**mass**)
r〔m〕	地球の中心と物体の距離

図126 重力による位置エネルギー(ⓐ)と万有引力による位置エネルギー(ⓑ)
ⓐ重力による位置エネルギーは，地表付近で考え，重力mgを一定として扱う。 ⓑ万有引力による位置エネルギーは万有引力の大きさが変化する広い範囲で扱うので，基準点($U=0$の点)を無限遠に選ぶのが便利である。点Pから基準点P_0まで万有引力と逆向きに物体を運ぶので，万有引力がする仕事は負となる。

---

*2) 物体が点Pから基準点P_0まで移動するときに保存力がする仕事を，点P_0を基準点とした点Pにおける物体の**位置エネルギー**という(→p.104)。

■ 参考 ■ 万有引力による位置エネルギーの計算

点Oに固定されている質量M〔kg〕の物体1から距離r〔m〕離れた点Pにある質量m〔kg〕の物体2を，万有引力F〔N〕に逆らって距離r_0〔m〕の基準点P_0まで直線上を移動させるとする。このとき，万有引力がする仕事が万有引力による位置エネルギーである。

PP_0間をきわめて短い区間に分けて考える。短い区間においては，万有引力の大きさは一定とみなしてよい。したがって，物体をP_i（距離r_i〔m〕）からP_{i+1}（距離r_{i+1}〔m〕）まで運ぶとき，万有引力Fがする仕事w〔J〕は

$$w = -F(r_{i+1} - r_i)$$

である。

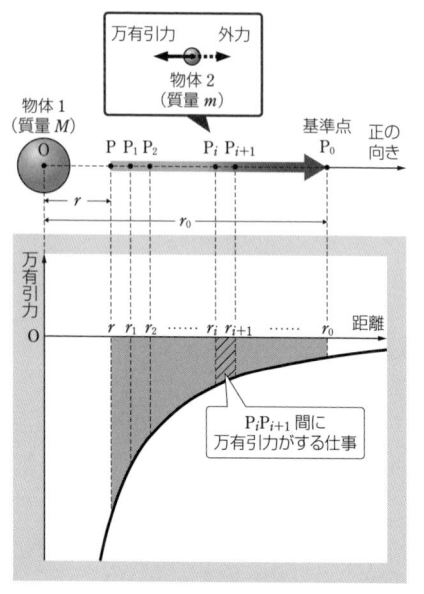

図A 万有引力による位置エネルギーの求め方

万有引力による位置エネルギーは，図の⌢で示された関数を，$r \sim r_0$の範囲で定積分することによって求めることもできる。

短い区間P_iP_{i+1}の間では，距離の2乗はr_i^2からr_{i+1}^2まで変化するが，これを両者の間の値$r_i r_{i+1}$で一定であると近似すると，この間の万有引力の大きさは$F = G\dfrac{Mm}{r_i r_{i+1}}$と考えることができる。よって

$$w \fallingdotseq -G\dfrac{Mm}{r_i r_{i+1}}(r_{i+1} - r_i) = -GMm\left(\dfrac{1}{r_i} - \dfrac{1}{r_{i+1}}\right)$$

したがって，PからP_0まで移動するとき，万有引力がする仕事W〔J〕は

$$W = -GMm\left\{\left(\dfrac{1}{r} - \dfrac{1}{r_1}\right) + \left(\dfrac{1}{r_1} - \dfrac{1}{r_2}\right) + \cdots\cdots + \left(\dfrac{1}{r_n} - \dfrac{1}{r_0}\right)\right\}$$

$$= -GMm\left(\dfrac{1}{r} - \dfrac{1}{r_0}\right)$$

ここで，基準点P_0を無限遠にとると，$\dfrac{1}{r_0} = 0$となり，p.163(156)式

$$U = -G\dfrac{Mm}{r}$$ が得られる。

E 万有引力を受ける物体の運動

❶力学的エネルギーの保存 質量m〔kg〕の物体が，質量M〔kg〕の物体からの万有引力だけを受けて，速さv〔m/s〕で運動しているときは，力学的エネルギー保存則が成りたつ，すなわち，力学的エネルギーが一定に保たれる。よって，物体間の距離をr〔m〕とすると，次の式が成りたつ。

$$\frac{1}{2}mv^2 + \left(-G\frac{Mm}{r}\right) = 一定 \tag{157}$$

❷宇宙速度 ニュートンは，物体を高い山から十分な大きさの初速度で水平に発射すると，地球のまわりを回り続けるであろうと考えた。その最小の初速度の大きさを**第一宇宙速度**(約 7.91 km/s)という。

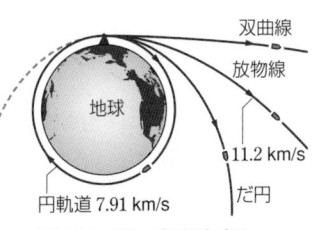

図 127　第一宇宙速度と第二宇宙速度

初速度が第一宇宙速度より大きくなると，物体の軌道はだ円を描くようになる。さらに初速度が大きくなると，物体は無限の遠方に飛んでいく。このときの最小の初速度の大きさを**第二宇宙速度**(約 11.2 km/s)という。[*1)]

初速度の大きさが第二宇宙速度をこえると，軌道は双曲線になる。

> **コラム　無重量状態の体験**
>
> 地球を回る国際宇宙ステーション内の宇宙飛行士が，ステーション内でふわふわ浮いている無重量状態の映像がときどき見られる。ここで注意したいのは，無重量「状態」であって，「重力がない」わけではないことである。地球上あるいはその近くでは，決して重力から逃れることはできない。しかし，その重力の「影響をなくす」ことはできる。重力を打ち消す「ある力」がはたらけばよい。例えば，下向きの加速度 $9.8 m/s^2$ で運動しているエレベーター内や，急上昇後の飛行機が突然エンジンを止めて放物運動をしているときの機内では，上向きの慣性力によって無重量状態が体験できる。

---

*1) 太陽による万有引力も考慮して求めた，太陽系を抜け出して飛んでいくのに必要な最小の初速度の大きさを**第三宇宙速度**(約 16.7 km/s)という。

例題35. 万有引力を受ける運動②

地球の半径を R [m], 重力加速度の大きさを g [m/s²] とする。
(1) 地球の表面すれすれの円軌道を回っている物体の速さ(最小の初速度の大きさ:第一宇宙速度) v_1 [m/s] を求めよ。
(2) 地上から打ち上げた人工衛星が, 無限の遠方へ飛んでいくための最小の初速度の大きさ(第二宇宙速度) v_2 [m/s] を求めよ。

解 (1) 地球の質量を M [kg], 物体の質量を m [kg] とする。

万有引力が向心力となっているので,運動方程式「$m\dfrac{v^2}{r} = F$」(→p.138 (127)式), および万有引力の式「$F = G\dfrac{m_1 m_2}{r^2}$」(→p.159(153)式)

より $m\dfrac{v_1^2}{R} = G\dfrac{Mm}{R^2}$ よって $v_1 = \sqrt{\dfrac{GM}{R}}$

これに「$GM = gR^2$」(→p.162(155)式)を代入して $v_1 = \sqrt{gR}$ [m/s]

注) $g = 9.8$ m/s², $R = 6.4 \times 10^6$ m を代入すると
$v_1 = \sqrt{9.8 \times (6.4 \times 10^6)} ≒ 7.9 \times 10^3$ m/s $= 7.9$ km/s

(2) 無限遠の地点で速さが 0 になればよい。

無限遠の地点を万有引力による位置エネルギーの基準点とし, 人工衛星の質量を m [kg] とすると, 力学的エネルギー保存則

「$\dfrac{1}{2}mv^2 + \left(-G\dfrac{Mm}{r}\right) = $ 一定」

(→p.165(157)式)より

$\dfrac{1}{2}mv_2^2 + \left(-G\dfrac{Mm}{R}\right) = 0$

よって $v_2 = \sqrt{\dfrac{2GM}{R}}$

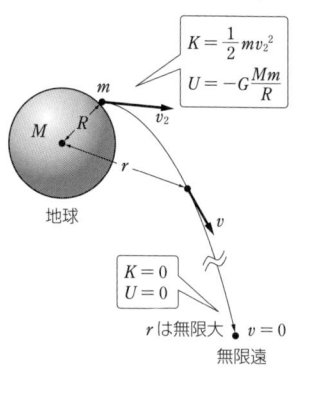

これに「$GM = gR^2$」(→p.162(155)式)を代入して $v_2 = \sqrt{2gR}$ [m/s]

注) $g = 9.8$ m/s², $R = 6.4 \times 10^6$ m を代入すると
$v_2 = \sqrt{2 \times 9.8 \times (6.4 \times 10^6)} ≒ 1.1 \times 10^4$ m/s $= 11$ km/s

$K = \dfrac{1}{2}mv^2$
$U = -G\dfrac{Mm}{R}$

$K = 0$
$U = 0$
r は無限大, $v = 0$
無限遠

類題35.

質量 m [kg] の人工衛星が, 地球を中心として半径 r [m] の円軌道を回っている。地球の質量を M [kg], 万有引力定数を G [N·m²/kg²] とし, 無限遠を万有引力による位置エネルギーの基準点とする。
(1) 人工衛星がもつ運動エネルギー K [J] と, 万有引力による位置エネルギー U [J] を求めよ。
(2) 軌道上で人工衛星にエネルギーを与えて瞬間的に加速させ, 地球から無限の遠方へ飛ばすことを考える。このとき, 人工衛星に与えるべき最小のエネルギー E [J] を求めよ。

物理学が築く未来

宇宙に見る運動の法則

A 惑星の運動の法則

p.156 に書かれているように,物理学の出発点は天体観測にあった。すなわちティコ・ブラーエが観測した惑星の運動の記録を,弟子のヨハネス・ケプラーが分析し,3 つの経験法則(ケプラーの法則)を導いた。さらにアイザック・ニュートンが,万有引力の法則および運動の法則を発見し,そこからケプラーの法則が数学的に導かれることを示したのである。

p.156 ではケプラーの第三法則を,惑星の公転周期 T と軌道だ円の長半径 a を用いて,$\dfrac{T^2}{a^3} = k$(k は定数)と表しており,p.157 図 123 では T^2

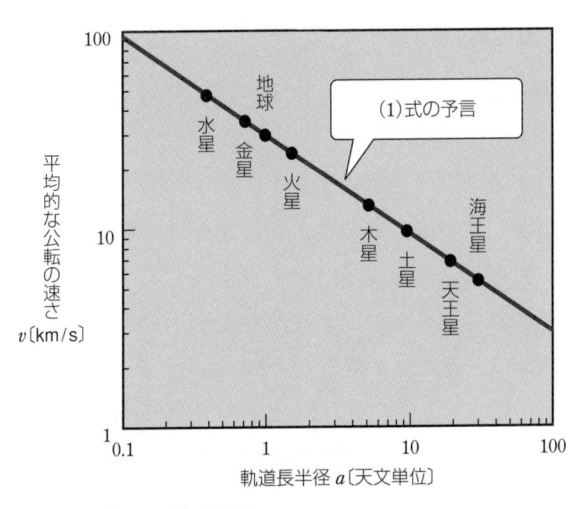

図A ケプラーの第三法則

が確かに a^3 に比例することが示されている。ここで惑星の軌道を円とみなし，その平均的な公転の速さを v とすれば，$v = \dfrac{2\pi a}{T}$ だから，これを用いてケプラーの第三法則から T を消去すると，別の定数 k' を用いて

$$v = \dfrac{k'}{\sqrt{a}} \tag{A}$$

となる。そこで，前ページの図Aで横軸に a，縦軸に v をそれぞれ対数目盛りでとり，太陽系天体をその上にかくと，傾きが $-\dfrac{1}{2}$ の直線にみごとにのる。これはケプラーの第三法則を，少し違う形で表したものといえる。地球の場合は，平均半径が1天文単位 (1.50×10^{11} m) の軌道を，1年 (1年は365日，1日は86400秒) で公転するので

$$v = \dfrac{2\pi \times (1.50 \times 10^{11})\,\text{m}}{(365 \times 86400)\,\text{s}} \fallingdotseq 3.0 \times 10^4\,\text{m/s} \tag{B}$$

となり，およそ光の速さの1万分の1 (0.01%) にあたる。

B ブラックホール

地球の公転半径 (1天文単位) は，太陽の半径 6.96×10^8 m の，およそ216倍である。よって太陽の表面すれすれを回る仮想的な惑星あるいは探査機を考えると，その公転の速さは(A)式より，地球の公転の速さの $\sqrt{216}$ 倍の 4.4×10^5 m/s，すなわち光の速さの約 0.15% になる。ここで仮に太陽を，現在の半径の 1/100 に縮め，その表面すれすれを回る探査機を考えると，その公転の速さは，縮める前に比べて10倍になり，光の速さの約 1.5% になる。

太陽の半径をさらに 1/2500 (つまりもとの半径の 1/250000) に縮め，2.8kmにすると，探査機に必要な公転の速さは，光の速さの $1.5 \times 50 = 75\%$ にも達してしまう。このように太陽を縮めていくと，探査機に必要とされる公転の速さは，いずれ光の速さに達してしまうであろう。質量のある物体は，光の速さをこす速さで運動することはできないので，探査機は結局，縮んだ太陽の重力 (万有引力) に引かれ，落下してしまうであろう。これがニュートン力学で考えたブラックホールの概念である。

C ブラックホールの研究の始まり

物体の速さが光の速さに比べて無視できないほど大きい場合には，ニュートンの運動の法則そのものが成りたたなくなるので，前記の説明はいささかあらく，より正確には相対性理論が必要となる。アインシュタインは1905年に特殊相対性理論を，またその10年後に，重力の本質を説明する一般相対性理論を提唱した。その中心をなすアインシュタイン方程式をシュバルツシルトが解いた結果，次のような性質を見出した。すなわち質点の周囲には，その質量に比例した半径R_Sの特殊な球面ができる。いかなる物体もR_Sの内部から外部へと出ることができず，光さえも逃げ出すことができない。しかしR_Sより十分に遠方では，万有引力の法則（→p.159）が成りたつ，というものであった。この半径R_Sを事象の地平線とよぶ。このように，事象の地平線とその内部にある質点とをあわせた概念が，ブラックホールである。

このことから，「ある物体の半径をR_Sより小さく縮めると，ブラックホールが形成される」という予想が得られた。しかし事象の地平線の半径は，太陽では約3km，地球では約1cmと，きわめて小さい（地球の中心に半径1cmのブラックホールがあるわけではない）。このため，ブラックホールは長らく空想の産物としか考えられていなかった。

1930年代になると，原子核物理学や星の進化の物理学が発展した結果，星が進化するとその中心部が非常に高い密度になり，ブラックホールができるかもしれないという可能性が提唱された。1963年，ロイ・カーは，ブラックホールが回転している場合のアインシュタイン方程式の新しい解を見つけた。そうした中，今日ではおなじみの「ブラックホール」という用語を最初に用いたのはジョン・ホイーラーで，1967年のことである。のちに1973年，冨松彰と佐藤文隆は，カーの求めた解をさらに変形した新たな解を発見している。

D 空想から実在へ

　1962年，アメリカの観測ロケットにより，宇宙からX線が来ていることが発見され，その発見者であるリカルド・ジャコーニは2002年度，小柴昌俊らと同時にノーベル物理学賞を受賞した。レントゲン診断などでわかるように，X線は人体は透過するが，地球の大気は透過できないため，ロケットが必要だったのである。

　これがX線天文学の始まりで，このとき発見された天体は，さそり座にある全天で最も強いX線星「さそり座X-1」であった。その後こうしたX線星が次々に発見され，それらの多くは，中性子星など重力の強い天体が，通常の星と連星を形成している系であるとわかってきた。

　小田稔は1971年，はくちょう座にある強いX線星「はくちょう座X-1」をアメリカの人工衛星を用いて詳しく観測した結果，そのX線の強さが，1秒ほどの間に激しく変動することを見出した。そして，早く変動できる天体は小さくなければならず，したがってこの天体は，ブラックホールかもしれないと論じた。これが実在の天体をブラックホールと結びつけた最初である。数年後，「はくちょう座X-1」の位置に9等星が発見され，その星が見えない相手と連星をなし，5.6日の周期で共通な重心のまわりを回っていることがわかった。さらに星の光のドップラー効果からその公転の速さがわかり，それとケプラーの第三法則などから，見えない相手は太陽の10倍ほどの質量をもつこと，それがX線を出しているらしいことなどが，明らかになった。中性子星は，太陽の3倍より重くなると自分の重みでつぶれてブラックホールになると考えられることから，「はくちょう座X-1」はブラックホールであることが確からしくなった。

E ブラックホールはどこにあるか

　その後，われわれの銀河系や大マゼラン雲の中にあるX線星のうち，約20個がブラックホールと考えられることがわかってきた。いずれも

別の恒星と連星を形成しており，ブラックホールの重力により星のガスがブラックホールめがけて落下し，その際X線を出すと考えられる。連星を形成していない単独のブラックホールは，これよりずっと多いと考えられる。こうしたブラックホールの観測に活躍しているのが，図Bに示した日本のX線衛星「すざく」や，国際宇宙ステーションの日本実験棟「きぼう」に搭載された，全天X線監視装置「マキシ（MAXI）」である。次ページの図Cには，「マキシ」の得た全天のX線地図を示す。「すざく」も「マキシ」も，ケプラーの第三法則に従い，約95分で地球の周囲を1周する。

図B　M5ロケットによる宇宙X線衛星「すざく」の打ち上げ（2005年7月10日）
提供　JAXA

　ではなぜ，光さえも吸いこむブラックホールから，電磁波の一種であるX線が発生するのだろう。ガスは連星をなす隣の星から落ちてくるが，決して四方八方からブラックホールめがけ，まっすぐに落下するわけではなく，必ず回転を伴う。よってガスは一般にブラックホールの周囲に回転する円盤を形成し，渦を巻きながら落下すると考えられる。その際ガスは，落下することで解放した重力エネルギーを，事象の地平線の外側で電磁波として放射しつつ，最後には事象の地平線に飲みこまれていくと考えられる。

　「はくちょう座X−1」のようなブラックホールに加えて，宇宙に存在するたくさんの銀河の中心には，次ページの図Dに示すように，しばしば太陽の数百万倍から数億倍の質量をもつ，巨大ブラックホールが存在することもわかってきた。またそうした銀河の中にも，「はくちょう座X−1」のようなブラックホール連星が，たくさん検出されている。ただ

物理学が築く未来

図C 「マキシ」が得た,われわれの銀河系のX線地図

最も明るいもの(中央やや上方)が「さそり座X-1」。また,ブラックホールと思われるX線天体のいくつかに矢印をつけてある(→実習18)。

(実習) ⑱ ブラックホール

ブラックホールと思われている天体の名称を調べてみよう。

し,銀河の中心にある巨大ブラックホールがどのようにつくられたか,まだ謎のままである。「はくちょう座X-1」のようなブラックホールが,激しくガスを吸いこんで巨大化し,それらが互いに合体した,という説などが考えられている。

こうした未解決な謎の答えを求め,可視光線,電波,X線などによる宇宙の探査が続けられており,近い将来,ニュートリノや重力波を用いた天文学も可能となるであろう。

図D アメリカの「チャンドラ」衛星がとらえた,ケンタウルス座A銀河のX線画像

中心にある巨大ブラックホールから,長いジェットが伸びる。点々と見える天体の多くは,中性子星あるいはブラックホール(太陽の10倍程度の質量)がガスを吸いこんでいるもの。

物理の小径

天動説と地動説・惑星の運動

古代ギリシャでは，天体は球形をしており，月，水星，金星，太陽，火星，木星，土星の順に，地球を中心とした円軌道を描き，最も外側に恒星をちりばめた恒星天が回っているという天動説が唱えられた（図A）。

しかし，恒星は規則正しく回るが，惑星は恒星の間を複雑に行きつ戻りつする。

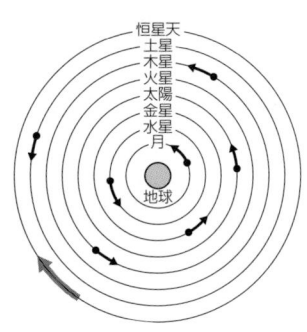

図A　古代ギリシャの宇宙像

これを説明する説として，惑星の運動を一様な円運動の組合せで表す"同心天球説"があった。これは必要に応じて円の数を増すことによって惑星の運動をかなりよく説明することができた。

ところが，観測技術が進歩してくると惑星の大きさが増減することがわかってきた。これは地球と惑星との距離が変わることによるものであり，同心天球説とは相容れぬものであった。

これを説明するために導入されたのが，アポロニウス（ギリシャ，BC230頃）による"周転円説"である。この説では，惑星は第1の円軌道（搬送円）上で，さらに第2の円運動（周転円）を行うとされた（図B）。また，季節によって惑星の速さが異なることは，地球は搬送円の中心にはなく，少しずれたところにあるとして説明された。

プトレマイオス（ギリシャ，100～170頃）は，これらの説を「アルマゲスト」に著した。

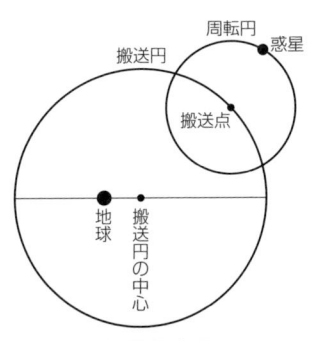

図B　搬送円と周転円

物理の小径 | 173

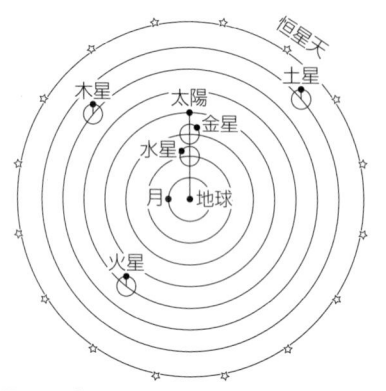

図C　プトレマイオスの宇宙体系

プトレマイオスによると，内惑星（水星，金星）の搬送点は地球と太陽を結ぶ線分上にあり，外惑星（火星，木星，土星）の周転円の動径はこの線分と平行であり，いずれも太陽とともに1年に1回転するとされた。

古代にも，地球をはじめ惑星は太陽を中心として円運動をするという地動説はあったが，地球が動くのならどうして鳥や雲は取り残されないのかという疑問に答えることができず，天動説が長い間人々に信じられてきた。

16世紀になり，コペルニクス（ポーランド，1473～1543）は，天動説における内惑星の搬送点の運動と，外惑星の周転円上の運動が，太陽の運動と同期していることを不思議に思った。熟慮の末，地球が太陽のまわりを公転しているとすると，公転の反映として，地球から見たらこのように同期して見えるということに気がつき，地動説に到達し，「天球の回転について」という本にまとめた（1543）。

ティコ・ブラーエ（デンマーク，1546～1601）はコペルニクスの説を自分の目で確かめようとした。占星術を行っていたブラーエはデンマーク王に寵愛され，大観測所を造ってもらった。ここで誤差角2分（1分は1°の60分の1）という精密な観測を行い，平均をとって誤差を減らすという方法を考案し，じつに25年の長きにわたり惑星の運動を観測した。

ブラーエの助手だったケプラー（ドイツ，1571～1630）は，ブラー

エの死後，彼の観測データを使用して，コペルニクスの宇宙体系を支配する数学的法則を見つけようとした。当時は自然科学における数学の使用は確立されていなかったし，もちろん計算機などはなく，もっぱら筆算で計算したので莫大な年月を要した。

ケプラーは最初，火星と地球の軌道を離心円としてブラーエのデータと合わせられ

図D　ケプラー

るかどうかを計算した。この結果はブラーエのデータと比べて，方角にして8分の違いがあった。ブラーエのデータを信用していたケプラーはこのわずかな違いを無視しなかった。

そこで，ケプラーは観測値から軌道を決める計算を始めた。そのためにはまず地球の軌道を決める必要があった。地球の運動を調べると，近日点と遠日点での運行の速度が太陽からの距離に反比例していることがわかった。このことは後に一般化されて"面積速度一定の法則（ケプラーの第2法則）"となった。これは今日の力学において角運動量保存則としてさらに一般化されている。

火星軌道の計算では，いろいろな図形（その中には卵形のような図形もあったという）の軌道を試行錯誤し，一致するまで膨大な量の計算をくり返した。そしてついに，惑星の軌道は太陽を焦点とするだ円である（ケプラーの第1法則）ことをつきとめた（1609）。

その後さらに約10年間研究を続け，ケプラーの第3法則（惑星の公転周期の2乗は楕円軌道の長半径の3乗に比例する）を見つけた。ケプラーはこれらをまとめて「新天文学」(1609)と「世界の調和」(1619)という本に著し，ここに惑星の運動に関するケプラーの法則が完成した（1619）。

ガリレイは，オランダで望遠鏡が発明されたことを知ると，望遠鏡を自作した。ガリレイの希有なところはこれを天体に向けたことであろう(図E)。

彼はまず月面を観測し，そこに山があることを見つけ，天体は完全な球ではないことを知った。また，木星や土星が衛星を伴い，木星には4つの衛星があることを発見した。木星のまわりを回る4つの衛星があたかも小さな太陽系のようであることから，ガリレイは地球も太陽のまわりを回っていると考え地動説を確信した。さらに彼は太陽の黒点や金星の満ち欠けも発見している。

地動説を確信したガリレイはこのことを「天文対話」に書いたことからローマ法王に審問され，自説の撤回を迫られ，「コペルニクス説は間違いだ」と言わされた。フィレンツェ郊外に軟禁されたガリレイは「それでも地球は動く」とつぶやいたという有名な伝説が残っている。

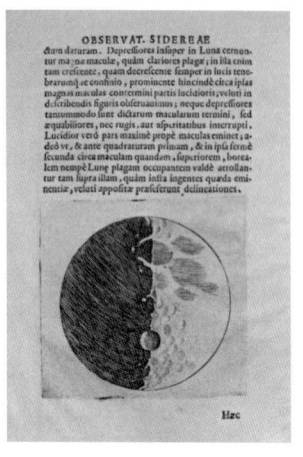

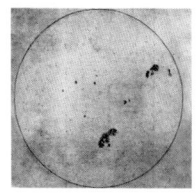

図E　ガリレイの観測図
　　　（月面，太陽の黒点）

第2編
熱と気体

第Ⅰ章　熱と物質　　　　　　　　　p.178

第Ⅱ章　気体のエネルギーと状態変化　p.196

第Ⅰ章
熱と物質

私たちは，食べものを加熱調理したり，風呂をわかしたりするときなど，熱をさまざまな形で有効利用している。
実はこの熱は，エネルギーの一つの形態である。ここでは，熱をエネルギーの視点から学ぶ。

写真の2つの缶コーヒー，一見，同じものに見えるが…（→口絵⑦）

1 熱と熱量

A 温度

温度は，物質の温かさや冷たさを表す指標として，一般に広く用いられている。では，温度とはいったい何によって決められるものなのであろうか。実は，温度は，物質を構成する分子や原子の運動と密接に関連している。

❶熱運動 線香の煙を顕微鏡(けんびきょう)で見てみると，煙の微粒子がゆれ動くように運動しているようすが観察できる。このような運動をブラウン運動という。ブラウン運動は，空気中の分子が不規則な運動をし，煙の微粒子に衝突するために生じる現象である。
　→実習19

一般に，物質を構成している個々の分子や原子は，このような不規則な運動をしている。この運動のことを**熱運動**という。

> **実習 ⑲ ブラウン運動**
> 線香の煙をケースに入れ，顕微鏡にセットする。煙の粒子がゆれ動くように運動しているようすを観察しよう。
>
> ブラウン運動のシミュレーション画像

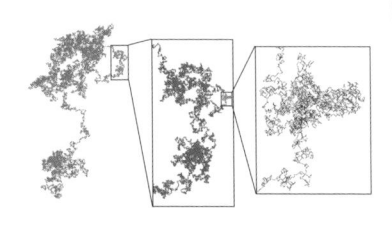

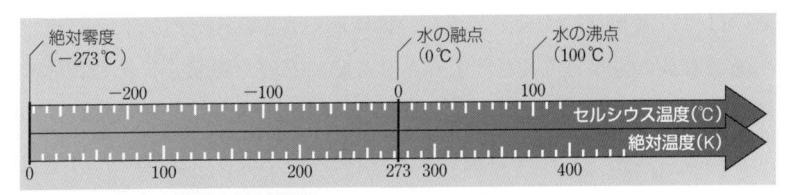

❷**セルシウス温度と絶対温度** 熱運動の激しさを表す物理量が**温度**である。高温の物体ほど，熱運動が激しく(または活発で)，原子や分子の運動エネルギーは大きい(図1)(→p.205)。

気温などで用いられる，最もなじみの深い温度は**セルシウス温度(セ氏温度)**とよばれるもので，単位の記号は℃を用いる。これは，1気圧(1atm)(→p.73)のもとで水が氷になる温度(氷点，0℃)と，水が沸騰する温度(水の沸点，100℃)を基準として決められたものである。

どのような物質でも温度を下げていくにつれて熱運動がにぶくなり，約−273℃で熱運動が停止するので[*1)]，これよりも低い温度は存在しない。この温度を**絶対零度**という[*2)]。

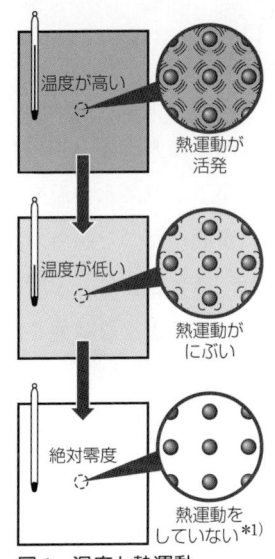

図1 温度と熱運動

絶対零度を基準(ゼロ)とし，目盛りの間隔はセルシウス温度と等しくなるように定めた温度目盛りを考える[*3)]。これを**絶対温度(熱力学温度)**といい，単位には**ケルビン**(記号**K**)を用いる。絶対温度T〔K〕とセルシウス温度t〔℃〕の関係は，次の式で表される(図2)。

$$T = t + 273 \quad [*2)] \tag{1}$$

問**1**. 15℃は何Kか。また，300Kは何℃か。

図2 セルシウス温度と絶対温度

---

*1) 絶対零度においても，原子や分子はわずかに振動していることが知られている。
*2) 厳密には，絶対零度 = −273.15℃である。
*3) 現在の絶対温度は，下限の温度を0K，水の三重点(固体・液体・気体が同時に存在する状態)の温度を273.16Kとして定義されている。

B 熱量

図3のように,高温にした銅球を低温の水に入れると,しだいに銅球の温度が下がり,水の温度が上がる。十分に時間がたつと両者の温度は等しくなり,それ以後は,温度は変わらなくなる。このような状態を,銅球と水は**熱平衡**にあるという。

このとき,高温の物体(銅球)から低温の物体(水)へ移動するエネルギーを**熱**といい,移動した熱の量を**熱量**という。熱量の単位には,仕事やエネルギーと同じ単位であるジュール(J)(→p.93)が用いられる。[*1)]

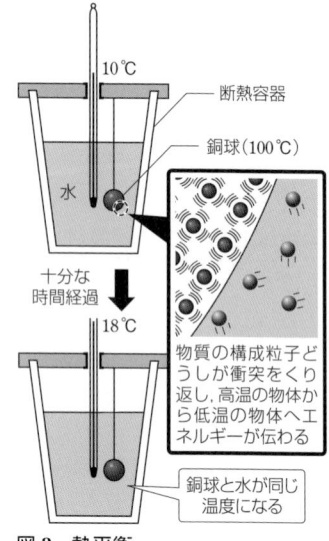

図3 熱平衡
100g,100℃の銅球と100g,10℃の水が熱平衡に達すると,温度は約18℃になる(外部や容器に熱が移動しないと仮定した場合)。

C 熱容量と比熱

❶熱容量 図3の例では,熱平衡に達するまでに,銅球は約82℃も温度が下がっているのに対し,水はわずか約8℃しか温度が上がっていない。

一般に,物体に同じ熱量を与えても,その温度変化は物体の材質や質量によって異なる。温度を同じだけ上下させる際,多くの熱量が必要なものほど,温まりにくく冷めにくい物体といえる。

ある物体の温度を1Kだけ上昇させるのに必要な熱量を,その物体の**熱容量**という。熱容量の単位には,**ジュール毎ケルビン(記号 J/K)**が用いられることが多い。熱容量C〔J/K〕の物体の温度を,$\varDelta T$〔K〕だけ変化させるために必要な熱量Q〔J〕は次のようになる。

$$Q = C\varDelta T \tag{2}$$

---

*1) 熱量の単位に**カロリー(記号 cal)** が用いられることもある。1 cal は,1gの水の温度を1Kだけ上げるのに必要な熱量であり,およそ4.2Jである(→p.186)。

問 2. ある物体に 500 J の熱量を与えたら，温度が 20 K だけ上昇した。この物体の熱容量は何 J/K か。

❷比熱 同じ質量の銅と水に，同じ熱量を与えると，水よりも銅のほうが温度が上がる。一般に，同じ温度の上昇に必要な熱量は，物質によって異なる。

単位質量の物質の温度を 1 K だけ上昇させるのに必要な熱量を，その物質の**比熱**(**比熱容量**)という(表1)。比熱 specific heat
の単位には，**ジュール毎グラム毎ケルビン**(記号 **J/(g・K)**)*2)がよく用いられる。

比熱 c〔J/(g・K)〕の物質からなる，質量 m〔g〕の物体の熱容量を C〔J/K〕とすると

$$C = mc \tag{3}$$

表1 物質の比熱 (J/(g・K))

	物質	温度	比熱
固体	銅	25℃	0.384
	鉄	25℃	0.448
	アルミニウム	25℃	0.902
	コンクリート	25℃	約 0.8
	木材	20℃	約 1.3
	氷	−23℃	1.93
液体	なたね油	20℃	2.04
	海水	17℃	3.93
	水	20℃	4.18
気体	窒素	25℃	1.04
	酸素	25℃	0.918
	二酸化炭素	27℃	0.853
	水蒸気	107℃	2.06

1気圧での値。厳密には，比熱の値は温度や圧力で異なる。

である。よって，物体の温度を ΔT〔K〕だけ変化させるために必要な熱量 Q〔J〕は，次のようになる。

熱容量と比熱

$$Q = C\Delta T = mc\Delta T \tag{4}$$

C〔J/K〕　熱容量(heat **c**apacity)
c〔J/(g・K)〕　比熱(specific heat)
Q〔J〕　熱量(heat **q**uantity)
ΔT〔K〕　温度変化
m〔g〕　質量(**m**ass)

問 3. 質量 100 g の鉄球を加熱し，$1.8×10^3$ J の熱量を与えたところ，鉄球の温度が 20℃ から 60℃ に上昇した。鉄の比熱は何 J/(g・K) か。

問 4. 同じ質量で比較した場合，銅(比熱 0.38 J/(g・K))とアルミニウム(比熱 0.90 J/(g・K))では，どちらが温まりやすい物質であるといえるだろうか。

---

*2) 比熱を，1 g の物質の温度を 1 K だけ上昇させるのに必要な熱量で表すときの単位。1 kg の物質を基準にして比熱を表すときの単位は，**ジュール毎キログラム毎ケルビン**(記号 **J/(kg・K)**)となる。

D 熱量の保存

180ページ図3において，銅球と水の間だけで熱の移動が起こり，外部や容器に熱が移動しないと仮定する。この場合，高温の銅球が失った熱量は低温の水が得た熱量に等しいと考えられるので，全体としての熱量の増減はない。

一般に，物体Aと物体Bの間だけで熱の移動が起こる場合，Aが失った熱量はBが得た熱量に等しい。これを**熱量の保存**という（図4）。

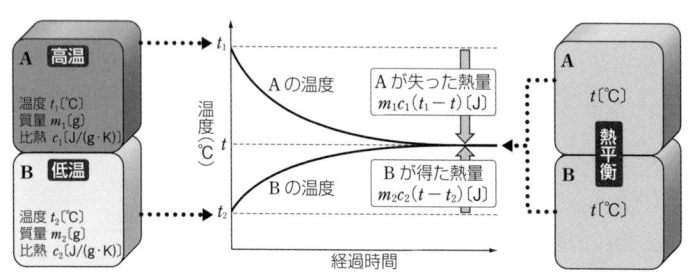

図4 熱量の保存

「高温の物体が失った熱量＝低温の物体が得た熱量」なので
$m_1 c_1 (t_1 - t) = m_2 c_2 (t - t_2)$ より $t = \dfrac{m_1 c_1 t_1 + m_2 c_2 t_2}{m_1 c_1 + m_2 c_2}$〔℃〕 と求められる。

例題 1. 熱量の保存

100℃に熱した200gの鉄製の容器に，10℃の水50gを入れた。熱平衡になったときの温度 t〔℃〕を求めよ。ただし，熱は容器と水の間だけで移動し，鉄の比熱を0.45J/(g·K)，水の比熱を4.2J/(g·K)とする。

解 鉄製の容器が失った熱量を Q_1〔J〕とすると，「$Q = mc\Delta T$」(→p.181 (4)式）より $Q_1 = 200 \times 0.45 \times (100 - t) = 90(100 - t)$
同様に，水が得た熱量を Q_2〔J〕とすると
$Q_2 = 50 \times 4.2 \times (t - 10) = 210(t - 10)$
熱量の保存より $Q_1 = Q_2$ であるので $90(100 - t) = 210(t - 10)$
よって $t = \dfrac{9000 + 2100}{210 + 90} = \mathbf{37℃}$

類題 1.

熱容量が84J/Kの容器中に120gの水を入れたとき，全体の温度が20℃で一定になった。この中に，100℃に熱した質量100gの金属球を入れたところ，全体の温度が30℃になった。金属の比熱 c〔J/(g·K)〕を求めよ。ただし，熱は水，容器，金属球の間だけで移動し，水の比熱を4.2J/(g·K)とする。

2 | 熱と物質の状態

A | 物質の三態

❶物質の三態 氷を加熱するととけて水になり，さらに加熱し続けると沸騰して水蒸気になる。一般に，物質には固体，液体，気体の3つの状態がある。これを**物質の三態**という。

固体では，物質を構成する粒子(原子・分子・イオン)が互いにしっかりと結合し，つりあいの位置を中心にして振動している。液体では粒子間の結びつきは弱く，各粒子はほぼ一定の距離を保ちながら熱運動をする。気体では粒子がさまざまな速度で自由に空間を飛びまわっており，固体，液体に比べて体積が著しく増大する。

図5は，0℃より低温の氷を加熱していったときの，温度と状態の変化を示したものである。氷を加熱すると温度が上昇していくが，0℃に達すると，氷がすべてとけて水になるまでは0℃のままである。これは，固体と液体が共存した状態であり，このときの温度を**融点**という。

氷がすべてとけて水になった後も加熱し続けると，再び温度が上昇していくが，100℃に達すると水は沸騰して，水は水蒸気になっていく。これは，液体と気体が共存した状態であり，このときの温度を**沸点**という。

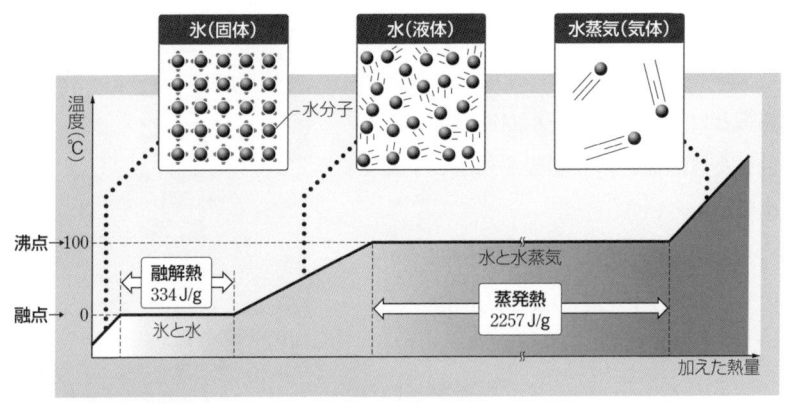

図5 水の状態変化
1気圧のもとで，水に加えた熱量と水の温度の関係を表す。

❷**潜熱** 氷から水，水から水蒸気になるときのように，加熱しても温度が上昇しないとき，与えた熱量は分子の熱運動を激しくするのではなく，分子どうしの結びつきをゆるめたり，切り離したりするために使われる。

表2 物質の融解熱と蒸発熱

物質	融点(℃)	融解熱(J/g)	沸点(℃)	蒸発熱(J/g)
酸素	−218	14	−183	213
水銀	−39	11	357	290
エタノール	−115	107	78	838
メタノール	−98	100	65	1099
ベンゼン	6	126	80	393
水	0	334	100	2257

融点にある物質を固体から液体に変えるのに必要な熱量を**融解熱**(ゆうかいねつ)という。また，沸点にある物質を液体から気体に変えるのに必要な熱量を**蒸発熱**(じょうはつねつ)という。

融解熱や蒸発熱のように，物質の状態変化に伴う熱量のことを一般に**潜熱**(せんねつ)という[*1)]。潜熱は通常，1gなどの単位質量に対する熱量で表され，その単位には**J/g**[*2)]などがよく用いられる(表2)。

問5. 融点にある氷20gをすべて同温度の水にするために必要な熱量は何Jか。氷の融解熱を330J/gとする。

問6. 沸点にある水30gがすべて同温度の水蒸気になるとき，吸収される熱量は何Jか。水の蒸発熱を2.3×10^3J/gとする。

B 熱膨張

ほとんどの物質は，温度が上がると長さや体積が大きくなる(図6)。これを**熱膨張**という。アルコール温度計は赤く着色した灯油などの熱膨張を利用して温度を表示している。

ある固体の0℃のときの長さをl_0[m]とすると，t[℃]のときの長さl[m]は

$$l = l_0(1 + \alpha t) \quad [*3)] \qquad (5)$$

で表される。α(アルファ)[/K]を**線膨張率**という(表3)。

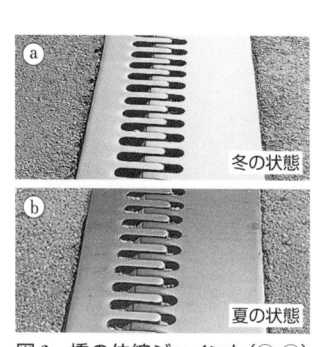

図6 橋の伸縮ジョイント(ⓐ,ⓑ)
橋は橋げたの熱膨張に備えて伸縮ジョイントで余裕をもたせている。冬(ⓐ)に比べ，夏(ⓑ)のほうがジョイントの開きが狭くなっている。

熱膨張の性質を利用したものとして，バイメタルとよばれるものがある。これは，線膨張率の異なる2種類の金属を貼り合わせて細長い板にしたものである。高温になると線膨張率の小さい板の側に，低温になると線膨張率の大きい板の側に曲がる性質があり，蛍光灯の点灯管，温度計などに利用されている。

表3 固体の線膨張率（20℃）

	物質	線膨張率 $(10^{-6}/K)$
単体	炭素（ダイヤモンド）	1.0
	鉄	11.8
	銅	16.5
	アルミニウム	23.1
その他	インバー※1	0.13
	ゴム（弾性）※2	77
	コンクリート	7〜14
	ガラス（フリント）	8〜9

※1 鉄とニッケルの合金
※2 16.7℃〜25.3℃での平均値

問7. ある線路の鉄製のレールは，温度0℃のときの長さが25mであった。レールの温度が40℃になったとき，その長さは0℃のときよりどれだけ長くなっているかを求めよ。鉄の線膨張率を $1.2\times10^{-5}/K$ とする。

コラム 水のふしぎな性質

一般に，物質は，液体よりも固体の状態にあるほうが密度が大きい。この数少ない例外の一つが，私たちの生命や生活を支えている「水」である。
水の入ったコップに氷を入れると，氷は浮かぶ。一見，当たり前のように感じることだが，これは，「固体（水）のほうが液体（水）より密度が小さい」という水の特異な性質のために起こる現象なのである（図A）。
なお，水は約4℃で密度が最大となり，4℃から温度を上げても下げても膨張して密度が小さくなる。

図A 水に浮いた氷（ⓐ）と，液体のエタノールに沈んだ固体のエタノール（ⓑ）

---

*1) 物質が固体から直接気体に変わる場合もあり，昇華という。ドライアイス（固体の二酸化炭素），固形防虫剤，固形芳香剤などがその例である。
*2) 潜熱を，1gの物質の状態を変化させるのに必要な熱量で表すときの単位。
*3) 特定の温度範囲に対して成りたつ近似式である。また，ある固体の0℃のときの体積を $V_0 [m^3]$ とすると，$t[℃]$ のときの体積 $V[m^3]$ は $V=V_0(1+\beta t)$ で表される。$\beta [/K]$ を体膨張率という。線膨張率と体膨張率の間には $\beta \fallingdotseq 3\alpha$ の関係がある（≒は「ほぼ等しい」ことを表す）。

第Ⅰ章 熱と物質

3 熱と仕事・エネルギー

A 熱と仕事の関係

❶仕事による熱の発生 のこぎりで木を切ると，のこぎりの刃や木が熱くなる(図7)。これは，のこぎりの刃と木の接触面付近の原子や分子がぶつかりあい，熱運動のエネルギーが増加するからである。

また，あらい水平面上で物体をすべらせると，物体はしだいに減速し，接触面は温まる。このとき，物体が失った運動エネルギーは，接触部分でぶつかりあう原子や分子の熱運動のエネルギーに変わる。

このように，物体が摩擦力を受けると，物体の力学的エネルギーが減少し，摩擦熱が発生する。

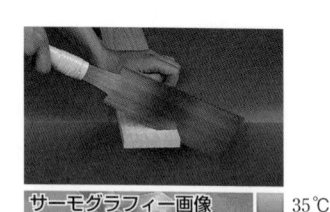

図7 摩擦熱の発生[*1]
物体表面の温度分布は口絵⑦を参照。

❷ジュールの実験 ジュール(イギリス)は，図8のような装置を使って，羽根車を回す仕事W〔J〕と，そのとき羽根車・隔壁・水などの摩擦によって上昇する温度との関係を調べた。その結果，仕事Wと温度上昇に相当する熱量Q〔cal〕[*2](→p.180 脚注1)は常に比例しており，次の式が成りたつことがわかった。

$$W = JQ \tag{6}$$

(6)式の比例定数Jの値は約4.2J/calで，これを**熱の仕事当量**という。

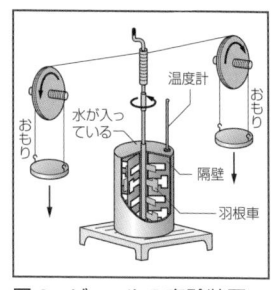

図8 ジュールの実験装置

[*1] サーモグラフィーは，物体の発する赤外線を測定することにより，物体表面での温度分布を調べることができる装置(またはその方法)である。

[*2] 当時，熱と仕事は別のものと考えられていた。そのため，熱量の単位にはcalが用いられていた。

ジュールは，ほかにも電気的な方法など，生涯をかけてさまざまな方法で熱の仕事当量の値を求め，いずれの値も同じになることを確かめた。
　ジュールの実験は，熱がエネルギーの一形態であることの根拠の一つとなっている。このため，現在では熱量の単位にもJ（ジュール）が使われている。

B｜いろいろなエネルギー

　エネルギーには，力学的エネルギー（→p.105），熱エネルギー，電気エネルギーのほかにも，いろいろな種類のエネルギーがある。

❶光エネルギー　太陽電池は，光から電力を生み出す機器であり，また，太陽熱温水器は，太陽光を利用して水を温めている。このように，光はエネルギーをもっており，これを**光エネルギー**という。

❷化学エネルギー　私たちは，燃焼という化学反応によって，石油からさまざまな種類のエネルギーを得ている。一般に，化学反応によって取り出されるエネルギーを**化学エネルギー**という。

❸核エネルギー　原子は原子核と電子からできている。原子核がもつエネルギーを**核エネルギー**という。原子力発電では，ウランなどの分裂によって放出される核エネルギーを利用して発電を行っている。

C｜エネルギーの変換と保存

　摩擦によって，力学的エネルギーは熱エネルギーに変わる。乾電池は化学エネルギーを電気エネルギーに変えるものであり，逆に，電気分解は電気エネルギーを物質の化学エネルギーに変える。ホタルは体内の発光物質の化学エネルギーを光エネルギーに変えて発光する。このように，いろいろな形のエネルギーは互いに移り変わることができ

　　　　エネルギーの変換においては，それに関係したすべての
　　　　エネルギーの和が一定に保たれる

これを**エネルギー保存則**という。[3]

---

*3) この法則は，エネルギーの変換が力学的エネルギーに限られるなら，力学的エネルギー保存則（→p.107）になる。

4 | エネルギー資源とその利用

A | エネルギー資源

　エネルギー資源は，自然界に存在し私たちが利用することのできるエネルギー源であり，**一次エネルギー**ともよばれる。一次エネルギーには，石油，石炭，天然ガスなどの化石燃料，天然ウランなどの原子力，太陽光などがある。私たちは，一次エネルギーを使いやすく加工した，電気やガソリン，都市ガスなどの**二次エネルギー**を利用している。

B | 化石燃料

❶化石燃料の種類　石油，石炭，および天然ガスなどの化石燃料は，太古の動植物が地中に埋もれ，長い年月をかけて圧力や熱などにより変成され，生成されたと考えられている。

❷火力発電　火力発電では，化石燃料をボイラーで燃やして水を沸騰させ，発生した水蒸気でタービンを回している(図9)。

　化石燃料の燃焼で得られる熱エネルギーのうち電気エネルギーに変換される割合(熱効率)(→p.218)は，従来の火力発電ではおおむね40%程度であった。最近では，水蒸気でタービンを回すだけでなく，燃料を燃やすときに生じる燃焼ガスでもタービンを回す複合サイクル(コンバインドサイクルともいう)によって，50%をこえる熱効率を達成できるようになった。

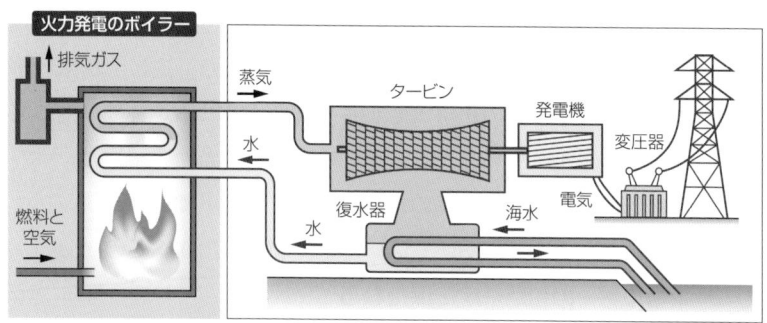

図9　火力発電のしくみ
火力発電だけでなく，原子力発電や水力発電，風力発電など多くの発電は，何らかの方法によってタービン(羽根車)を回転させ，タービンに連結した発電機で電気を起こす，というしくみになっている。

C 原子力

❶核反応　ウラン $^{235}_{92}U$ の原子核に中性子を衝突させると，原子核が2つに分かれるとともに2～3個の中性子が飛び出す。図10の反応では，ウランが別の原子核（クリプトン $^{92}_{36}Kr$ とバリウム $^{141}_{56}Ba$ ）に変化している。このように，原子核が別の原子核に変わる反応を**核反応**，または**原子核反応**という。

核反応のうち，原子核が分裂する反応を**核分裂**という。[*1)]

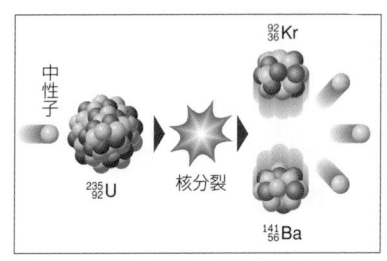

図10　核反応（ウランの核分裂の一例）

❷原子力発電　原子力発電では，**原子炉**でウランやプルトニウムを核分裂させ，そのとき生じる熱によって水蒸気を発生させ，火力発電と同様にタービンを回して発電している（図11）。

核分裂は，反応を起こす核燃料の量が少なければ持続しないが，一定の量に達すると連続して反応するようになる。この状態を**臨界**といい，連続的に起こる核反応を**連鎖反応**という。

原子炉では，ウランの核分裂で生じた中性子を，減速材（水や黒鉛など）によって減速させて反応しやすくすることにより，連鎖反応を起こしている。また，中性子を吸収する制御棒を用いて，核分裂の連鎖反応が爆発的に起こらないように制御している。

原子力発電は，地球温暖化の原因といわれている二酸化炭素排出の問題はないが，放射性廃棄物の処理問題などの課題がある。

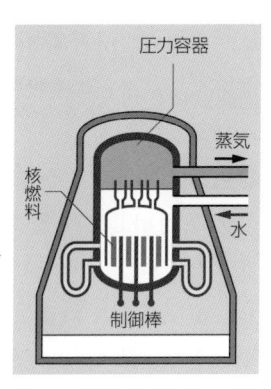

図11　原子炉（沸騰水型）のしくみ

---

*1) 核分裂とは逆に，原子核どうしが融合する反応を**核融合**という。太陽の中心部では，核融合により水素原子核からヘリウム原子核が生成され，それに伴いエネルギーが放出される（→p.190）。

D 太陽光

太陽は，内部で水素原子核が核融合反応を起こし，それにより生じた莫大(ばく)なエネルギーを放射している。このエネルギーの一部が地球に入射する。その大きさは大気表面で1m²当たり約1.37kWで，この値を**太陽定数**という(図12)。

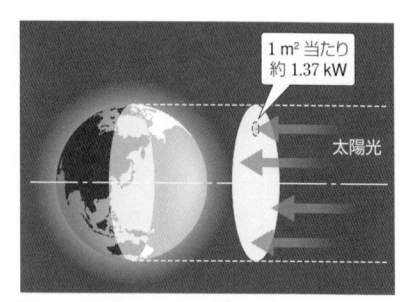

図12 地球に入射する太陽光のエネルギー

地表に届いた太陽光は，地表から水を蒸発させ，大気を暖めてかき混ぜる。それによって雨が降って川が流れ，風が吹くことを考えると，水力発電や風力発電は，太陽のエネルギーを間接的に利用しているといえる。

❶**水力発電** 水力発電では，高い位置から流れる水によって，発電機に連結されたタービンを回して，電気を得ている。これは，水のもつ位置エネルギーを電気エネルギーに変換するしくみである(図13)。

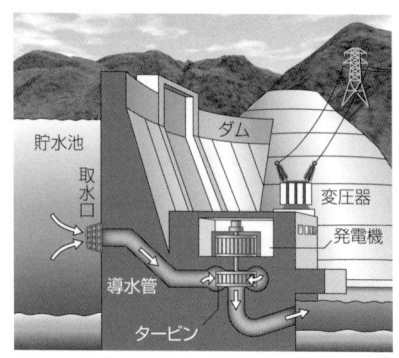

図13 水力発電のしくみ(貯水池式)

❷**風力発電** 風力発電では，風の力を利用して発電機に連結された風車(風力タービン)を回し，電気を得ている。これは，風のもつ運動エネルギーを電気エネルギーに変換するしくみである(図14)。安定した出力を得るため，風車の向きを制御するなどの技術が重要である。

図14 風力発電(宗谷岬(そうやみさき)ウインドファーム)

❸**太陽光の利用**　現在広く用いられている**太陽電池**は，シリコン(ケイ素)などの半導体が光を吸収したときに生じる電子を，電流として取り出している(図15)。住宅用の太陽光発電として広く使われている太陽電池は，入射した太陽光のエネルギーの十数％程度を電気エネルギーに変換している。このような変換効率をはじめとする性能の向上やコストの低減を目指した研究開発が，太陽光発電の普及に向けて行われている。

図15　太陽電池

このほか，太陽光の利用には，温水器によって給湯などをまかなう熱利用や，反射鏡で光を集めて加熱した油を熱源として発電する方法などがある。

E　その他のエネルギー資源

❶**地熱**　地下深くのマグマで加熱された熱水から水蒸気を取り出してタービンを回すことにより，発電を行うことができる。このような発電方法を**地熱発電**といい，日本では十数箇所の地熱発電所が稼働している(図16)。

図16　地熱発電所(松川地熱発電所)

❷**潮汐**　潮の満ち引きによって貯水池側と海洋側の間で海水を出入りさせてタービンを回し，発電する方式が，**潮汐発電**である(図17)。干潮時と満潮時の水位の差が大きいなどの条件が必要であり，日本では普及していない。

図17　ランス(フランス北部)の潮汐発電所

第Ⅰ章　熱と物質

F エネルギーの有効利用

❶エネルギーの散逸 エネルギーはさまざまな種類に変化するが、その総和は変わらない。図18は、乾電池で豆電球を点灯させる例である。このとき、電気エネルギーの一部が熱エネルギーに変わり散逸するため、その分だけ光エネルギーに変換される量が減る。エネルギーの変換においては、目的のエネルギーを多く取り出す技術の開発が重要となる。

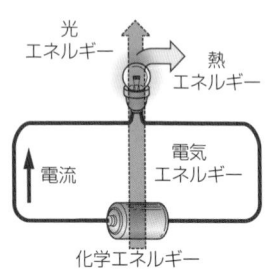

図18 エネルギーの散逸

❷ヒートポンプ 暖房や給湯には、石油やガスを燃やしたり、電熱線に電流を流したりして加熱する方法がある。一方、図19のような**ヒートポンプ**[*1)]は、空気中の熱エネルギーを取り出すことで、効率的な加熱を実現している。ヒートポンプはこれまでも冷蔵庫やエアコンなどに用いられてきたが、近年,効率や性能が非常に向上したことから注目されている。

図20は、空気の熱エネルギーを利用して湯をわかすヒートポンプのしくみである。このヒートポンプは,装置内の熱媒体[*2)]が圧縮・膨張によって温度を変えることを利用して、空気から熱エネルギーを受け取る。

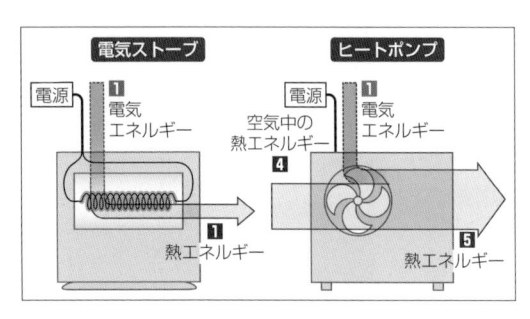

図19 電気ストーブとヒートポンプ

図中の数字はエネルギーの大きさの比率の例を示す。大きさ❶の電気エネルギーの供給により、電気ストーブで得られる熱エネルギーは最大でも❶である。一方、ヒートポンプでは、空気中の熱エネルギー❹を利用して、❺の熱エネルギーを得ることができる。

---
*1)「ヒートポンプ」という名称は,熱を温度の低い所から温度の高い所へ運ぶはたらきが、水をくみ上げるポンプのはたらきに似ていることに由来する。
*2) 熱を運ぶ物質のこと。給湯に用いられるヒートポンプでは、熱媒体は二酸化炭素である。また、冷蔵庫やエアコンでは、熱媒体はおもに代替フロンである。

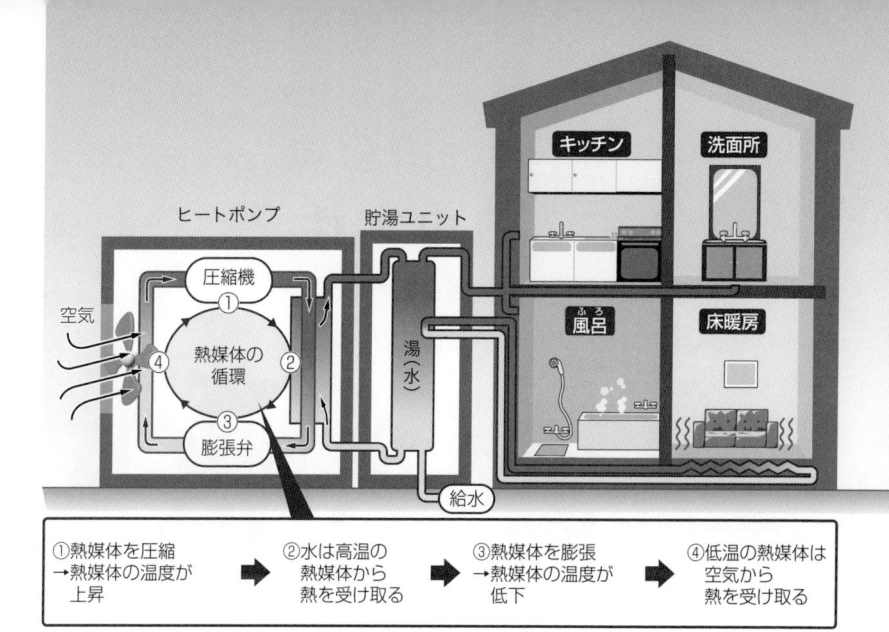

図中ラベル:
- キッチン / 洗面所 / 風呂 / 床暖房
- ヒートポンプ / 貯湯ユニット
- 空気 / 圧縮機 / 熱媒体の循環 / 膨張弁 / 湯(水) / 給水
- ①熱媒体を圧縮→熱媒体の温度が上昇
- ②水は高温の熱媒体から熱を受け取る
- ③熱媒体を膨張→熱媒体の温度が低下
- ④低温の熱媒体は空気から熱を受け取る

図20　ヒートポンプの例とそのしくみ

❸ **電球形蛍光灯・LED電球**　白熱電球は，点灯中に蛍光灯やLED電球よりも多くの熱エネルギーを発生する。したがって，同じ電気エネルギーから光エネルギーに変換される割合は，白熱電球のほうが小さい。

近年，エネルギーを有効利用するために，白熱電球にかわって，形状や光の色調を白熱電球に似せた電球形蛍光灯やLED電球が登場している。これらは，白熱電球よりも少ない電力で同等の明るさを得ることができ，寿命も長い。

さまざまなタイプの電球形照明器具の消費電力について調べてみるとよい。
　→実習20

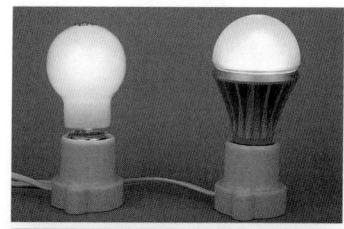

(サーモグラフィー画像　60℃／10℃)

図21　白熱電球(左)とLED電球(右)
電球表面の温度分布は口絵⑦を参照。

実習 20　電球の消費電力

電球形の照明器具を何種類か用意して，電球に加わる電圧と流れる電流をはかり，消費電力やかかる費用について求めてみよう。

第Ⅰ章　熱と物質

物理の小径

熱の本性

　蒸気機関は熱を仕事に変えるが，それでは熱とは何であろうか。この疑問は古くからあった。

　一方では，摩擦や衝突によって発熱したり着火したりすることから，熱は運動の転化したものと考えられた。これを熱の"運動説"という。17世紀には，熱は物質を構成する微小粒子の激しい振動であるという考えがあった。

図A　ランフォード

　しかし他方では，熱い物体と冷たい物体を接触させると，熱いほうから冷たいほうへ"熱"が移動するように見えることから，熱は物質の一種であると考えられた。これを熱の"物質説"という。18世紀になると化学反応によって熱が生じることから，化学者たちは熱を重さのない一種の流体とみなす説を唱えた。ラヴォアジエ(フランス，1743〜1794)は，熱は元素の1つであると考え，"熱素(カロリック)"とよんだ。

　18世紀の末，大砲の砲身をくり抜く作業で際限なく熱が発生するのを見て驚いたランフォード(アメリカ，1753〜1814)は，装置を水につけて発生する熱をはかった。すると，作業を続けるにつれ水の温度はどんどん上昇し，ついに沸騰するに至った。

　熱が物質だとしたらこんな多

図B　ジュールの実験装置

量の物質がいったいどこから出てくるのであろうか。こうして，ランフォードは熱は運動の転化したものであることを確信した(1798)。

　ジュール(イギリス，1818～1889)は，電流による熱の発生からジュールの法則を発見し(1840)，電池の化学反応が熱に転化すると考えエネルギー保存の法則に気がついた。そこで，運動を直接的に熱に変えることを試みてジュールの実験(1843～1849)を行い(図B)，熱の仕事当量を求め，熱がエネルギーの一形態であることを確かめた。

　ドルトン(イギリス，1766～1844)の原子論(1803)以来，気体の熱的な性質を気体分子の運動によって力学的に説明しようという試みがなされてきた。

　クラウジウス(ドイツ，1822～1888)やマクスウェル(イギリス，1831～1879)は，気体分子の数が非常に多いことから，それらを統計的に取り扱い，気体のふるまいを分子運動の平均として説明しようと試みた(1857)。

　ボルツマン(オーストリア，1844～1906)は熱力学第二法則を純力学的に解釈しようとして失敗したが，確率の概念を導入することによってこれを成功させた(1877)。

図C　マクスウェル

　こうして，原子・分子の集団的ふるまいを確率論をもとに統計的に説明する統計力学の基礎がつくられていった。

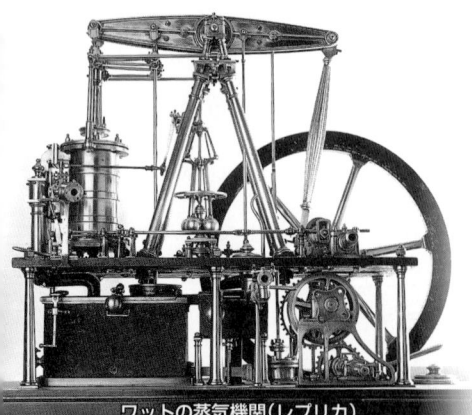

第II章 気体のエネルギーと状態変化

ワットの蒸気機関(レプリカ)

気体に熱を加えると、気体の圧力や温度はどのように変化するだろうか。
また、これらの変化は気体分子の力学的な運動とどのように結びつけられるだろうか。この章では、気体の性質について学ぶ。

1 | 気体の法則

A | 気体の圧力

　私たちが日常接している空気の中には、1cm³当たり10¹⁹個以上の数の気体分子があり、これらの多くが数百m/sの速さで飛びまわっている。

　容器内に閉じこめた気体を考える(図22)。容器中では、非常に多数の気体分子が不規則に飛びまわり、壁面に次々と衝突している。分子1個が壁に及ぼす力は非常に小さいが、きわめて多くの分子が衝突するので、全体としては大きな力を及ぼす。また、この力はきわめて多くの分子が不規則に壁面に及ぼす力の合力なので、あらゆる面で一様となる。

　気体が単位面積当たりに及ぼす力のことを、気体の**圧力**という(→p.73)。面積がS〔m²〕の面を気体が大きさF〔N〕の力で押しているとき、気体の圧力pは次の式で表される(→p.73(59)式)。
pressure

$$p = \frac{F}{S} \qquad (7)$$

面積1m²当たりに1Nの力が加わるときの圧力を1**パスカル**(記号 **Pa**)
pascal
という。1Pa＝1N/m²である。

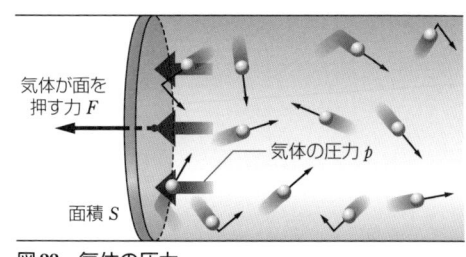

図22 気体の圧力
気体が面を押す力F
気体の圧力p
面積S

気体の圧力のうち、特に大気による圧力を**大気圧**という。大気圧などを表すときに**気圧**(記号 **atm**)という単位を用いることもある。
$1\,\text{atm} = 1.013 \times 10^5\,\text{Pa}$ である。[*1)]

問8. なめらかに動く軽いピストンつきの容器に気体を閉じこめ、ピストンが鉛直方向に動くように立てる。このピストンにおもりを静かにのせたとき、閉じこめた気体の圧力は何Paになるか。おもりの質量を10kg、ピストンの断面積を$4.9 \times 10^{-3}\,\text{m}^2$、大気圧を$1.0 \times 10^5\,\text{Pa}$、重力加速度の大きさを$9.8\,\text{m/s}^2$とする。

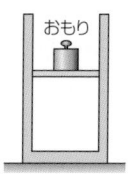

B ボイル・シャルルの法則

❶ボイルの法則 シリンダーの中に空気を入れて温度を一定に保ち、ピストンを押して圧力を2倍、3倍、…に増していくと、空気の体積は$\frac{1}{2}$倍、$\frac{1}{3}$倍、…に減っていく(→p.198 実験21)。

ボイル(イギリス)は、気体の圧力と体積の間の関係を調べ、次の関係が成りたつことを発見した。これを**ボイルの法則**という(図23、24)。

温度が一定のとき、一定質量の気体の体積Vは圧力pに反比例する

$$pV = \text{一定} \tag{8}$$

問9. 圧力$1.0 \times 10^5\,\text{Pa}$、体積$0.55\,\text{m}^3$の気体の温度を一定に保って、体積を$0.50\,\text{m}^3$にする。このときの圧力は何Paか。

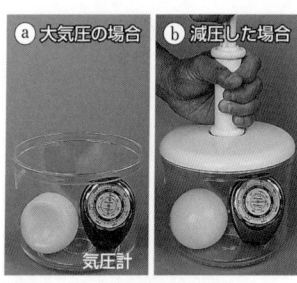

図23 ボイルの法則の例
容器内を減圧するとボールは膨張する。

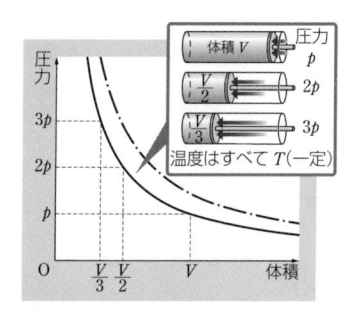

図24 ボイルの法則
—・—・— は、温度が ——— よりも高いときのグラフ。

[*1)] $10^2\,\text{Pa}$を1**ヘクトパスカル**(記号 **hPa**)という。これも大気圧の単位として用いられることが多い。$1\,\text{atm} = 1013\,\text{hPa}$である(なお、正確には$1\,\text{atm} = 1.01325 \times 10^5\,\text{Pa}$)。

（実 験）㉑ ボイルの法則

図のように，なめらかに動くピストンで注射器内に閉じこめた空気の圧力pを変えて体積Vを測定し，$pV=$一定となることを検証してみよう。

❶ピストンの断面積$S[\mathrm{m}^2]$と質量$m_0[\mathrm{kg}]$を測定する。
❷注射器のピストンを引き，注射器の先端をゴム栓に掘った穴に押しこめ，上皿はかりの皿の上に垂直に立てる。はかりの指針が$m_0[\mathrm{kg}]$をさすように，はかりのゼロ点を調整する。
❸ピストンを手で押し下げていき，中の空気の体積$V[\mathrm{m}^3]$を示す注射器の目盛りと，はかりの目盛り$m[\mathrm{kg}]$を読み取っていく。
❹はかりの目盛りから注射器内の空気の圧力$p[\mathrm{Pa}]$を計算し，$pV=$一定であることを確かめよう。大気圧を$p_0$$[\mathrm{Pa}]$とすると，注射器内の圧力は $p=p_0+\dfrac{mg}{S}$ $[\mathrm{Pa}]$である。

❷シャルルの法則　シリンダーの中に空気を入れて圧力を一定に保ち，シリンダー内の温度を上げていくと，空気の体積は増加していく。シャルル（フランス）は，このときの気体の体積と温度の間の関係を調べ，温度が1K上昇するにつれ，温度が0℃のときの体積の$\dfrac{1}{273}$だけ体積が増加するという関係があることを発見した。つまり，0℃，$t[℃]$のときの気体の体積をそれぞれ$V_0[\mathrm{m}^3]$，$V[\mathrm{m}^3]$とすると，次の式が成りたつ。

$$V=V_0+\dfrac{t}{273}V_0=\dfrac{273+t}{273}V_0 \tag{9}$$

ここで，絶対温度$T[\mathrm{K}]$とセルシウス温度$t[℃]$の関係 $T=t+273$ を用いると，(9)式は次のようになる。

$$V=\dfrac{T}{273}V_0 \quad \text{より} \quad \dfrac{V}{T}=\dfrac{V_0}{T_0} \quad (\text{ただし，}T_0=273\mathrm{K}=0℃) \tag{10}$$

つまり，次の関係が成りたつ。これを**シャルルの法則**という（図25，26）。

圧力が一定のとき，一定質量の気体の体積Vは絶対温度Tに比例する

$$\dfrac{V}{T}=\text{一定} \tag{11}$$

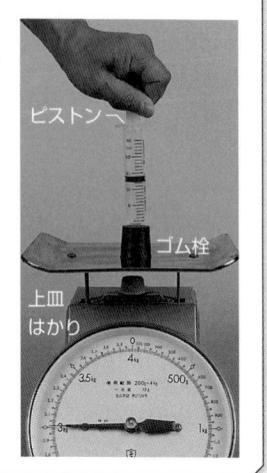

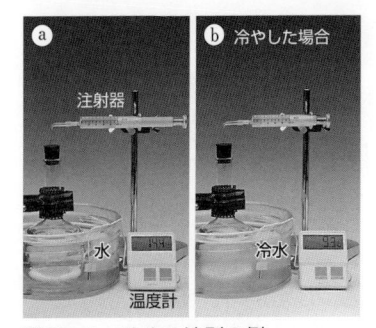

図25 シャルルの法則の例
フラスコ内の気体を冷水で冷やすと，ピストンが引きこまれる。

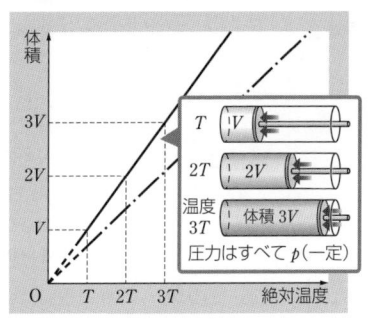

図26 シャルルの法則
―・―・― は，圧力が ――― よりも高いときのグラフ。

問10. 温度300K，体積1.0m³の気体の圧力を一定に保って，温度を360Kにする。このときの体積は何m³か。

❸**ボイル・シャルルの法則** ボイルの法則とシャルルの法則は，1つにまとめて考えることができる。これを **ボイル・シャルルの法則** という。

一定質量の気体の体積Vは，圧力pに反比例し，絶対温度Tに比例する

ボイル・シャルルの法則

$$\frac{pV}{T} = 一定 \quad (12)$$

*1)

p〔Pa〕 圧力(pressure)
V〔m³〕 体積(volume)
T〔K〕 絶対温度(absolute temperature)

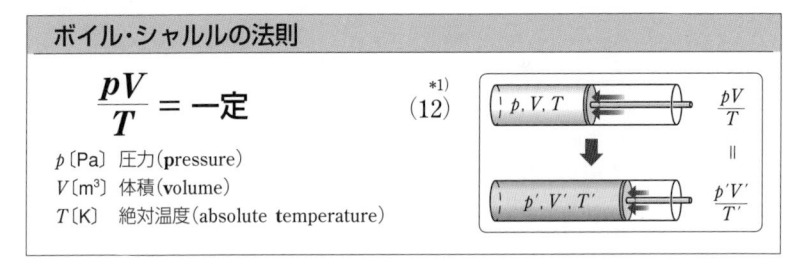

分子間にはたらく力や分子の大きさが無視でき，ボイル・シャルルの法則に正確に従う気体を**理想気体**という。極端な低温や高圧ではない，日常の温度や圧力では，実際の気体は理想気体として扱ってよい。

問11. 圧力$1.0×10^5$Pa，体積1.5m³，温度300Kの気体がある。気体の体積を1.0m³，温度を320Kにしたとき，気体の圧力は何Paか。

---

*1) 温度が一定のときは $pV=$ 一定 で，ボイルの法則となる。圧力が一定のときは $\frac{V}{T}=$ 一定 で，シャルルの法則となる。

例題 2. **ボイル・シャルルの法則**

なめらかに動くピストンつきの容器に気体を閉じこめ，図のように水平な床の上に置く。このときの気体の圧力は 1.0×10^5 Pa，体積は 0.45 m³，温度は 2.7×10^2 K であった。

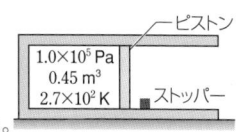

この容器を温めたところピストンは右に移動し，ストッパーで止められた。このときの気体の体積は 0.50 m³，温度は 3.6×10^2 K であった。

(1) 温めた後の気体の圧力 p_1 [Pa] を求めよ。
(2) その後，気体を放置したところ，ピストンは左に動き始めた。このときの気体の圧力 p_2 [Pa] と温度 T_2 [K] を求めよ。

解

(1) ボイル・シャルルの法則より $\dfrac{(1.0 \times 10^5) \times 0.45}{2.7 \times 10^2} = \dfrac{p_1 \times 0.50}{3.6 \times 10^2}$

よって $p_1 = \dfrac{(1.0 \times 10^5) \times 0.45}{2.7 \times 10^2} \times \dfrac{3.6 \times 10^2}{0.50} = \mathbf{1.2 \times 10^5}$ **Pa**

(2) 気体の圧力がもとの値にもどったとき，ピストンは動き始める。

よって $p_2 = \mathbf{1.0 \times 10^5}$ **Pa**

ボイル・シャルルの法則より

$$\dfrac{(1.2 \times 10^5) \times 0.50}{3.6 \times 10^2} = \dfrac{(1.0 \times 10^5) \times 0.50}{T_2}$$

よって $T_2 = (1.0 \times 10^5) \times \dfrac{3.6 \times 10^2}{1.2 \times 10^5} = \mathbf{3.0 \times 10^2}$ **K**

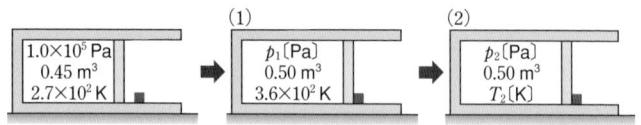

類題 2. なめらかに動くピストンつきの容器に気体を閉じこめる。初め，容器を ⓐ のように水平な床の上に置いたところ，気体の圧力，体積，温度はそれぞれ p_0 [Pa], V_0 [m³], T_0 [K] であった。

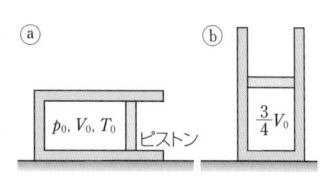

次に，容器を ⓑ のように鉛直方向に立てたところ，気体の体積は $\dfrac{3}{4} V_0$ [m³] になった。このときの気体の圧力 p [Pa] と温度 T [K] を求めよ。ピストンの質量を m [kg]，断面積を S [m²]，重力加速度の大きさを g [m/s²] とする。

C │ 理想気体の状態方程式

原子・分子・イオンなどの粒子 6.02×10^{23} 個の集まりを **1 モル**（記号 **mol**）といい，これを単位として表した物質の量を**物質量**という。また，
amount of substance

6.02×10^{23}/mol を**アボガドロ定数**という。

温度と圧力が，それぞれ $273\,\mathrm{K}\,(=0\,°\mathrm{C})$，$1.013 \times 10^5\,\mathrm{Pa}\,(=1\,\mathrm{atm})$ である状態を**標準状態**という。標準状態での，物質量 1 mol 当たりの理想気体の体積は，気体の種類によらず $2.24 \times 10^{-2}\,\mathrm{m^3/mol}$ になることが知られている。よって，物質量 n [mol] の理想気体を考えて，これらの数値を(12)式(→ p.199)の左辺に代入すると

$$\frac{pV}{T} = \frac{(1.013 \times 10^5\,\mathrm{Pa}) \times (2.24 \times 10^{-2}\,\mathrm{m^3/mol} \times n)}{273\,\mathrm{K}}$$

$$\fallingdotseq 8.31\,\frac{\mathrm{Pa \cdot m^3}}{\mathrm{mol \cdot K}} \times n \tag{13}$$

ここで，定数 $R = 8.31\,\dfrac{\mathrm{Pa \cdot m^3}}{\mathrm{mol \cdot K}} = 8.31\,\mathrm{J/(mol \cdot K)}$ [*1)] とおくと，(14)式が得られる。これを**理想気体の状態方程式**といい，$R = 8.31\,\mathrm{J/(mol \cdot K)}$ を**気体定数**という。

理想気体の状態方程式

$$pV = nRT \tag{14}$$

p [Pa]　　圧力 (pressure)
V [m³]　　体積 (volume)
n [mol]　　物質量
R [J/(mol・K)]　気体定数
T [K]　　絶対温度 (absolute temperature)

実在の気体においても常温・常圧の付近では，理想気体と考えてよいので，(14)式を適用することができる。

また，空気のような混合気体においても，単一の気体と同じように扱うことができる。

問12. 圧力 $1.66 \times 10^5\,\mathrm{Pa}$，温度 300 K，物質量 0.20 mol の理想気体が占める体積は何 m³ か。気体定数を $8.3\,\mathrm{J/(mol \cdot K)}$ とする。

---

*1) 定数 R の単位は，$\mathrm{Pa} = \mathrm{N/m^2}$，$\mathrm{J} = \mathrm{N \cdot m}$ を用いると

$\dfrac{\mathrm{Pa \cdot m^3}}{\mathrm{mol \cdot K}} = \dfrac{(\mathrm{N/m^2}) \cdot \mathrm{m^3}}{\mathrm{mol \cdot K}} = (\mathrm{N \cdot m})/(\mathrm{mol \cdot K}) = \mathrm{J/(mol \cdot K)}$　と求められる。

2 | 気体分子の運動

A | 分子運動と圧力

気体の圧力は気体全体の状態を示す巨視的な量である[*1]。その巨視的な量が，それぞれの気体分子の質量や速度などの微視的な量[*1]とどのような関係になっているのかを考えてみよう。

1辺の長さL〔m〕，体積V〔m³〕$(=L^3)$の立方体の容器に，質量m〔kg〕の分子N個からなる理想気体を入れる。図27 ⓐのようにx, y, z軸をとり，x軸に垂直な壁Sが受ける圧力を考える。分子は，他の分子とは衝突せず[*2]，容器の壁に衝突するまでは等速直線運動をしていると仮定する。また，分子と壁との衝突は弾性衝突(→p.126)とし，衝突の前後で分子の速度の大きさは変わらないとする。

❶**1回の衝突で壁Sが分子から受ける力積** 壁Sに衝突する直前の分子の速度を$\vec{v} = (v_x, v_y, v_z)$とする(同図ⓑ)。衝突前後では分子の速度の大きさは変わらず，壁Sに垂直な成分のみ向きが変わるので，衝突直後の分子の速度は$\vec{v'} = (-v_x, v_y, v_z)$となる。よって，壁Sとの衝突による分子の運動量の変化，すなわち，分子が壁Sから受ける力積(→p.118(102)式)は

$$m\vec{v'} - m\vec{v} = (-2mv_x, 0, 0) \tag{15}$$

となる(同図ⓒ)。作用反作用の法則より，壁Sは分子から反対向きの力積を受けるので，その大きさは$2mv_x$〔N・s〕で，壁と垂直な向き(x軸の正の向き)である。

❷**分子が再び壁Sと衝突するまでの時間** 壁Sと衝突した分子は，他の壁と衝突した後，再び壁Sと衝突する。x軸方向のみに着目すると，分子はこの間で距離$2 \times L$〔m〕を速さv_x〔m/s〕で進む，と考えることができる(図28)。したがって，衝突の周期(同じ壁に再び衝突するまでの時間)は$\dfrac{2L}{v_x}$〔s〕となる。

[*1] 圧力，温度，体積など人間の感覚で直接に識別でき，直接の測定の対象となる量を巨視的(マクロ)な量といい，物質の構成要素である分子や原子がもっている質量，速度，運動量，エネルギーなどの量を微視的(ミクロ)な量という。

[*2] 分子どうしも弾性衝突すると考えても，同じ結果が得られることがわかっている。

❸**壁Sが1つの分子から受ける平均の力**　壁Sは，1つの分子から $\dfrac{2L}{v_x}$ の周期で大きさ $2mv_x$ の力積を受ける。時間t〔s〕の間に分子が壁Sに衝突する回数は $t \div \dfrac{2L}{v_x} = \dfrac{v_x t}{2L}$ であるから，時間tの間に壁Sが1つの分子から受ける力積の合計は

$$2mv_x \times \dfrac{v_x t}{2L} = \dfrac{mv_x^2}{L} t \tag{16}$$

となる。この間に壁Sが1つの分子から受ける平均の力を $\overline{f}$〔N〕とすると，(16)式は $\overline{f}t$ に等しい（図29）。したがって，$\overline{f}$ は

$$\overline{f} = \dfrac{mv_x^2}{L} \tag{17}$$

と表すことができる。

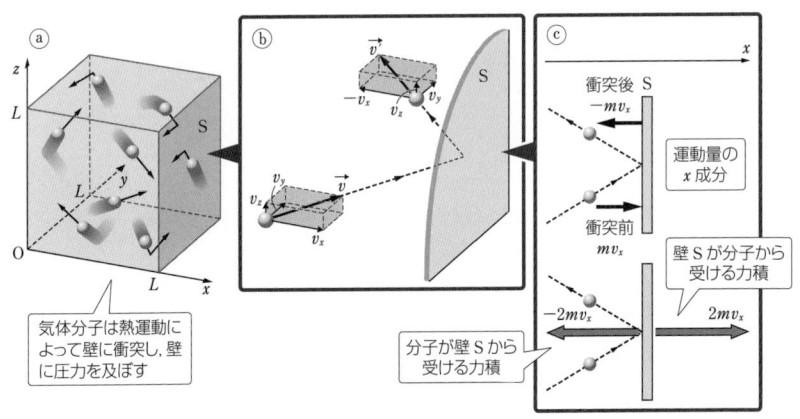

図27 容器中の気体分子と壁が受ける力積

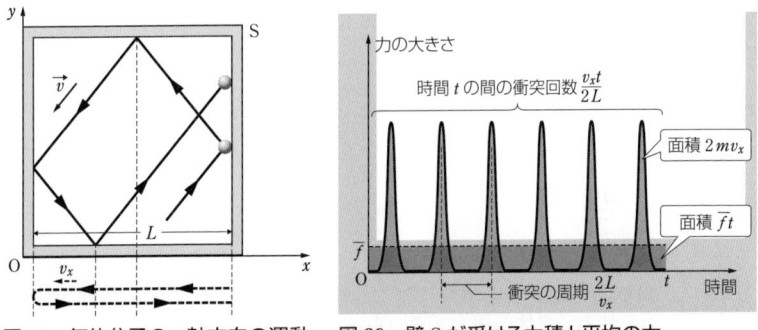

図28 気体分子のx軸方向の運動　**図29** 壁Sが受ける力積と平均の力

第Ⅱ章　気体のエネルギーと状態変化

❹**壁SがN個の分子から受ける圧力**　壁SがN個の分子から受ける平均の力F[N]は，気体分子全体のv_x^2の平均を$\overline{v_x^2}$とすると，(17)式(→p.203)より

$$F = N \times \frac{m\overline{v_x^2}}{L} = \frac{Nm\overline{v_x^2}}{L} \tag{18}$$

となる。気体の圧力p[Pa]は，Fを壁Sの面積L^2[m²]でわれば求められる(→p.196(7)式)。$L^3 = V$を用いると，pは次のように表される。

$$p = \frac{F}{L^2} = \frac{Nm\overline{v_x^2}}{L^3} = \frac{Nm\overline{v_x^2}}{V} \tag{19}$$

ここで，$\overline{v_x^2}$について考える。図30のように，1個の分子の速度に対して　$v^2 = v_x^2 + v_y^2 + v_z^2$　が成りたち，それぞれの平均に対しても

$$\overline{v^2} = \overline{v_x^2} + \overline{v_y^2} + \overline{v_z^2} \tag{20}$$

の関係が成りたつ。また，分子の個数Nはきわめて大きく，すべての分子は特定の方向にかたよることなく不規則に運動しているから，どの方向の平均値も等しい。つまり

$$\overline{v_x^2} = \overline{v_y^2} = \overline{v_z^2} \tag{21}$$

と考えることができる。(20)，(21)式より

$$\overline{v_x^2} = \frac{1}{3}\overline{v^2} \tag{22}$$

が導かれる。これを(19)式に代入すると，圧力pに対する次の式が得られる。

$$p = \frac{Nm\overline{v^2}}{3V} \tag{23}$$

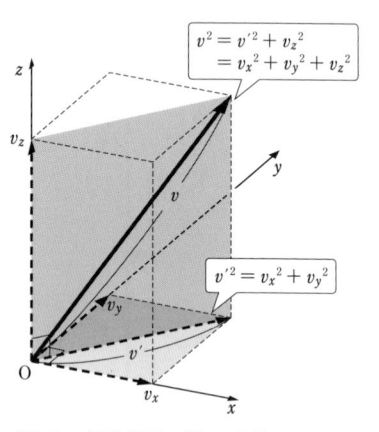

図30　気体分子の速度成分

問13. 気体の密度をρ[kg/m³]，分子の速さの2乗の平均値を$\overline{v^2}$[m²/s²]とするとき，気体の圧力p[Pa]をρ，$\overline{v^2}$で表せ。

B 平均運動エネルギーと絶対温度

(23)式を変形すると

$$pV = \frac{Nm\overline{v^2}}{3} \tag{24}$$

となる。これは,巨視的な量 pV が,個々の分子の微視的な量で表されることを示している。(24)式と,理想気体の状態方程式を比較すると

$$\frac{Nm\overline{v^2}}{3} = nRT \tag{25}$$

の関係が得られる。

これを用いて,気体分子の平均運動エネルギーを求める。気体分子の個数 N は,物質量 n [mol] とアボガドロ定数 $N_A (= 6.02 \times 10^{23}/\text{mol})$ の積であることを用いると ($N = nN_A$),(25)式は次のように変形される。

$$\frac{1}{2}m\overline{v^2} = \frac{3nRT}{2N} = \frac{3}{2} \times \frac{R}{N_A} \times T = \frac{3}{2}kT \tag{26}$$

ここで,定数 k は,気体定数 R をアボガドロ定数 N_A でわったもので,**ボルツマン定数**という。

$$k = \frac{R}{N_A} = \frac{8.31 \text{J/(mol·K)}}{6.02 \times 10^{23}/\text{mol}} \fallingdotseq 1.38 \times 10^{-23} \text{J/K} \tag{27}$$

(26)式から,理想気体では平均運動エネルギーが気体の種類によらず,温度だけで決まり,絶対温度に比例することがわかる。

気体のモル質量(1 mol 当たりの質量)を M [g/mol] とすると,[*1)]
$mN_A = M \times 10^{-3}$ であるから,(26)式より,次の式が得られる。

$$\sqrt{\overline{v^2}} = \sqrt{\frac{3R}{mN_A}T}$$
$$= \sqrt{\frac{3R}{M \times 10^{-3}}T} \tag{28}$$

これを**2乗平均速度**といい,分子の速さを表すひとつのめやすになる(表4)。

表4 気体分子の $\sqrt{\overline{v^2}}$

物質	分子量	$\sqrt{\overline{v^2}}$ [m/s]
水素	2.0	1.8×10^3
窒素	28	4.9×10^2
酸素	32	4.6×10^2
二酸化炭素	44	3.9×10^2
ヨウ素※	254	2.2×10^2

温度は273 K (※は473 K)

[*1)] 炭素原子 ^{12}C 1個の質量を基準とし,これを12としたときの,他の原子や分子の質量の相対値を,それぞれ**原子量**,**分子量**という。分子量が M である分子のモル質量は,M g/mol となる。

C 単原子分子と二原子分子

ヘリウム(He)のように1個の原子からなる分子を**単原子分子**,酸素(O_2)のように2個の原子からなる分子を**二原子分子**という。二原子分子理想気体では,分子の並進運動のほかに回転運動や振動運動を考える必要がある(→p.216)。したがって,(26)式(→p.205)によって平均運動エネルギーが求められるのは,単原子分子理想気体に限られる。

問14. 0℃のHeガス(原子量4)とNeガス(原子量20)がある。He,Neガスはいずれも単原子分子理想気体とみなす。答えの根号はそのままでよい。
(1) He 1原子当たりの平均運動エネルギーは,Ne 1原子当たりの平均運動エネルギーの何倍か。
(2) He原子の2乗平均速度は,Ne原子の2乗平均速度の何倍か。
(3) 温度が273℃でのHe 1原子当たりの平均運動エネルギーおよびHe原子の2乗平均速度は,0℃のときに比べて,それぞれ何倍になるか。

参考 気体分子の速さの分布

気体分子は,それぞれいろいろな速さで飛びまわっている。

速さの分布は,図Aのような測定装置を用いて調べることができる。気体容器の穴から出てくる分子を,スリットのついた2つの回転板に通す。2つのスリットのある方向の角度はずらしてある。このとき,回転の角速度ωの値によってある特定の速さの分子だけが2つのスリットを通り抜けてくるので,ωを変えて,通り抜けてくる分子の数を測定すると,気体分子の速さの分布が得られる。

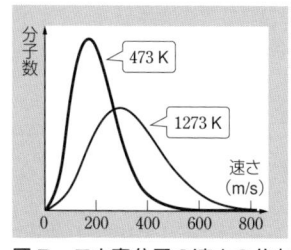

図Bは,ヨウ素分子の速さの分布を示す。速さの分布は気体の種類によって異なる。また,同じ気体でも温度によってその分布は異なる。

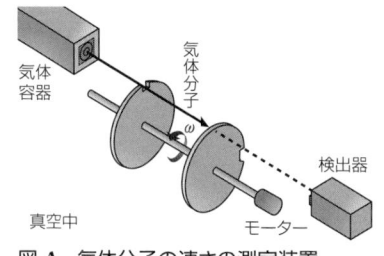

図A 気体分子の速さの測定装置
図B ヨウ素分子の速さの分布

3 | 気体の状態変化

A | 気体の内部エネルギー

物質を構成する分子は互いに力を及ぼしあっている。この力は，分子どうしがある距離 r_0 よりも離れると引きあう向きに，近づくとしりぞけあう向きにはたらく性質がある（図31）。この力は保存力であり，気体分子はこの力による位置エネルギーをもっている。この位置エネルギーと，分子の熱運動による運動エネルギーとの和を，すべての分子について合計したものを，その物質の**内部エネルギー**という。

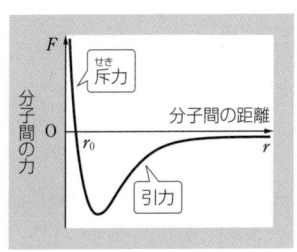

図31 分子間にはたらく力

理想気体では，分子間にはたらく力は無視できるので（→p.199），位置エネルギーは 0 である。したがって，内部エネルギーは熱運動による運動エネルギーの合計と考えてよい。

(26)式（→p.205）より，絶対温度 T〔K〕の単原子分子理想気体 1 mol 当たりの内部エネルギーは $N_A \times \frac{1}{2}m\overline{v^2} = \frac{3}{2}RT$ になる。したがって，n〔mol〕の単原子分子理想気体の内部エネルギー U〔J〕は，次の式で表すことができる。

単原子分子理想気体の内部エネルギー

$$U = \frac{3}{2}nRT \tag{29}$$

U〔J〕　内部エネルギー　　R〔J/(mol·K)〕　気体定数
n〔mol〕　物質量　　　　　T〔K〕　絶対温度（absolute temperature）

つまり，単原子分子理想気体の内部エネルギーは絶対温度と物質量（分子の個数）に比例する。温度が $\varDelta T$〔K〕だけ高くなったとき，内部エネルギーが $\varDelta U$〔J〕だけ増加したとすると，(29)式から次の関係が成りたつ。

$$\varDelta U = \frac{3}{2}nR(T+\varDelta T) - \frac{3}{2}nRT = \frac{3}{2}nR\varDelta T \tag{30}$$

かつて，熱は熱素（カロリック）とよばれる物質の移動によるという「物質説」と，粒子の運動による「運動説」とがあり，現在では，これまでに学んだとおり「運動説」が正しいとされている。
→実習22

> （実習）㉒ 熱の探究の歴史
>
> 18世紀から19世紀初頭にかけて，熱の本性について論争がくり広げられた。当時の学者たちがどのように議論を進めていったかを，書籍などで調べてまとめてみよう。

例題 3. **理想気体の内部エネルギー**

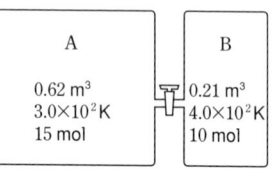

それぞれ $0.62\,\text{m}^3$，$0.21\,\text{m}^3$ の容積をもつ容器A，Bをコックのついた細管でつなぎ，Aには温度 $3.0\times10^2\,\text{K}$，物質量 15 mol，Bには温度 $4.0\times10^2\,\text{K}$，物質量 10 mol の単原子分子理想気体を入れる。コックを開いて全体の状態が一様になったときの温度 T [K] と圧力 p [Pa] を求めよ。ただし，容器と周囲との熱のやりとりはなく，気体の内部エネルギーの合計は一定に保たれるとする。また，細管の体積は無視する。気体定数を $8.3\,\text{J/(mol·K)}$ とする。

A	B
$0.62\,\text{m}^3$ $3.0\times10^2\,\text{K}$ 15 mol	$0.21\,\text{m}^3$ $4.0\times10^2\,\text{K}$ 10 mol

解 内部エネルギー「$U=\dfrac{3}{2}nRT$」（→p.207(29)式）の合計が一定であるから

$$\dfrac{3}{2}\times15\times8.3\times(3.0\times10^2)+\dfrac{3}{2}\times10\times8.3\times(4.0\times10^2)$$
$$=\dfrac{3}{2}\times(15+10)\times8.3\times T$$

よって $T=\dfrac{15\times(3.0\times10^2)+10\times(4.0\times10^2)}{15+10}=\mathbf{3.4\times10^2\,K}$

混合後の気体の状態方程式「$pV=nRT$」（→p.201(14)式）は
$$p\times(0.62+0.21)=(15+10)\times8.3\times(3.4\times10^2)$$

よって $p=\dfrac{(15+10)\times8.3\times(3.4\times10^2)}{0.62+0.21}=\mathbf{8.5\times10^4\,Pa}$

類題 3. それぞれ $0.24\,\text{m}^3$，$0.40\,\text{m}^3$ の容積をもつ容器A，Bをコックのついた細管でつなぎ，Aには温度 $3.2\times10^2\,\text{K}$，物質量 20 mol の単原子分子理想気体を入れ，Bは真空にする。コックを開いて全体の状態が一様になったときの温度 T [K] と圧力 p [Pa] を求めよ。ただし，容器と周囲との熱のやりとりはなく，気体の内部エネルギーの合計は一定に保たれるとする。また，細管の体積は無視する。気体定数を $8.3\,\text{J/(mol·K)}$ とする。

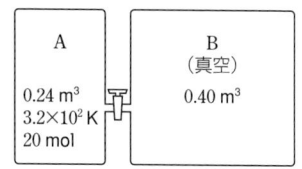

A	B
$0.24\,\text{m}^3$ $3.2\times10^2\,\text{K}$ 20 mol	（真空） $0.40\,\text{m}^3$

B 熱力学第一法則

物体の内部エネルギーについて，次の関係が成りたつ。これを**熱力学第一法則**という。

物体に与えた熱量Q〔J〕と，物体にした仕事W〔J〕[*1)]の和は，物体の内部エネルギーの変化ΔU〔J〕に等しい

気体が圧縮されて体積が減少するときは，気体は外部から正の仕事をされるので，Wは正であり，逆に，膨張して体積が増加するときは，Wは負である。また，気体が熱を吸収（吸熱）する場合，Qは正であり，気体が熱を放出（放熱）する場合，Qは負である。

熱力学第一法則

$$\Delta U = Q + W \quad (31)$$

ΔU〔J〕 内部エネルギーの変化
Q〔J〕 物体に与えた熱量（heat quantity）
W〔J〕 物体にした仕事（work）

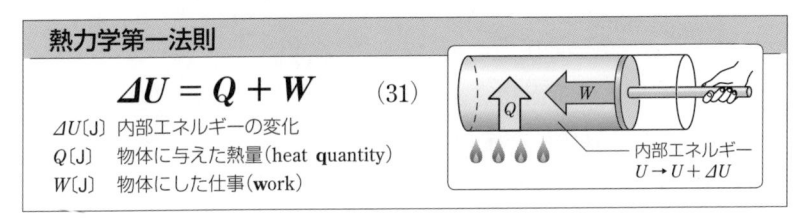

C 気体の状態変化

❶定積変化 体積を一定に保って行う状態の変化を**定積変化**（または**等積変化**）という。

図32のように，ピストンを固定した円筒内の気体に熱量Q〔J〕を与える定積変化では，気体は外部に仕事をしないから，与えた熱量だけ気体の内部エネルギーが増加する。つまり

$$W = 0 \quad (32)$$
$$\Delta U = Q \quad (33)$$

この結果，気体の温度は上昇し，圧力も大きくなる。

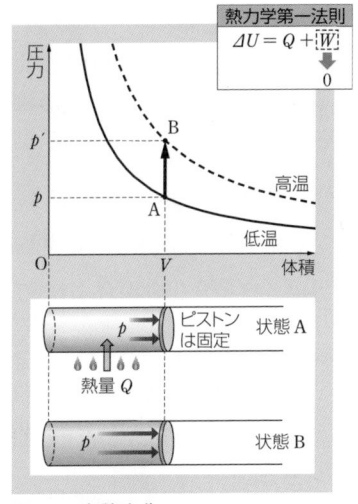

図32 定積変化

[*1)] ここでは，物体の力学的エネルギーを変化させるような仕事ではなく，物体の内部エネルギーを変化させる仕事のみを考える。

第Ⅱ章 気体のエネルギーと状態変化

問15. 理想気体に対し，体積を一定に保った状態で75Jの熱量を与えた。このとき，気体がされる仕事W〔J〕と，内部エネルギーの変化ΔU〔J〕を求めよ。

❷**定圧変化** 圧力を一定に保って行う状態の変化を**定圧変化**（または**等圧変化**）という。

図33のように，ピストンが自由に動ける状態の円筒内の気体に熱量Q〔J〕を与えると，気体は定圧膨張するので，外部に仕事をする。気体の圧力をp〔Pa〕，ピストンの断面積をS〔m²〕とすると，気体は一定の力pS〔N〕でピストンを押す。ピストンがΔl〔m〕移動し，気体が$\Delta V = S\Delta l$〔m³〕膨張したとすると，気体が外部にした仕事W'〔J〕は

$$W' = pS \cdot \Delta l = p\Delta V \tag{34}$$

であり，これは図の斜線で示した面積（▨）に等しい。気体がされる仕事は$W = -W'$であるから（→p.212参考），次の式が成りたつ。

$$W = -p\Delta V \tag{35}$$

$$\Delta U = Q + W = Q - p\Delta V \tag{36}$$

(33)式(→p.209)，(36)式から，同じ熱量を加えたときの気体の温度上昇は，定積変化の場合より定圧変化の場合のほうが小さいことがわかる。

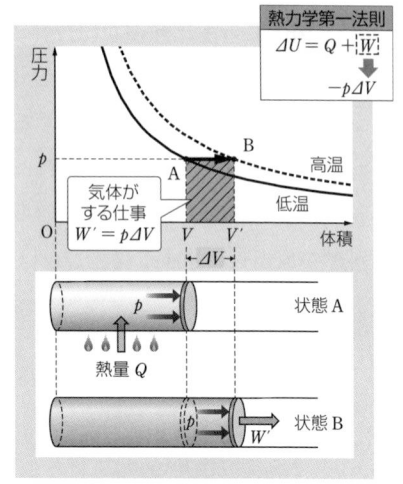

図33 定圧変化（定圧膨張）

熱力学第一法則
$\Delta U = Q + W$
$-p\Delta V$

問16. 理想気体に対し，一定の圧力1.0×10^5Paのまま，75Jの熱量を与えたところ，気体は3.0×10^{-4}m³だけ膨張した。このとき，気体がされる仕事W〔J〕と，内部エネルギーの変化ΔU〔J〕を求めよ。

---

*1) n〔mol〕の理想気体を一定の圧力p〔Pa〕で定圧変化させたときの体積変化をΔV〔m³〕，温度変化をΔT〔K〕とすると，理想気体の状態方程式「$pV = nRT$」(→p.201(14)式)より$p\Delta V = nR\Delta T$ が成りたつ。これを用いると，(34)式の気体が外部にした仕事W'〔J〕は$W' = nR\Delta T$ のように表すこともできる。

例題 4. **定積変化・定圧変化**

なめらかに動くピストンがついた容器に n [mol] の単原子分子理想気体を閉じこめたところ，温度が T_0 [K] になった。この気体に対し次のような操作をしたときの，気体の内部エネルギーの変化 ΔU [J]，気体がされた仕事 W [J]，気体に与えられた熱量 Q [J] をそれぞれ求めよ。気体定数を R [J/(mol·K)] とする。
(1) 体積を一定に保ったまま，温度を T_1 [K] にした。
(2) 圧力を一定に保ったまま，温度を T_1 [K] にした。

解 (1) 定積変化であるので，気体と外部の間に仕事のやりとりはない。
$$W = 0 \text{ J}$$
単原子分子理想気体であるから，「$\Delta U = \frac{3}{2}nR\Delta T$」(→p.207 (30)式) より $\Delta U = \frac{3}{2}nR(T_1 - T_0)$ [J]

熱力学第一法則「$\Delta U = Q + W$」(→p.209 (31)式) より
$$Q = \Delta U - W = \frac{3}{2}nR(T_1 - T_0) \text{ [J]}$$

(2) 気体の圧力を p_0 [Pa]，変化前後での気体の体積をそれぞれ V_0，V_1 [m³] とすると，理想気体の状態方程式「$pV = nRT$」(→p.201 (14)式) より　変化前: $p_0 V_0 = nRT_0$ ……①
　変化後: $p_0 V_1 = nRT_1$ ……②

「$W = -p\Delta V$」(→(35)式) より
$$W = -p_0(V_1 - V_0)$$
これに①，②式を代入して
$$W = -nR(T_1 - T_0) \text{ [J]}$$
温度変化は(1)と同じなので，ΔU も等しい。
$$\Delta U = \frac{3}{2}nR(T_1 - T_0) \text{ [J]}$$
熱力学第一法則「$\Delta U = Q + W$」(→p.209 (31)式) より
$$Q = \Delta U - W = \frac{3}{2}nR(T_1 - T_0) - \{-nR(T_1 - T_0)\}$$
$$= \frac{5}{2}nR(T_1 - T_0) \text{ [J]}$$

類題 4. なめらかに動くピストンがついた容器に単原子分子理想気体を閉じこめたところ，気体の圧力が p_0 [Pa]，体積が V_0 [m³] になった。この気体に対し次のような操作をしたときの，気体の内部エネルギーの変化 ΔU [J]，気体がされた仕事 W [J]，気体に与えられた熱量 Q [J] をそれぞれ求めよ。
(1) 体積を一定に保ったまま加熱し，圧力を Δp [Pa] 上昇させた。
(2) 圧力を一定に保ったまま加熱し，体積を ΔV [m³] 増やした。

▰ 参考 ▰ 気体にする仕事・気体がする仕事

一定の大きさ F [N] の力でピストンを押して気体を圧縮する場合，外部は気体に正の仕事 $W = Fx$ [J] をする (x [m] はピストンの移動距離)。このとき，作用反作用の法則により，気体は外部に対し大きさ F [N] で逆向きの力を及ぼす。した

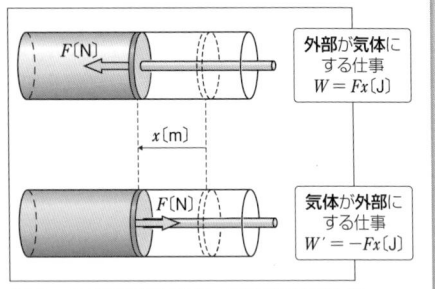

図A 気体にする仕事・気体がする仕事

がって，気体が外部にする仕事は $W' = -Fx$ [J] となる。つまり，一般に次の関係が成りたつ。

$$W' = -W$$

W'：気体が外部にする仕事　　W：外部が気体にする仕事
（気体がされる仕事）

❸**等温変化**　温度を一定に保って行う状態の変化を**等温変化**という。この場合，気体の圧力は体積に反比例する（ボイルの法則）（→ p.197）。

等温変化では，外部と熱のやりとりがあっても気体の内部エネルギーに変化はないので，次の式が成りたつ。

$$\Delta U = 0 \quad (37)$$
$$Q = -W \quad (38)$$

気体の等温膨張では，吸収した熱量 Q をすべて膨張によってした仕事 W' に使い，等温圧縮では，圧縮によってされた仕事 W をすべて熱量 Q' として外部に放出する。

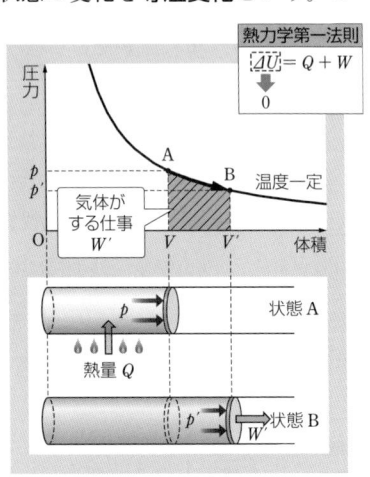

図34 等温変化（等温膨張）

問17. 理想気体に対し，温度一定のまま 75 J の熱量を与えた。このとき，気体がされる仕事 W [J] と，内部エネルギーの変化 $\varDelta U$ [J] を求めよ。

❹**断熱変化** 熱の出入りがないようにして行う状態の変化を**断熱変化**という。このときは次の式が成りたつ。

$$Q = 0 \tag{39}$$

$$\varDelta U = W \tag{40}$$

気体を断熱圧縮するとき，気体がされる仕事 W は正であるから，(40)式より $\varDelta U > 0$ である。ゆえに，内部エネルギーが増加するので，温度が上がる（→実験23 ❶）。反対に，気体を断熱膨張させるとき，気体がされる仕事 W は負であるから，(40)式より $\varDelta U < 0$ である。ゆえに，内部エネルギーが減少するので，温度が下がる（→実験23 ❷）。

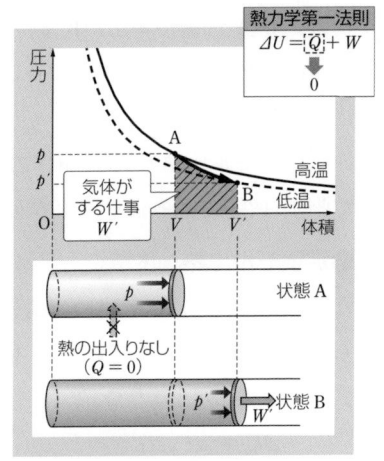

図35 断熱変化（断熱膨張）

問18. 断熱容器に気体を入れ，気体を膨張させた。気体がした仕事が 65 J のとき，内部エネルギーの変化は何 J か。

（実験）㉓ 断熱変化

❶**断熱圧縮による発火**
肉厚のガラス管の底に綿くずを少量入れ，ピストンを急激に押しこむ。このとき，断熱圧縮によって管内の空気の温度がきわめて高くなり，綿くずが燃えるようすを確認することができる。

❷**断熱膨張による水蒸気の凝縮**
少量の線香の煙を入れ，内側に水滴をつけたフラスコと，太い注射器をガスホースで結び，注射器のピストンを急激に引く。断熱膨張により空気の温度が下がり，水蒸気が凝縮する（雲の発生の原理）。
※❶，❷の実験は口絵⑧の写真を参照。

第Ⅱ章 気体のエネルギーと状態変化

D | 気体のモル比熱

物質1molの温度を1K高めるのに必要な熱量を**モル比熱**という。物質n〔mol〕の温度をΔT〔K〕高めるのに必要な熱量Q〔J〕は，モル比熱C〔J/(mol・K)〕を用いて次のように表される。

molar heat (capacity)

$$Q = nC\Delta T \tag{41}$$

気体のモル比熱の値は，気体の体積を一定に保つか，圧力を一定に保って膨張・収縮できるようにするか，などの条件によって異なる。

❶定積モル比熱　体積を一定に保つ場合のモル比熱を**定積モル比熱**（または**定容モル比熱**）といい，C_V〔J/(mol・K)〕で表す。このとき，外部から与えた熱量はすべて内部エネルギーの増加になるから（→p.209 (33)式），次の式が成りたつ。

$$\Delta U = nC_V \Delta T \tag{42}$$

[*1)]

❷定圧モル比熱　圧力を一定に保つ場合のモル比熱を**定圧モル比熱**といい，C_p〔J/(mol・K)〕で表す。このとき，気体が膨張し，外部に仕事をするから，(41)式と(36)式（→p.210）より

$$C_p = \frac{Q}{n\Delta T} = \frac{\Delta U}{n\Delta T} + \frac{p\Delta V}{n\Delta T} \tag{43}$$

気体が外部にした仕事は，(14)式（→p.201）より　$p\Delta V = nR\Delta T$（→p.210 脚注1）と表すことができる。これを(43)式に代入すると，次の式が得られる。

$$C_p = \frac{\Delta U}{n\Delta T} + R \tag{44}$$

気体の内部エネルギーは変化の過程に関係なく，温度だけで定まるから，(44)式に(42)式を代入すると，次の式が得られる。

$$C_p = C_V + R \tag{45}$$

これを**マイヤーの関係**という。気体の種類に関係なく，理想気体の定圧モル比熱は定積モル比熱より気体定数Rだけ大きくなる。

---

*1) 内部エネルギーの変化は気体の温度変化によって決まるので，(42)式は，定積変化に限らず成りたつ。また，単原子分子の気体に限らず，理想気体一般について成りたつ。

問 19. ある理想気体 1 mol を，圧力一定のもとで温度を 1 K 上昇させるために必要な熱量 Q [J] を求めよ。ただし，気体の定積モル比熱を 20.8 J/(mol·K)，気体定数を 8.3 J/(mol·K) とする。

❸ **単原子分子理想気体のモル比熱** 単原子分子理想気体の定積モル比熱は，(30)式 (→ p.207) と (42) 式を比較すると次のように求められる。

$$C_V = \frac{3}{2}R \quad (\fallingdotseq 12.5\,\mathrm{J/(mol\cdot K)}) \tag{46}$$

定圧モル比熱は，(45)，(46) 式より次のようになる。

$$C_p = \frac{5}{2}R \quad (\fallingdotseq 20.8\,\mathrm{J/(mol\cdot K)}) \tag{47}$$

表5 モル比熱の実測値

物質	C_V	C_p
ヘリウム He	12.5	20.8
アルゴン Ar	12.5	20.8
ネオン Ne	12.7	20.8

※ 300 K のときの値 (単位は J/(mol·K))

❹ **比熱比** 定圧モル比熱 C_p と定積モル比熱 C_V の比

$$\overset{\text{ガンマ}}{\gamma} = \frac{C_p}{C_V} \tag{48}$$

のことを**比熱比**という。単原子分子理想気体では次のようになる。
specific-heat ratio

$$\gamma = \frac{5/2}{3/2} = \frac{5}{3} \tag{49}$$

理想気体では，断熱変化するときの圧力 p [Pa] と体積 V [m³] には

$$pV^\gamma = \text{一定} \tag{50}$$

の関係があることが知られている。これを**ポアソンの法則**という。(50) 式を用いて，単原子分子理想気体での断熱変化を表す p-V 図をかくと，図36の実線のようになる。これと等温変化のグラフ ($pV =$ 一定) とを比較すると，気体が同じ状態から等しい体積だけ変化する場合，等温変化より断熱変化のほうが圧力の変化が大きいことがわかる。

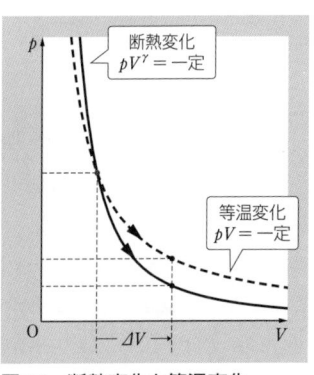

図36 断熱変化と等温変化

問 20. 理想気体を断熱圧縮し，体積を $\frac{1}{n}$ 倍にしたとき，気体の圧力は何倍になるか。比熱比を γ とする。

■参考■ 二原子分子理想気体の内部エネルギーとモル比熱

単原子分子理想気体1mol当たりの内部エネルギーは，p.207(29)式より $\frac{3}{2}RT$ である。これは内部エネルギーが3方向 (x, y, z) の運動で決まり，1方向当たり $\frac{1}{2}RT$ の運動エネルギーをもつことによる。

二原子分子理想気体の場合は，温度が上昇すると，重心の運動(並進運動)のほかに図Aのような回転運動の効果が加わる。回転運動に対しても，1つの軸方向当たり $\frac{1}{2}RT$ の運動エネルギーをもつことが知られている。よって，このときの二原子分子理想気体1mol当たりの内部エネルギーは，重心の運動エネルギー $\frac{1}{2}RT \times 3$ と回転の運動エネルギー $\frac{1}{2}RT \times 2$ の和，すなわち $\frac{5}{2}RT$ となる。したがって，二原子分子理想気体 n [mol]の内部エネルギー U [J]は次のように表される。

$$U = \frac{5}{2}nRT \quad \text{(A)}$$

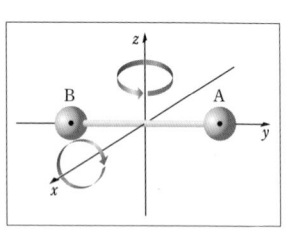

図A 二原子分子の回転運動
原子A，Bからなる二原子分子の重心を通り，分子軸ABに垂直な2つの軸 (x, z) のまわりの回転運動も，内部エネルギーに寄与する。

このときの，二原子分子理想気体の定積モル比熱 C_V [J/(mol·K)]，定圧モル比熱 C_p [J/(mol·K)]は，単原子分子のときと同様に考えて

$$C_V = \frac{5}{2}R, \qquad C_p = \frac{7}{2}R \quad \text{(B)}$$

と求められる。

なお，温度がさらに上昇すると，原子間の振動運動の効果も加わり，二原子分子理想気体の内部エネルギーやモル比熱はさらに増加することが知られている(図B)。

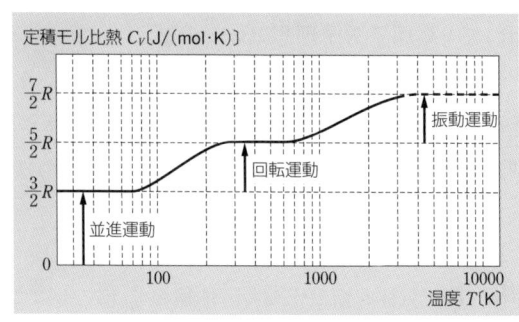

図B 水素分子気体の定積モル比熱の温度変化

216 | 第2編 熱と気体

4 | 不可逆変化と熱機関

A | 不可逆変化

　氷を暖かい部屋に置いておくと，氷は周囲から熱を吸収し，やがてとけて水になる。しかし，逆に水が部屋に熱を放出して氷にもどることはない(図37)。

　あらい面上で物体をすべらせると，物体の運動エネルギーは摩擦熱になり，やがて止まる。しかし，逆に物体が自然に熱を吸収して動きだすことはない。

図37　不可逆変化の例

　このように，外部から何らかの操作をしないかぎり，初めの状態にもどすことができない変化を**不可逆変化**という[*2)]。一般に，熱が関与する現象は不可逆変化である。

B | 熱機関と熱効率

❶熱機関　蒸気機関や自動車のエンジンのように，熱の吸収，放出をくり返して熱を仕事に変換する装置を**熱機関**という[*3)]。

　気体の状態が，ある状態AからA→B→C→D→Aのようにいろいろな状態を経てもとの状態Aにもどるとき，この状態変化をサイクルという。サイクルは熱機関のモデルとして考えることができる。次ページ図38のような定積変化と定圧変化を組み合わせたサイクルを考えてみよう。

---

*1) 例えば図37の場合，水を氷にもどすには冷凍庫に入れて冷やすなどの操作が必要となる。
*2) 振り子の運動(→p.106 図95 ⓐ)は，摩擦や空気の抵抗が無視できる場合には，外部からの操作なく初めの状態にもどることができる。このような変化を**可逆変化**という。
*3) 熱機関とは逆に，外部からの仕事により低温の物体から高温の物体へ熱を移動させる装置のことを**ヒートポンプ**という(→p.192)。

第Ⅱ章　気体のエネルギーと状態変化　| 217

このサイクルでは，1回のくり返しで，気体は高温の物体から熱量 $Q_1 = Q_{AB} + Q_{BC}$ を吸収し，低温の物体へ熱量 $Q_2 = Q_{CD} + Q_{DA}$ を放出する。また，気体は外部に対し仕事 $W' = W_{BC} - W_{DA}$ をし，その大きさは同図ⓑの経路で囲まれた面積（▨）に等しい。

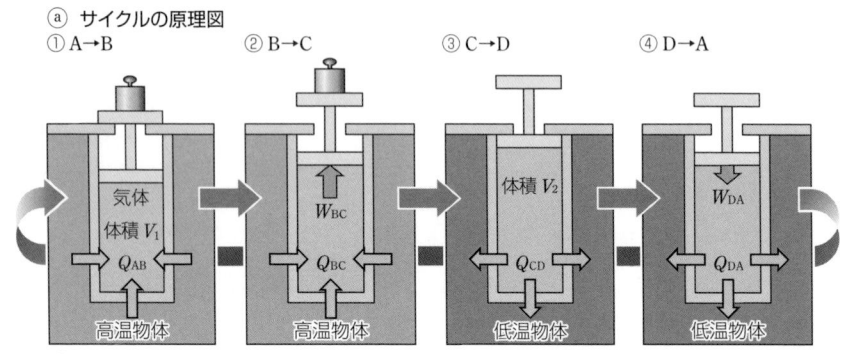

ⓐ サイクルの原理図
① A→B　② B→C　③ C→D　④ D→A

ⓑ サイクルの p-V 図

気体がする仕事
$W' = W_{BC} - W_{DA}$

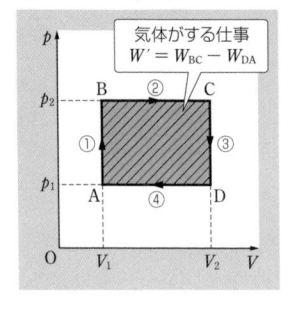

図38　定積変化と定圧変化からなるサイクル

①定積加圧（A→B）：おもりをピストンにのせる。高温物体から熱量 Q_{AB} を吸収させて，静止しているピストンが上に動きだすまで圧力を増加させる。体積は V_1 である。

②定圧膨張（B→C）：さらに熱量 Q_{BC} を吸収させ，体積が V_2 になるまで圧力一定の状態で体積を増加させる。気体のする仕事 W_{BC} によりピストンとおもりは上昇する。

③定積減圧（C→D）：おもりをピストンからおろす。低温物体に熱量 Q_{CD} を放出させて，静止しているピストンが下に動きだすまで圧力を減少させる。体積は V_2 である。

④定圧圧縮（D→A）：さらに熱量 Q_{DA} を放出させて，体積が V_1 になるまで圧力一定の状態で体積を減少させ，もとの状態にもどす。気体は外部より仕事 W_{DA} をされ，ピストンは下降する。

①～④の状態変化をくり返す。

❷熱効率　一般に熱機関は，高温の物体から熱量 Q_1〔J〕を吸収し，その一部を仕事 W'〔J〕に変換して残りの熱量 Q_2〔J〕を低温の物体に放出する。サイクルを1周するともとの状態にもどるので内部エネルギーの変化 ΔU は 0 である。気体が吸収した熱量は $Q = Q_1 - Q_2$，気体がされた仕事は $W = -W'$ であるから，熱力学第一法則（→p.209 (31)式）より

$$\Delta U = (Q_1 - Q_2) - W' = 0 \tag{51}$$

となる。したがって，次の関係が成りたつ。

$$W' = Q_1 - Q_2 \tag{52}$$

高温の物体から吸収した熱量 Q_1 のうち，仕事 W' に変換された割合 e を**熱効率**(**熱機関の効率**)(thermal efficiency)という。熱機関は必ず低温の物体へ熱量 Q_2 を放出する。よって，常に $e < 1$ となる。

熱効率

$$e = \frac{W'}{Q_1} = \frac{Q_1 - Q_2}{Q_1} \tag{53}$$

- e 　熱効率(thermal efficiency)
- W'〔J〕　熱機関がする仕事(work)
- Q_1〔J〕　高温の物体から吸収する熱量 (heat quantity)
- Q_2〔J〕　低温の物体へ放出する熱量 (heat quantity)

問21． 熱機関が，高温の物体から熱量 500 J を吸収し，低温の物体に熱量 425 J を放出した。得られた仕事 W'〔J〕と，熱効率 e を求めよ。

コラム　永久機関

一度動かすと，外部からエネルギーを与えなくても永久に仕事を続ける装置を永久機関(**第一種永久機関**)という。古くから多くの人が永久機関の製作を試みたが，すべて失敗に終わっている。現在では，永久機関の実現は不可能であることがわかっている。[*1]

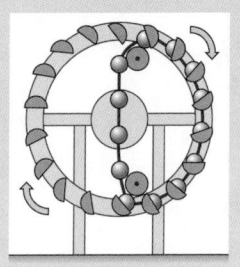

図A　第一種永久機関の失敗例

[*1] 熱は，高温の物体から低温の物体へ移動し，自然に低温の物体から高温の物体へ移動することはない。これを**熱力学第二法則**という。熱力学第二法則は，「熱をすべて仕事に変える，すなわち，熱効率が 1 (100%) の熱機関は存在しない」(このような熱機関を**第二種永久機関**という)と表現することもあり，これらの表現は同等であることが知られている。

特 集

p-V図の見方

気体の状態変化を考えるときは，p-V図をかき，気体の状態がその図上でどのように変化していくかを考えると有用なことが多い。ここでは，p-V図の見方やその利用法について学習する。

● p-V図と温度

気体の状態変化の説明で，横軸に体積V，縦軸に圧力pをとったグラフがよく出てくるのですが，見方がよくわかりません…

p-V図ですね。例えば，理想気体 1.0 mol が，状態 1 にあったとします。状態 1 を図A ⓐ にプロットしてみました。
グラフより，体積$V = 2.5 \times 10^{-2}$ m³，圧力$p = 1.0 \times 10^5$ Pa が読み取れます。では，このときの気体の温度T〔K〕は？

はい。状態方程式「$pV = nRT$」を用いて
$$T = \frac{pV}{nR} = \frac{(1.0 \times 10^5) \times (2.5 \times 10^{-2})}{1.0 \times 8.31}$$
$$\fallingdotseq 3.0 \times 10^2 \text{ K}$$

正解です！ では，p-V図上で，状態 1 と同じ温度にある点はどこでしょう？

温度が一定のときは，ボイルの法則「pV＝一定」が成りたつから，同図 ⓑ のような反比例のグラフ上にある点はすべて状態 1 と同じ温度になります。

正解です！ また，温度Tは，圧力pと体積Vの積に比例しますから，同図 ⓑ の反比例のグラフは，温度が高くなると右上へ，低くなると左下に移動します。つまり，グラフをはさんで右上の点は状態 1 より高温，左下の点は状態 1 より低温，ということもわかります(同図 ⓒ)。このように，p-V図からは，温度の高低の関係も読み取ることができます。

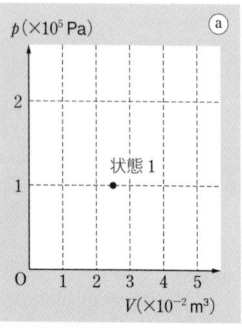

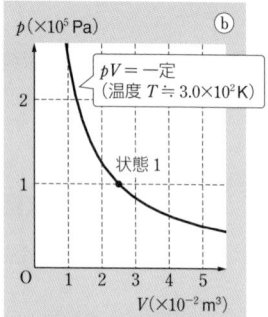

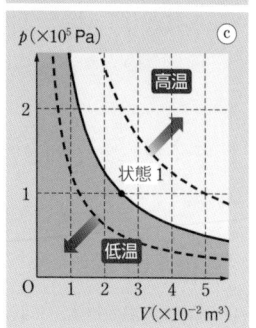

図A　1 mol の理想気体の p-V図

● 気体がする仕事

さて，状態1にある理想気体を，圧力一定のまま加熱し，体積を 4.0×10^{-2} m³ に膨張させるとします。この変化は p-V 図上でどのように表されますか？

図Bのように，V 軸に平行に，右向きに進みます。

そうですね。では，この間に気体が外部にする仕事 W' 〔J〕は？

はい。「$W' = p\Delta V$」で求められるから
$W' = (1.0 \times 10^5)$
　　　$\times (4.0 \times 10^{-2} - 2.5 \times 10^{-2})$
　　$= 1.5 \times 10^3$ J

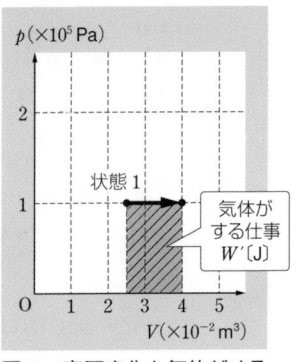

図B　定圧変化と気体がする仕事

正解です！ここで，図Bの斜線の部分（▨）の面積が W' に等しいことに注目してください。つまり，**気体がする仕事 W' は，p-V 図上で気体の状態変化を表すグラフが V 軸との間につくる面積に等しくなります。**

逆に，気体が圧縮される，すなわち，図B上で左向きに移動するようなケースでは，気体がする仕事は負です。この場合，グラフが V 軸との間につくる面積に負の符号をつけたものが，気体がする仕事になります。

これは，定圧変化に限らず，等温変化，断熱変化など，どのような状態変化でも成りたちます。

問A.　理想気体に対して次のいずれかの操作をし，その体積を2倍にしたい。
　操作1　圧力を一定に保ったまま膨張させる
　操作2　温度を一定に保ったまま膨張させる
　操作3　外部との熱のやりとりを遮断して膨張させる

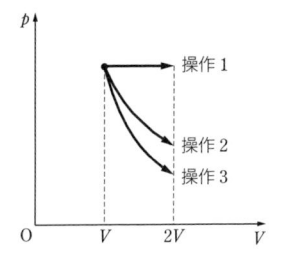

(1) 操作後の理想気体の温度をそれぞれ T_1, T_2, T_3 とするとき，これらの大小関係を求めよ。
(2) 操作中に理想気体がする仕事をそれぞれ W_1', W_2', W_3' とするとき，これらの大小関係を求めよ。
(3) 操作中に理想気体が吸収する熱量をそれぞれ Q_1, Q_2, Q_3 とするとき，これらの大小関係を求めよ。

第Ⅱ章　気体のエネルギーと状態変化

例題 5. **気体の状態変化・熱効率**

単原子分子理想気体 n [mol] に対して、図の 4 つの過程をくり返して状態を変化させた。状態 A の気体の温度を T_A [K]、気体定数を R [J/(mol·K)] として、次の各量を n, R, T_A を用いて表せ。

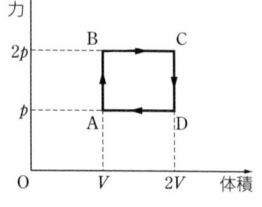

(1) 状態 B, C, D の温度 T_B, T_C, T_D [K]
(2) A→B→C→D→A の変化で、気体が吸収する熱量 Q_1 [J] と、放出する熱量 Q_2 [J]
(3) このサイクルを熱機関とみなしたときの熱効率 e (分数で答えてよい)

解

(1) ボイル・シャルルの法則 (→ p.199 (12) 式) より、温度は、定積変化では圧力に比例し、定圧変化では体積に比例する。

$$T_B = 2T_A \text{[K]}, \quad T_C = 2T_B = 4T_A \text{[K]}, \quad T_D = \frac{1}{2}T_C = 2T_A \text{[K]}$$

(2) 各過程で気体が得る熱量を $Q_{A \to B}$ [J] のように表す。
A→B, C→D は定積変化であるから、定積モル比熱 $\left\lceil C_V = \frac{3}{2}R \right\rfloor$ (→ p.215 (46) 式) を用いて

$$Q_{A \to B} = \frac{3}{2}nR(T_B - T_A) = \frac{3}{2}nRT_A$$

$$Q_{C \to D} = \frac{3}{2}nR(T_D - T_C) = -3nRT_A$$

B→C, D→A は定圧変化であるから、定圧モル比熱 $\left\lceil C_p = \frac{5}{2}R \right\rfloor$ (→ p.215 (47) 式) を用いて

$$Q_{B \to C} = \frac{5}{2}nR(T_C - T_B) = 5nRT_A$$

$$Q_{D \to A} = \frac{5}{2}nR(T_A - T_D) = -\frac{5}{2}nRT_A$$

以上より $Q_1 = Q_{A \to B} + Q_{B \to C} = \dfrac{13}{2}nRT_A$ [J]

$$Q_2 = -(Q_{C \to D} + Q_{D \to A}) = \frac{11}{2}nRT_A \text{ [J]}$$

(3) 「$e = \dfrac{Q_1 - Q_2}{Q_1}$」(→ p.219 (53) 式) より $e = \dfrac{\dfrac{13}{2} - \dfrac{11}{2}}{\dfrac{13}{2}} = \dfrac{2}{13}$

類題 5. 単原子分子理想気体に対して、図の 4 つの過程をくり返して状態を変化させた。このサイクルを熱機関とみなしたとき、1 サイクルで気体が吸収する熱量 Q_1 [J]、放出する熱量 Q_2 [J]、気体が外部にする仕事 W' [J] を p, V で表せ。また、熱効率 e を求めよ (e は分数で答えてよい)。

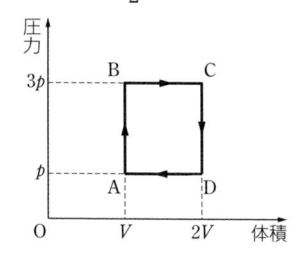

物理の小径

真空・大気圧と気体の法則

　古代，アリストテレス（ギリシャ，BC384～322）は，空虚な空間（真空のこと）では方向が区別できないから「自然は真空を嫌う」といって，真空を否定した。彼の思想は近代科学が成立するまで，スコラ哲学としてヨーロッパの人々の自然観を支配したので，中世までの人々は真空の存在を認めなかった。

　しかし，ローマ時代以来，水の輸送に使われてきたサイフォンが，あまり高い丘をこえるとはたらかないことは経験的に知られていた。

　また，ガリレイは，「新科学対話」の中で，10mより深い井戸ではポンプがはたらかない理由を説明するのに，真空の存在を示唆していた。

　近世に入って真空の存在や空気の圧力が認識され始め，真空を作る実験が行われた。

　図Aのように，長さ10mもの鉛の管の上端にコックのついたガラス瓶を取りつけ，下端に栓をして水を満たし，水の入った桶に入れ，上端のコックを閉じた後，下端の栓を開ける。すると，管内の水が下がり上端のコックとの間にすきまができた。上部には何もなかったので，このすきまは真空であるはずと考えられた。

　この実験をもっと手軽にしたのがトリチェリー（イタリア，1608～1647）である。彼は水より密度の大きい水銀は水よりずっと低い高さまでしか上がらないだろう予想した。

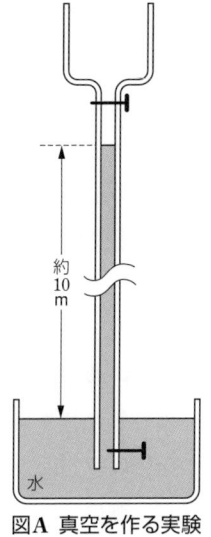

図A 真空を作る実験
（水を用いる）

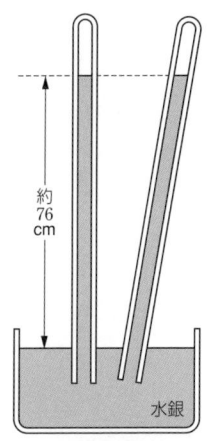

図B 真空を作る実験
（水銀を用いる）
―トリチェリーの実験―

図Bのように，水銀で満たした1mほどのガラス管を逆さまにして水銀の入った槽に管口を入れると，管内の水銀は少し下がって水銀柱の高さは約76cmになった。

　トリチェリーは，水銀柱が下がってこないのは，水銀柱の上部は真空で圧力がなく，大気圧が水銀槽の液面を圧して水銀柱を支えているからだと主張した(1643)。

　大気圧を証明するためにさらに実験を行ったのはパスカル(フランス，1623～1662)である。彼は太いガラス管と細いガラス管を図Cのように組みたててトリチェリーの実験を行った(真空中の真空の実験)。

　細い管の栓を開けると，管を満たしていた水銀は中にとどまらず，太い管の水銀面まで落ちた。彼は，太い管の上部は真空で圧力がないから，細い管の中の水銀を支えておくことができないと説明した。

　彼はまた高い山の上でトリチェリーの実験を行い，水銀柱の高さが地表よりも低くなることを確かめた。これは，高い山の上では大気圧が低いので水銀柱を支える力が小さいからと説明された(1648)。

　ゲーリケ(ドイツ，1602～1686)は，人々の前で次のような実験をして大気圧の大きさを示しびっくりさせた(1654)。ゲーリケはマグデブルクの市長をしていたので，この実験はマグデブルクの実験とよばれた(図D)。

　直径約25cmの2つの銅製の半球を向かいあわせて押しつけ，中の空気をポンプで抜く。すると，両側で合計16頭の馬で引っ張らなければ半球を引き離すことができなかった。これは大気圧が外側から球を押しつけているからであると説明した。

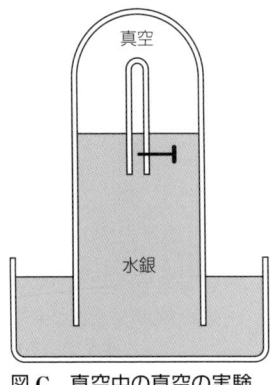

図C　真空中の真空の実験

真空の存在と大気の圧力が認められていくのに伴い，空気が弾性をもつこともわかってきた。しぼんだ鯉の浮き袋はトリチェリーの真空中でふくれあがる。空気はみずから膨張しようとする性質をもっているのである。

図D　マグデブルクの実験

　ボイル（イギリス，1627〜1691）はこのことを定量的に調べた。

　図Eのように，片方をふさいだU字管の開いている口から水銀を入れ閉じこめられた空気を圧縮し，空気の部分の長さh_1と両方の水銀面の高さの差h_2を測定した。すると，大気圧に相当するトリチェリーの水銀柱の高さをh_0として，h_1はh_0+h_2に反比例することがわかった。h_1は空気の体積に比例し，h_0+h_2は閉じこめられた空気の圧力に比例する。こうしてボイルの法則が発見された（1662）。

　その後さらに気体の熱的性質が調べられていき，シャルル（フランス，1746〜1823）はシャルルの法則を発見し（1787），ラヴォアジエは気体の燃焼理論を唱え（1778），熱容量の正確な測定を行った。ドルトンは，断熱膨張で温度が下がり，断熱圧縮で温度が上がることを発見し（1802），ゲー・リュサック（フランス，1778〜1850）は気体の真空中への断熱膨張で温度が変わらないことを発見した（1807）。

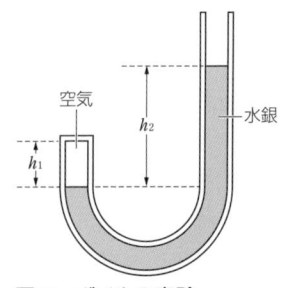

図E　ボイルの実験

本文の資料

1. 物理のための数学の知識
（分数の分母はすべて 0 でないとする）

A．数式に関する知識

❶分数の計算

・分数の意味 　$\dfrac{a}{b} = a \div b = a \times \dfrac{1}{b}$

・約分 　$\dfrac{ab}{ac} = \dfrac{b}{c}$

・分数どうしの加法・減法（通分）

$$\dfrac{a}{b} + \dfrac{c}{d} = \dfrac{ad+bc}{bd}$$

$$\dfrac{a}{b} - \dfrac{c}{d} = \dfrac{ad-bc}{bd}$$

・分数どうしの乗法・除法

$$\dfrac{a}{b} \times \dfrac{c}{d} = \dfrac{ac}{bd}$$

$$\dfrac{a}{b} \div \dfrac{c}{d} = \dfrac{a}{b} \times \dfrac{d}{c} = \dfrac{ad}{bc}$$

・分数の分数

$$\dfrac{\dfrac{a}{b}}{\dfrac{c}{d}} = \dfrac{a}{b} \div \dfrac{c}{d} = \dfrac{a}{b} \times \dfrac{d}{c} = \dfrac{ad}{bc}$$

❷平方根の計算

・平方根の性質 　$a \geqq 0$ のとき

$(\sqrt{a})^2 = a, \quad \sqrt{a} \geqq 0, \quad \sqrt{a^2} = a$

・平方根の公式 $(a>0,\ b>0)$

$\sqrt{a}\sqrt{b} = \sqrt{ab}, \quad \dfrac{\sqrt{a}}{\sqrt{b}} = \sqrt{\dfrac{a}{b}}$

$\sqrt{k^2 a} = k\sqrt{a}$ 　（ただし $k>0$）

・分母の有理化

$$\dfrac{a}{\sqrt{b}} = \dfrac{a}{\sqrt{b}} \times \dfrac{\sqrt{b}}{\sqrt{b}} = \dfrac{a\sqrt{b}}{\sqrt{b} \times \sqrt{b}} = \dfrac{a\sqrt{b}}{b}$$

❸比の計算 　外項の積 ＝ 内項の積

$a:b = c:d$ 　のとき 　$ad = bc$

❹因数分解のおもな公式

$a^2 + 2ab + b^2 = (a+b)^2$

$a^2 - 2ab + b^2 = (a-b)^2$

$a^2 - b^2 = (a+b)(a-b)$

$x^2 + (a+b)x + ab = (x+a)(x+b)$

$acx^2 + (ad+bc)x + bd = (ax+b)(cx+d)$

❺2次方程式の解の公式

$ax^2 + bx + c = 0$ の解 $(a \neq 0)$

$$x = \dfrac{-b \pm \sqrt{b^2 - 4ac}}{2a}$$

$ax^2 + 2b'x + c = 0$ の解 $(a \neq 0)$

$$x = \dfrac{-b' \pm \sqrt{b'^2 - ac}}{a}$$

❻相加平均と相乗平均

$$\dfrac{a+b}{2} \geqq \sqrt{ab} \quad (a \geqq 0,\ b \geqq 0)$$

❼数列・級数

$1 + 2 + 3 + \cdots\cdots + n = \dfrac{1}{2}n(n+1)$

$a + ar + ar^2 + \cdots\cdots + ar^{n-1}$

$\quad = \dfrac{a(1-r^n)}{1-r} \quad (r \neq 1)$

$a + ar + ar^2 + \cdots\cdots$

$\quad = \dfrac{a}{1-r} \quad (|r|<1 のとき)$

❽指数 　$a \neq 0,\ b \neq 0$ で，$m,\ n$ が整数のとき，次の関係が成りたつ。

$a^0 = 1, \quad a^{\frac{1}{2}} = \sqrt{a}, \quad a^{-n} = \dfrac{1}{a^n}$

$a^m a^n = a^{m+n}, \quad (a^m)^n = a^{mn}$

$(ab)^n = a^n b^n$

$\dfrac{a^m}{a^n} = a^{m-n}, \quad \left(\dfrac{a}{b}\right)^n = \dfrac{a^n}{b^n}$

❾対数 　$a > 0,\ a \neq 1$ のとき，次の関係が成りたつ。

$x = a^y \Leftrightarrow y = \log_a x \quad (x>0)$

$\log_a a = 1, \quad \log_a 1 = 0$

$\log_a x^n = n \log_a x \quad (x>0)$

$\log_a x_1 x_2 = \log_a x_1 + \log_a x_2 \ \begin{cases} x_1 > 0 \\ x_2 > 0 \end{cases}$

$\log_a \dfrac{x_1}{x_2} = \log_a x_1 - \log_a x_2$

$\log_a x = \dfrac{\log_b x}{\log_b a} \quad (x>0,\ b>0,\ b \neq 1)$

B. 図形に関する知識

❶ 平行線と角

$\theta_1 = \theta_2$ （対頂角）

$\theta_1 = \theta_3$ （同位角）

$\theta_2 = \theta_3$ （錯角）

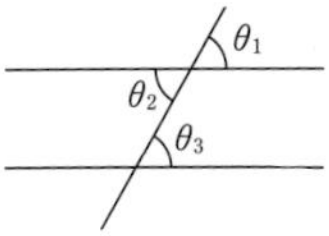

❷ 三平方の定理

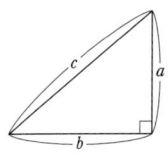

直角三角形の斜辺の長さの 2 乗は，他の 2 辺の長さの 2 乗の和に等しい。つまり，図の直角三角形において，次の関係式が成りたつ。

$$c^2 = a^2 + b^2$$

❸ 三角形の合同条件 次の①〜③のいずれか 1 つが成りたてば，2 つの三角形は合同である。

① 3 組の辺がそれぞれ等しい。
 $(a = a',\ b = b',\ c = c')$

② 2 組の辺とそのはさむ角がそれぞれ等しい。
 （例 $b = b',\ c = c',\ \angle A = \angle A'$）

③ 1 組の辺とその両端の角がそれぞれ等しい。
 （例 $a = a',\ \angle B = \angle B',$
    $\angle C = \angle C'$）

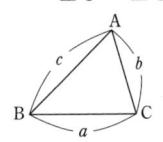

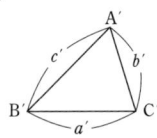

❹ 三角形の相似条件 次の①〜③のいずれか 1 つが成りたてば，2 つの三角形は相似である。

① 3 組の辺の比がすべて等しい。
 $(a : a' = b : b' = c : c')$

② 2 組の辺の比とそのはさむ角がそれぞれ等しい。
 （例 $b : b' = c : c',\ \angle A = \angle A'$）

③ 2 組の角がそれぞれ等しい。
 （例 $\angle A = \angle A',\ \angle B = \angle B'$）

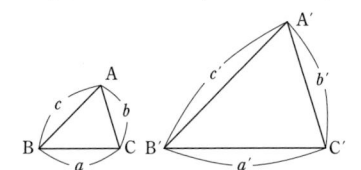

❺ 面積・表面積・体積

・三角形の面積

$$S = \frac{1}{2}ah$$

・台形の面積

$$S = \frac{1}{2}(a + b)h$$

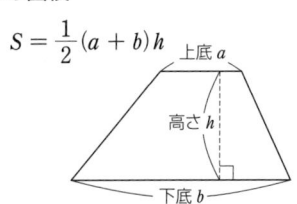

・円の面積

$$S = \pi r^2$$

・だ円の面積

$$S = \pi ab$$

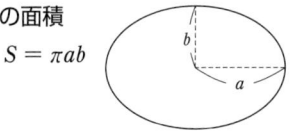

・球の表面積と体積

表面積 $S = 4\pi r^2$

体積 $V = \dfrac{4}{3}\pi r^3$

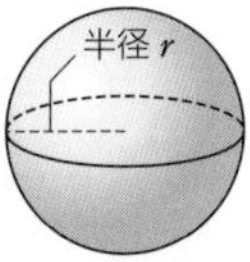

C. 三角比と三角関数

❶三角比 図に示すような直角三角形ABC（∠Cが直角）において，∠Aの大きさをθとするとき

① $\dfrac{対辺}{斜辺}$ を，角θの正弦（**sine**）といい，$\sin\theta$と表す。

② $\dfrac{底辺}{斜辺}$ を，角θの余弦（**cosine**）といい，$\cos\theta$と表す。

③ $\dfrac{対辺}{底辺}$ を，角θの正接（**tangent**）といい，$\tan\theta$と表す。

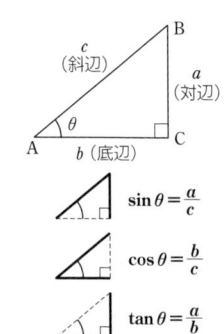

$\sin\theta = \dfrac{a}{c}$

$\cos\theta = \dfrac{b}{c}$

$\tan\theta = \dfrac{a}{b}$

問1. 図の三角形において，$\sin\theta_1$, $\cos\theta_1$, $\tan\theta_1$の値，および，$\sin\theta_2$, $\cos\theta_2$, $\tan\theta_2$の値を求めよ（分数で答えてよい）。

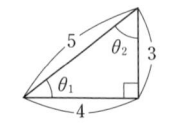

❷三角関数 直角三角形を形成するには$0° < \theta < 90°$でなければならないが，座標平面を用いると，三角比をすべての角に拡張して考えることができる。

図のように，原点Oを中心とする単位円（半径1の円）の上に，点$P(x, y)$をとる。また，x軸上の線分OXから線分OPまでの回転角をθとする（反時計回りのときを正，時計回りのときを負）。

このとき，角θに対する正弦（$\sin\theta$），余弦（$\cos\theta$），正接（$\tan\theta$）を，次のように定義する。

$$\sin\theta = y, \quad \cos\theta = x, \quad \tan\theta = \dfrac{y}{x}$$

（ただし，$x = 0$のときは$\tan\theta$を定義しない）

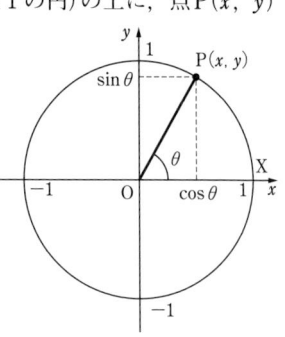

θ	$0°\ (0)$	$30°\ \left(\dfrac{\pi}{6}\right)$	$45°\ \left(\dfrac{\pi}{4}\right)$	$60°\ \left(\dfrac{\pi}{3}\right)$	$90°\ \left(\dfrac{\pi}{2}\right)$	$120°\ \left(\dfrac{2}{3}\pi\right)$
$\sin\theta$	0	$\dfrac{1}{2}$	$\dfrac{1}{\sqrt{2}}$	$\dfrac{\sqrt{3}}{2}$	1	$\dfrac{\sqrt{3}}{2}$
$\cos\theta$	1	$\dfrac{\sqrt{3}}{2}$	$\dfrac{1}{\sqrt{2}}$	$\dfrac{1}{2}$	0	$-\dfrac{1}{2}$
$\tan\theta$	0	$\dfrac{1}{\sqrt{3}}$	1	$\sqrt{3}$		$-\sqrt{3}$

これらはいずれも，角 θ の関数であり，**三角関数**という。$0° < \theta < 90°$ の範囲で，三角関数の値は三角比の値と一致している。

また，$-1 \leqq x \leqq 1$，$-1 \leqq y \leqq 1$ であるから，$\sin\theta$，$\cos\theta$ の範囲は

$-1 \leqq \sin\theta \leqq 1$

$-1 \leqq \cos\theta \leqq 1$

となる。

三角関数 $y = \sin\theta$ および $y = \cos\theta$ のグラフは，図のようになる。このような曲線を**正弦曲線**という。

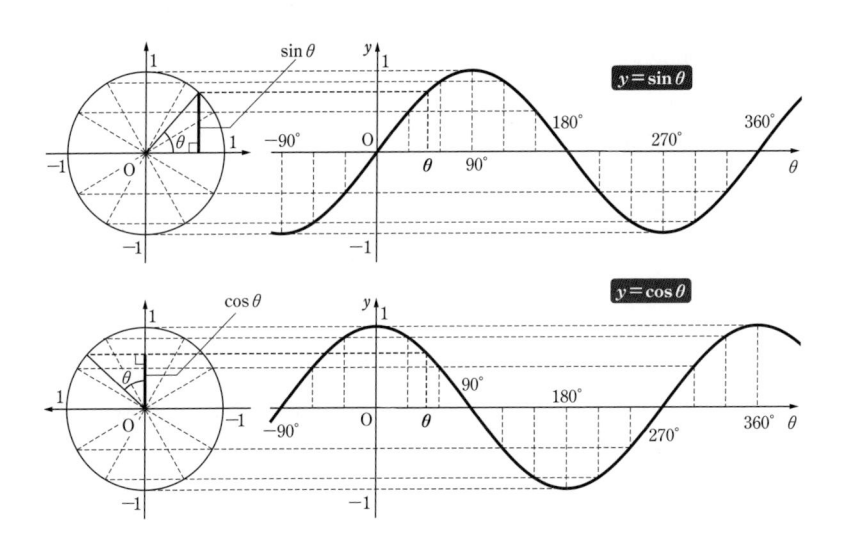

三角関数の値の例
（　）は，弧度法で表した角度。

$135° \left(\dfrac{3}{4}\pi\right)$	$150° \left(\dfrac{5}{6}\pi\right)$	$180°\,(\pi)$	$270° \left(\dfrac{3}{2}\pi\right)$	$360°\,(2\pi)$
$\dfrac{1}{\sqrt{2}}$	$\dfrac{1}{2}$	0	-1	0
$-\dfrac{1}{\sqrt{2}}$	$-\dfrac{\sqrt{3}}{2}$	-1	0	1
-1	$-\dfrac{1}{\sqrt{3}}$	0	—	0

❸ 三角関数のおもな公式

・三角関数の相互関係

$$\tan\theta = \frac{\sin\theta}{\cos\theta}$$

$$\sin^2\theta + \cos^2\theta = 1$$

$$1 + \tan^2\theta = \frac{1}{\cos^2\theta}$$

・$(\theta + 2n\pi)$ の三角関数
   　　　　　(n は整数)

$$\sin(\theta + 2n\pi) = \sin\theta$$
$$\cos(\theta + 2n\pi) = \cos\theta$$
$$\tan(\theta + 2n\pi) = \tan\theta$$

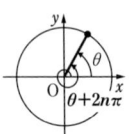

・$(-\theta)$ の三角関数

$$\sin(-\theta) = -\sin\theta$$
$$\cos(-\theta) = \cos\theta$$
$$\tan(-\theta) = -\tan\theta$$

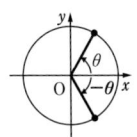

・$(\theta + \pi)$ の三角関数

$$\sin(\theta + \pi) = -\sin\theta$$
$$\cos(\theta + \pi) = -\cos\theta$$
$$\tan(\theta + \pi) = \tan\theta$$

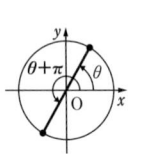

・$\left(\theta + \dfrac{\pi}{2}\right)$ の三角関数

$$\sin\left(\theta + \frac{\pi}{2}\right) = \cos\theta$$
$$\cos\left(\theta + \frac{\pi}{2}\right) = -\sin\theta$$
$$\tan\left(\theta + \frac{\pi}{2}\right) = -\frac{1}{\tan\theta}$$

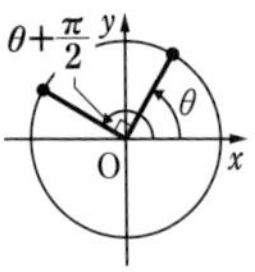

・加法定理

$$\sin(\alpha+\beta) = \sin\alpha\cos\beta + \cos\alpha\sin\beta$$
$$\sin(\alpha-\beta) = \sin\alpha\cos\beta - \cos\alpha\sin\beta$$
$$\cos(\alpha+\beta) = \cos\alpha\cos\beta - \sin\alpha\sin\beta$$
$$\cos(\alpha-\beta) = \cos\alpha\cos\beta + \sin\alpha\sin\beta$$

・2倍角の公式

$$\sin 2\alpha = 2\sin\alpha\cos\alpha$$
$$\cos 2\alpha = \cos^2\alpha - \sin^2\alpha$$
$$= 1 - 2\sin^2\alpha$$
$$= 2\cos^2\alpha - 1$$

・和と積の公式

$$\sin\alpha\cos\beta = \frac{1}{2}\{\sin(\alpha+\beta) + \sin(\alpha-\beta)\}$$

$$\cos\alpha\sin\beta = \frac{1}{2}\{\sin(\alpha+\beta) - \sin(\alpha-\beta)\}$$

$$\cos\alpha\cos\beta = \frac{1}{2}\{\cos(\alpha+\beta) + \cos(\alpha-\beta)\}$$

$$\sin\alpha\sin\beta = -\frac{1}{2}\{\cos(\alpha+\beta) - \cos(\alpha-\beta)\}$$

$$\sin A + \sin B = 2\sin\frac{A+B}{2}\cos\frac{A-B}{2}$$

$$\sin A - \sin B = 2\cos\frac{A+B}{2}\sin\frac{A-B}{2}$$

$$\cos A + \cos B = 2\cos\frac{A+B}{2}\cos\frac{A-B}{2}$$

$$\cos A - \cos B = -2\sin\frac{A+B}{2}\sin\frac{A-B}{2}$$

・三角関数の合成

$$a\sin\theta + b\cos\theta = \sqrt{a^2+b^2}\sin(\theta+\alpha)$$

ただし　$\sin\alpha = \dfrac{b}{\sqrt{a^2+b^2}}$

　　　　$\cos\alpha = \dfrac{a}{\sqrt{a^2+b^2}}$

D. ベクトル

❶スカラーとベクトル 質量・速さ・温度などのように，大きさだけで定まる量を**スカラー**という。一方，力・速度・加速度のように，大きさと向きをもつ量を**ベクトル**という。

ベクトルは，その大きさに相当した長さの矢印をその向きに合わせて図示する。記号は $\vec{a}$ のように書き，その大きさは a または $|\vec{a}|$ で表す。

❷ベクトルの実数倍 k を正の実数とするとき，$k\vec{a}$ は，$\vec{a}$ と同じ向きで大きさ k 倍のベクトルになる。一方，k が負の実数の場合，$k\vec{a}$ は，$\vec{a}$ と逆向きで大きさ $|k|$ 倍のベクトルになる。

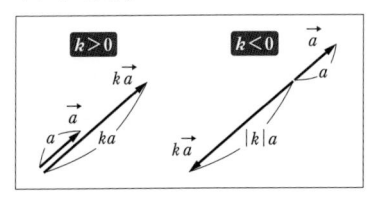

❸ベクトルの加法 2つのベクトル $\vec{a}$，$\vec{b}$ を合成したベクトルは，$\vec{a}$，$\vec{b}$ を隣りあう辺とする平行四辺形の対角線によって表される（**平行四辺形の法則**）。このように合成したベクトルを $\vec{a}+\vec{b}$ で表し，これを $\vec{a}$ と $\vec{b}$ の和という。

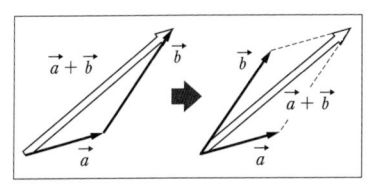

❹ベクトルの減法 $\vec{b}$ の向きを反対にしたベクトルを $-\vec{b}$ と表し，これを**逆ベクトル**という。$\vec{a}$ と $-\vec{b}$ との和 $\vec{a}+(-\vec{b})$ を $\vec{a}-\vec{b}$ で表し，これを $\vec{a}$ と $\vec{b}$ の差という。

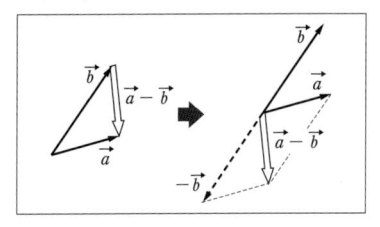

❺ベクトルの分解と成分 1つのベクトル $\vec{a}$ をいくつかのベクトルに分けることを，ベクトルの**分解**という。

ベクトルの分解方法は何通りもあるが，互いに直交する x 軸，y 軸方向に分解することが多い。それぞれの方向に分解されたベクトル $\vec{a_x}$，$\vec{a_y}$ の大きさに，向きを表す正・負の符号をつけた値 a_x，a_y を，それぞれ **x 成分**，**y 成分**という。

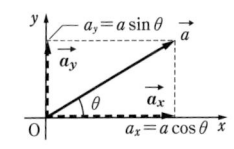

ベクトルは成分を用いて
$$\vec{a}=(a_x,\ a_y)$$
のように表すことができる。

$\vec{a}$（大きさ a）が x 軸の正の向きとなす角を θ とすると，a_x，a_y は
$$a_x=a\cos\theta,\quad a_y=a\sin\theta$$
と表される。また，$\vec{a}=(a_x,\ a_y)$，$\vec{b}=(b_x,\ b_y)$ の和 $\vec{c}=\vec{a}+\vec{b}$ の成分は，各成分の和で求められる。
$$c_x=a_x+b_x,\quad c_y=a_y+b_y$$

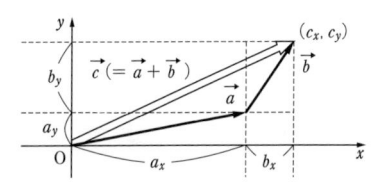

E．おもな関数のグラフ

❶ 1次関数

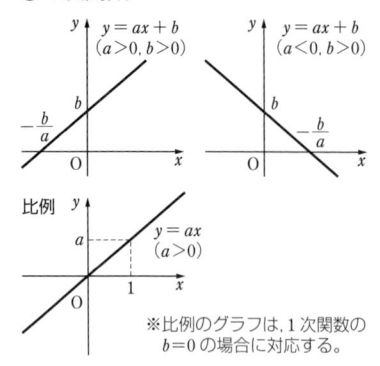

$y = ax + b$ ($a > 0, b > 0$)

$y = ax + b$ ($a < 0, b > 0$)

比例　$y = ax$ ($a > 0$)

※比例のグラフは，1次関数の $b = 0$ の場合に対応する。

❷ 反比例

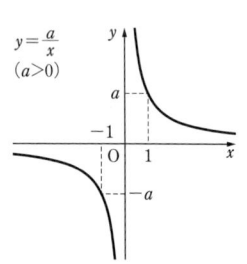

$y = \dfrac{a}{x}$ ($a > 0$)

❸ 2次関数

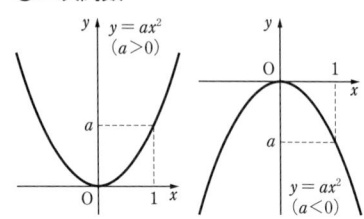

$y = ax^2$ ($a > 0$)

$y = ax^2$ ($a < 0$)

❹ 指数関数

$y = a^x$ ($a > 1$)

$y = a^x$ ($0 < a < 1$)

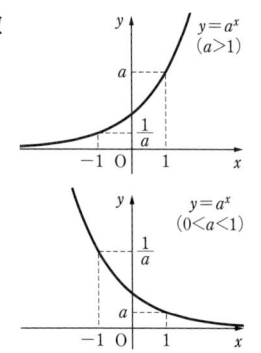

❺ 三角関数

※ x 軸の数値は，弧度法(rad)で示してある。

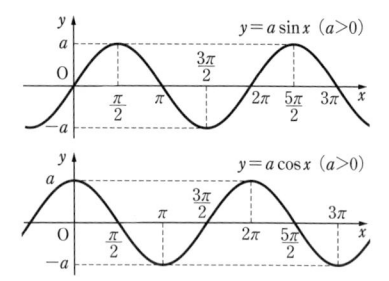

$y = a \sin x$ ($a > 0$)

$y = a \cos x$ ($a > 0$)

❻ 円

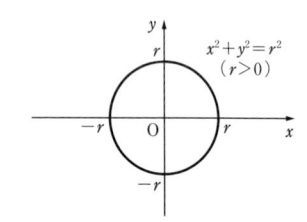

$x^2 + y^2 = r^2$ ($r > 0$)

❼ だ円

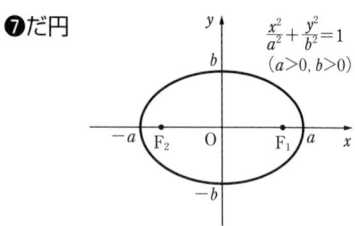

$\dfrac{x^2}{a^2} + \dfrac{y^2}{b^2} = 1$ ($a > 0, b > 0$)

焦点は $F_1(\sqrt{a^2 - b^2},\ 0)$, $F_2(-\sqrt{a^2 - b^2},\ 0)$
($a > b > 0$ のとき)

❽ 双曲線

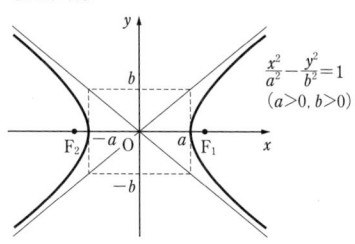

$\dfrac{x^2}{a^2} - \dfrac{y^2}{b^2} = 1$ ($a > 0, b > 0$)

焦点は $F_1(\sqrt{a^2 + b^2},\ 0)$, $F_2(-\sqrt{a^2 + b^2},\ 0)$

F．累乗と指数

❶きわめて大きな数値ときわめて小さな数値　物理では，太陽と地球の間の距離といったきわめて大きな量や，電子の質量のようなきわめて小さな量が出てくる。

例えば，太陽と地球の間の平均距離は，

　　　約 150 000 000 000 m　（1億5千万km）

であり，電子の質量は，

　　　約 0.000 000 000 000 000 000 000 000 000 000 91 kg

である。しかし，このような数値をそのまま書くのはたいへんてまがかかり，しかも読むときに0の数がいくつかを数えなければならないし，間違えやすい。そこで位どりの0を10^nの形で表示して，それらの数値を表す方法がある。

❷累乗とは，指数とは　aをn回かけあわせたものをa^n（「aのn乗」という）で表す。例えば

　　　$a \times a \times a = a^3$（$a$の3乗）

　　　$a \times a \times a \times a \times a \times a \times a \times a = a^8$（$a$の8乗）

である。ただし，aの1乗はa^1と書かず，単にaと書く。

$$a^n = a \times a \times \cdots\cdots \times a \quad (n\text{個})$$

a，a^2，a^3，…，a^n，…を総称してaの**累乗**という。

aの累乗a^nのnのことを，aの累乗の**指数**という。例えば，7^3の指数は3である。

指数が0または負の整数の場合の累乗は，次のように決める。

　　　$a^0 = 1, \quad a^{-n} = \dfrac{1}{a^n}$　（ただし，$a \neq 0$で，nは正の整数）

この指数を用いると，10000は

　　　$10000 = 10 \times 10 \times 10 \times 10 = 10^4$

と表すことができる。また，0.001は

　　　$0.001 = \dfrac{1}{1000} = \dfrac{1}{10 \times 10 \times 10} = \dfrac{1}{10^3} = 10^{-3}$

となる。この場合，位どりの0の個数と，分母にある10の累乗の指数の値（この場合は3）とは一致している。

最初に述べた，太陽と地球の間の平均距離や電子の質量は，次のように$A \times 10^n$の形で表すことができる。

　　　$150\ 000\ 000\ 000\ \text{m} = 15 \times 10^{10}\ \text{m} = 1.5 \times 10^{11}\ \text{m}$

　　　$0.000\ 000\ 000\ 000\ 000\ 000\ 000\ 000\ 000\ 91\ \text{kg} = 9.1 \times 10^{-31}\ \text{kg}$

ここで，15×10^{10}と1.5×10^{11}とは同じ値であるが，$A \times 10^n$の形で表すときにはAは$1 \leqq A < 10$にするのがふつうである。したがって，通常は15×10^{10}mではなくて，1.5×10^{11}mとする。

問2.　次の量を$A \times 10^n$の形で表せ（ただし，$1 \leqq A < 10$とする）。
(1) 光が真空中を進むときの速さ $c = 300000000$ m/s
(2) 橙色の光の波長 $\lambda = 0.0000006$ m
(3) 橙色の光の振動数 $f = \dfrac{c}{\lambda}$〔Hz〕

❸指数の計算 $a \neq 0$, $b \neq 0$ で, m, n が整数のとき, 次の関係が成りたつ。

$$a^m a^n = a^{m+n}, \quad (a^m)^n = a^{mn}$$
$$(ab)^n = a^n b^n$$
$$\frac{a^m}{a^n} = a^{m-n}, \quad \left(\frac{a}{b}\right)^n = \frac{a^n}{b^n}$$

問3. 次の計算をせよ(10^n の形で表せ)。
(1) $10^6 \times 10^3$
(2) $(10^3)^2$
(3) $10^4 \div 10^6$

G. 近似計算

物理でよく用いられる近似計算の公式として, 次のようなものがある。

❶累乗の近似 $|x|$ が1よりきわめて小さいとき, 次の式が成りたつ。

$$(1+x)^n \fallingdotseq 1 + nx$$

例 $(1+0.01)^3 \fallingdotseq 1 + 3 \times 0.01 = 1.03$

$$\sqrt{1+0.04} = (1+0.04)^{\frac{1}{2}}$$
$$\fallingdotseq 1 + \frac{1}{2} \times 0.04 = 1.02$$

❷三角関数の近似 図の扇形OAB′, △OAB, △OA′B′において, OA = OB′ = 1, ∠AOB = θ〔rad〕とすると

$$AB = \sin\theta, \quad OB = \cos\theta,$$
$$A'B' = OB' \times \tan\theta = \tan\theta,$$
$$\text{弧}AB' = OA \times \theta = \theta$$

である。ここで, θ が0にきわめて近いとき

$$OB \fallingdotseq 1, \quad AB \fallingdotseq A'B' \fallingdotseq \text{弧}AB'$$

となるので, 次の式が成りたつ。

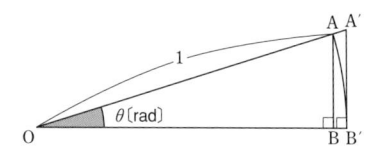

$$\cos\theta \fallingdotseq 1$$
$$\sin\theta \fallingdotseq \tan\theta \fallingdotseq \theta$$

2. 量の表し方
A. 単位系

国際単位系(略称**SI**)は，メートル(m：長さの単位)，キログラム(kg：質量の単位)，秒(s：時間の単位)などを**基本単位**とする単位系である。SIは，これらの基本単位と，物理法則や物理量の定義(意味)に従って基本単位の組合せによって表される**組立単位**などから成りたっている。

加速度の単位m/s²は組立単位であり，これに質量をかけた組立単位kg·m/s²は，運動方程式$ma=F$より，力の単位Nを表している。このように組立単位の中には固有の名前がつけられているものがある。

SIのおもな基本単位

物理量	単位	
	名称	記号
長さ	メートル	m
質量	キログラム	kg
時間	秒	s
電流	アンペア	A
熱力学温度(絶対温度)	ケルビン	K

※基本単位にはこのほかに，物質の量を表す物質量の単位モル(mol)，光源の明るさを表す光度の単位カンデラ(cd)がある。

B. 次元

それぞれの物理量には固有の**次元**がある。物理量の次元は，長さの次元[L]，質量の次元[M]，時間の次元[T]などの組合せで表される。

例えば，速さ(＝距離÷時間)の次元は$[L] \div [T] = [LT^{-1}]$，加速度(＝速度の変化÷時間)の次元は$[LT^{-1}] \div [T] = [LT^{-2}]$である。このとき，速さの次元は，長さについて1次元，時間について−1次元であり，加速度の次元は，長さについて1次元，時間について−2次元である，という。次元を考えると，計算によって得られた結果の妥当性(正否)を判断したり，次元をもたない定数の係数以外のさまざまな物理量の間の関係を見つけたりすることができる。

問4. 水面を進む波において，水深h[m]が波の波長に比べて十分に小さい場合，波の進む速さは$v = h^x g^y$[m/s]で与えられる(g[m/s²]は重力加速度の大きさ)。このとき，x，yの値を求めよ。

C. 誤差と有効数字

❶**誤差** ものさしで長さをはかったり，はかりで重さをはかったりするとき，ものさしやはかりの精度には限界があり，また目盛りの読み取りは正確にはできない。そのため，真の値と測定値との間に差が生じる。この差を**誤差**という。誤差には次の2種類がある。
(a) **絶対誤差**(ふつう「誤差」というと，絶対誤差のことをいう)

　　絶対誤差 ＝ 測定値 − 真の値

(b) **相対誤差**(「誤差何%」というときに使う)

$$相対誤差 = \frac{|誤差|}{真の値} \times 100 (\%)$$

❷**目盛りの読み方** 測定においては，測定器具についている最小目盛り(例えば日常使用するものさしでは1mmが最小目盛り)の10分の1までを目分量で読み取るのがふつうである。

❸ **有効数字** ある板の縦・横・厚さを測定したところ，それぞれ279 cm，300 cm，18 cmであったとする。こうして得た数字の2，7，9，3，0，0，1，8はいずれも目盛りを読み取って得られた意味のある数字なので，これらを**有効数字**という。また，この例で，279 cm，300 cm，18 cmの有効数字の桁数をそれぞれ3桁，3桁，2桁であるという。

いま，この板の横の長さ300 cmをmの単位で表すと，3 mであるが，有効数字が3桁であることを示したいときには，3.00 mというように書く。18 cmの有効数字は2桁だが，18.0 cmは3桁である。有効数字の桁数の多いものほど精密に測定したことになる。なお，0.0035 mの0.00は位どりの0なので有効数字の桁数には数えない。したがってこの有効数字は2桁なので，3.5×10^{-3} mというように書く。

❹ **測定値の計算と有効数字**
(a) 測定値どうしの乗除計算
　　（かけ算，わり算）

長方形の物体の縦と横の長さをはかって，それぞれ26.8 cmと3.2 cmを得たとする。ここで26.8の8や3.2の2などは，測定の際に目分量で読み取った値であり，これらの測定値に±0.05 cm以内の誤差があると考えると，長方形の真の面積S [cm²]は

$26.75 \times 3.15 \leq S \leq 26.85 \times 3.25$
つまり
$84.2625 \leq S \leq 87.2625$ ……①
の範囲にある。よって，長方形の面積を
$26.8 \text{ cm} \times 3.2 \text{ cm} = 85.76 \text{ cm}^2$ …②

と計算したとき①式を参考にしてみると，85.76の8はまったく正しく，5は多少の誤差は含んではいるが意味のある値である。しかし，7や6はまったく信頼性のない値である。そこで長方形の面積は②式で小数第1位を四捨五入して86 cm²とする。

このようなことから，**測定値どうしをかけたりわったりするときは，通常，最も少ない有効数字の桁数(四捨五入した後)とする。**

例1) 31.4×28.67
　　　　　$= 900.238 \fallingdotseq 9.00 \times 10^2$
例2) $564 \div 1.2 = 470 \fallingdotseq 4.7 \times 10^2$

(b) 測定値どうしの加減計算
　　（足し算，引き算）

2本の棒A，Bの長さを(a)と同様にはかって，Aは21.58 cm，Bは8.6 cmであったとき，棒A，Bを継ぎ足した長さは，そのまま計算すると，次のようになる。

$21.58 \text{ cm} + 8.6 \text{ cm} = 30.18 \text{ cm}$

しかし，Bの測定値には±0.05 cm以内の誤差があるので，30.18の小数第2位の数字は信頼できない。したがって小数第2位を四捨五入して30.2 cmとしなければならない。このことから，**測定値どうしを足したり引いたりするときには，通常，計算した結果を四捨五入によって測定値の末位が最も高い位のものに合わせる。**

例3) $25.8 + 2.58 = 28.38 \fallingdotseq 28.4$
例4) $124.7 - 121.3 = 3.4$

例4のように，値が接近した測定値どうしの引き算では，有効数字の桁数が少なくなることがある。

3. 表
A. 単位の 10^n の接頭語

名　称	記号	大きさ
ヨ タ (yotta)	Y	10^{24}
ゼ タ (zetta)	Z	10^{21}
エクサ (exa)	E	10^{18}
ペ タ (peta)	P	10^{15}
テ ラ (tera)	T	10^{12}
ギ ガ (giga)	G	10^{9}
メ ガ (mega)	M	10^{6}
キ ロ (kilo)	k	10^{3}
ヘクト (hecto)	h	10^{2}
デ カ (deca)	da	10

名　称	記号	大きさ
デ シ (deci)	d	10^{-1}
センチ (centi)	c	10^{-2}
ミ リ (milli)	m	10^{-3}
マイクロ (micro)	μ	10^{-6}
ナ ノ (nano)	n	10^{-9}
ピ コ (pico)	p	10^{-12}
フェムト (femto)	f	10^{-15}
ア ト (atto)	a	10^{-18}
ゼプト (zepto)	z	10^{-21}
ヨクト (yocto)	y	10^{-24}

B. 電気用図記号（JIS）

意味	記号
電源	
直流電源（電池）	—┤├—
交流電源	—〇—
抵抗	
抵抗器	—▭—
可変抵抗器	—⌀—
電球（ランプ）	—⊗—

意味	記号
電流計	—Ⓐ—
直流電流計	—Ⓐ—
交流電流計	—Ⓐ—
電圧計	—Ⓥ—
直流電圧計	—Ⓥ—
交流電圧計	—Ⓥ—

意味	記号
検流計	—Ⓖ—
スイッチ	—／—
コンデンサー	—‖—
コイル	—⌇—
ダイオード	—▷|—
接地（アース）	—⏚

C. 三角関数の表

角度		正弦	余弦	正接
度	rad	sin	cos	tan
0°	0.000	0.0000	1.0000	0.0000
1°	0.017	0.0175	0.9998	0.0175
2°	0.035	0.0349	0.9994	0.0349
3°	0.052	0.0523	0.9986	0.0524
4°	0.070	0.0698	0.9976	0.0699
5°	0.087	0.0872	0.9962	0.0875
6°	0.105	0.1045	0.9945	0.1051
7°	0.122	0.1219	0.9925	0.1228
8°	0.140	0.1392	0.9903	0.1405
9°	0.157	0.1564	0.9877	0.1584
10°	0.175	0.1736	0.9848	0.1763
11°	0.192	0.1908	0.9816	0.1944
12°	0.209	0.2079	0.9781	0.2126
13°	0.227	0.2250	0.9744	0.2309
14°	0.244	0.2419	0.9703	0.2493
15°	0.262	0.2588	0.9659	0.2679
16°	0.279	0.2756	0.9613	0.2867
17°	0.297	0.2924	0.9563	0.3057
18°	0.314	0.3090	0.9511	0.3249
19°	0.332	0.3256	0.9455	0.3443
20°	0.349	0.3420	0.9397	0.3640
21°	0.367	0.3584	0.9336	0.3839
22°	0.384	0.3746	0.9272	0.4040
23°	0.401	0.3907	0.9205	0.4245
24°	0.419	0.4067	0.9135	0.4452
25°	0.436	0.4226	0.9063	0.4663
26°	0.454	0.4384	0.8988	0.4877
27°	0.471	0.4540	0.8910	0.5095
28°	0.489	0.4695	0.8829	0.5317
29°	0.506	0.4848	0.8746	0.5543
30°	0.524	0.5000	0.8660	0.5774
31°	0.541	0.5150	0.8572	0.6009
32°	0.559	0.5299	0.8480	0.6249
33°	0.576	0.5446	0.8387	0.6494
34°	0.593	0.5592	0.8290	0.6745
35°	0.611	0.5736	0.8192	0.7002
36°	0.628	0.5878	0.8090	0.7265
37°	0.646	0.6018	0.7986	0.7536
38°	0.663	0.6157	0.7880	0.7813
39°	0.681	0.6293	0.7771	0.8098
40°	0.698	0.6428	0.7660	0.8391
41°	0.716	0.6561	0.7547	0.8693
42°	0.733	0.6691	0.7431	0.9004
43°	0.750	0.6820	0.7314	0.9325
44°	0.768	0.6947	0.7193	0.9657
45°	0.785	0.7071	0.7071	1.0000
45°	0.785	0.7071	0.7071	1.0000
46°	0.803	0.7193	0.6947	1.0355
47°	0.820	0.7314	0.6820	1.0724
48°	0.838	0.7431	0.6691	1.1106
49°	0.855	0.7547	0.6561	1.1504
50°	0.873	0.7660	0.6428	1.1918
51°	0.890	0.7771	0.6293	1.2349
52°	0.908	0.7880	0.6157	1.2799
53°	0.925	0.7986	0.6018	1.3270
54°	0.942	0.8090	0.5878	1.3764
55°	0.960	0.8192	0.5736	1.4281
56°	0.977	0.8290	0.5592	1.4826
57°	0.995	0.8387	0.5446	1.5399
58°	1.012	0.8480	0.5299	1.6003
59°	1.030	0.8572	0.5150	1.6643
60°	1.047	0.8660	0.5000	1.7321
61°	1.065	0.8746	0.4848	1.8040
62°	1.082	0.8829	0.4695	1.8807
63°	1.100	0.8910	0.4540	1.9626
64°	1.117	0.8988	0.4384	2.0503
65°	1.134	0.9063	0.4226	2.1445
66°	1.152	0.9135	0.4067	2.2460
67°	1.169	0.9205	0.3907	2.3559
68°	1.187	0.9272	0.3746	2.4751
69°	1.204	0.9336	0.3584	2.6051
70°	1.222	0.9397	0.3420	2.7475
71°	1.239	0.9455	0.3256	2.9042
72°	1.257	0.9511	0.3090	3.0777
73°	1.274	0.9563	0.2924	3.2709
74°	1.292	0.9613	0.2756	3.4874
75°	1.309	0.9659	0.2588	3.7321
76°	1.326	0.9703	0.2419	4.0108
77°	1.344	0.9744	0.2250	4.3315
78°	1.361	0.9781	0.2079	4.7046
79°	1.379	0.9816	0.1908	5.1446
80°	1.396	0.9848	0.1736	5.6713
81°	1.414	0.9877	0.1564	6.3138
82°	1.431	0.9903	0.1392	7.1154
83°	1.449	0.9925	0.1219	8.1443
84°	1.466	0.9945	0.1045	9.5144
85°	1.484	0.9962	0.0872	11.4301
86°	1.501	0.9976	0.0698	14.3007
87°	1.518	0.9986	0.0523	19.0811
88°	1.536	0.9994	0.0349	28.6363
89°	1.553	0.9998	0.0175	57.2900
90°	1.571	1.0000	0.0000	—

D. 平方・立方・平方根・立方根の表

n	n^2	n^3	$\sqrt{n}$	$\sqrt{10n}$	$\sqrt[3]{n}$	n	n^2	n^3	$\sqrt{n}$	$\sqrt{10n}$	$\sqrt[3]{n}$
1	1	1	1.0000	3.1623	1.0000	51	2601	132651	7.1414	22.5832	3.7084
2	4	8	1.4142	4.4721	1.2599	52	2704	140608	7.2111	22.8035	3.7325
3	9	27	1.7321	5.4772	1.4422	53	2809	148877	7.2801	23.0217	3.7563
4	16	64	2.0000	6.3246	1.5874	54	2916	157464	7.3485	23.2379	3.7798
5	25	125	2.2361	7.0711	1.7100	55	3025	166375	7.4162	23.4521	3.8030
6	36	216	2.4495	7.7460	1.8171	56	3136	175616	7.4833	23.6643	3.8259
7	49	343	2.6458	8.3666	1.9129	57	3249	185193	7.5498	23.8747	3.8485
8	64	512	2.8284	8.9443	2.0000	58	3364	195112	7.6158	24.0832	3.8709
9	81	729	3.0000	9.4868	2.0801	59	3481	205379	7.6811	24.2899	3.8930
10	100	1000	3.1623	10.0000	2.1544	60	3600	216000	7.7460	24.4949	3.9149
11	121	1331	3.3166	10.4881	2.2240	61	3721	226981	7.8102	24.6982	3.9365
12	144	1728	3.4641	10.9545	2.2894	62	3844	238328	7.8740	24.8998	3.9579
13	169	2197	3.6056	11.4018	2.3513	63	3969	250047	7.9373	25.0998	3.9791
14	196	2744	3.7417	11.8322	2.4101	64	4096	262144	8.0000	25.2982	4.0000
15	225	3375	3.8730	12.2474	2.4662	65	4225	274625	8.0623	25.4951	4.0207
16	256	4096	4.0000	12.6491	2.5198	66	4356	287496	8.1240	25.6905	4.0412
17	289	4913	4.1231	13.0384	2.5713	67	4489	300763	8.1854	25.8844	4.0615
18	324	5832	4.2426	13.4164	2.6207	68	4624	314432	8.2462	26.0768	4.0817
19	361	6859	4.3589	13.7840	2.6684	69	4761	328509	8.3066	26.2679	4.1016
20	400	8000	4.4721	14.1421	2.7144	70	4900	343000	8.3666	26.4575	4.1213
21	441	9261	4.5826	14.4914	2.7589	71	5041	357911	8.4261	26.6458	4.1408
22	484	10648	4.6904	14.8324	2.8020	72	5184	373248	8.4853	26.8328	4.1602
23	529	12167	4.7958	15.1658	2.8439	73	5329	389017	8.5440	27.0185	4.1793
24	576	13824	4.8990	15.4919	2.8845	74	5476	405224	8.6023	27.2029	4.1983
25	625	15625	5.0000	15.8114	2.9240	75	5625	421875	8.6603	27.3861	4.2172
26	676	17576	5.0990	16.1245	2.9625	76	5776	438976	8.7178	27.5681	4.2358
27	729	19683	5.1962	16.4317	3.0000	77	5929	456533	8.7750	27.7489	4.2543
28	784	21952	5.2915	16.7332	3.0366	78	6084	474552	8.8318	27.9285	4.2727
29	841	24389	5.3852	17.0294	3.0723	79	6241	493039	8.8882	28.1069	4.2908
30	900	27000	5.4772	17.3205	3.1072	80	6400	512000	8.9443	28.2843	4.3089
31	961	29791	5.5678	17.6068	3.1414	81	6561	531441	9.0000	28.4605	4.3267
32	1024	32768	5.6569	17.8885	3.1748	82	6724	551368	9.0554	28.6356	4.3445
33	1089	35937	5.7446	18.1659	3.2075	83	6889	571787	9.1104	28.8097	4.3621
34	1156	39304	5.8310	18.4391	3.2396	84	7056	592704	9.1652	28.9828	4.3795
35	1225	42875	5.9161	18.7083	3.2711	85	7225	614125	9.2195	29.1548	4.3968
36	1296	46656	6.0000	18.9737	3.3019	86	7396	636056	9.2736	29.3258	4.4140
37	1369	50653	6.0828	19.2354	3.3322	87	7569	658503	9.3274	29.4958	4.4310
38	1444	54872	6.1644	19.4936	3.3620	88	7744	681472	9.3808	29.6648	4.4480
39	1521	59319	6.2450	19.7484	3.3912	89	7921	704969	9.4340	29.8329	4.4647
40	1600	64000	6.3246	20.0000	3.4200	90	8100	729000	9.4868	30.0000	4.4814
41	1681	68921	6.4031	20.2485	3.4482	91	8281	753571	9.5394	30.1662	4.4979
42	1764	74088	6.4807	20.4939	3.4760	92	8464	778688	9.5917	30.3315	4.5144
43	1849	79507	6.5574	20.7364	3.5034	93	8649	804357	9.6437	30.4959	4.5307
44	1936	85184	6.6332	20.9762	3.5303	94	8836	830584	9.6954	30.6594	4.5468
45	2025	91125	6.7082	21.2132	3.5569	95	9025	857375	9.7468	30.8221	4.5629
46	2116	97336	6.7823	21.4476	3.5830	96	9216	884736	9.7980	30.9839	4.5789
47	2209	103823	6.8557	21.6795	3.6088	97	9409	912673	9.8489	31.1448	4.5947
48	2304	110592	6.9282	21.9089	3.6342	98	9604	941192	9.8995	31.3050	4.6104
49	2401	117649	7.0000	22.1359	3.6593	99	9801	970299	9.9499	31.4643	4.6261
50	2500	125000	7.0711	22.3607	3.6840	100	10000	1000000	10.0000	31.6228	4.6416

E. 物理定数

物理量	概数値	詳しい値
標準重力加速度	$9.8\,\text{m/s}^2$	$9.80665\,\text{m/s}^2$
万有引力定数	$6.67\times10^{-11}\,\text{N}\cdot\text{m}^2/\text{kg}^2$	$6.67428\times10^{-11}\,\text{N}\cdot\text{m}^2/\text{kg}^2$
熱の仕事当量	$4.2\,\text{J/cal}$	$4.18580\,\text{J/cal}$ ※
絶対零度	$-273\,℃\,(=0\,\text{K})$	$-273.15\,℃$
アボガドロ定数	$6.02\times10^{23}/\text{mol}$	$6.02214179\times10^{23}/\text{mol}$
ボルツマン定数	$1.38\times10^{-23}\,\text{J/K}$	$1.3806504\times10^{-23}\,\text{J/K}$
理想気体の体積($0\,℃$, $1\,\text{atm}$)	$2.24\times10^{-2}\,\text{m}^3/\text{mol}$	$2.2413996\times10^{-2}\,\text{m}^3/\text{mol}$
気体定数	$8.31\,\text{J/(mol}\cdot\text{K)}$	$8.314472\,\text{J/(mol}\cdot\text{K)}$
乾燥空気中の音の速さ($0\,℃$)	$331.5\,\text{m/s}$	$331.45\,\text{m/s}$
真空中の光の速さ	$3.00\times10^8\,\text{m/s}$	$2.99792458\times10^8\,\text{m/s}$
クーロンの法則の比例定数(真空中)	$8.99\times10^9\,\text{N}\cdot\text{m}^2/\text{C}^2$	$8.9875518\times10^9\,\text{N}\cdot\text{m}^2/\text{C}^2$
真空の誘電率	$8.85\times10^{-12}\,\text{F/m}$	$8.854187817\times10^{-12}\,\text{F/m}$
真空の透磁率	$1.26\times10^{-6}\,\text{N/A}^2$	$1.2566370614\times10^{-6}(=4\pi\times10^{-7})\,\text{N/A}^2$
電子の比電荷	$1.76\times10^{11}\,\text{C/kg}$	$1.758820150\times10^{11}\,\text{C/kg}$
電気素量	$1.60\times10^{-19}\,\text{C}$	$1.602176487\times10^{-19}\,\text{C}$
電子の質量	$9.11\times10^{-31}\,\text{kg}$	$9.10938215\times10^{-31}\,\text{kg}$
プランク定数	$6.63\times10^{-34}\,\text{J}\cdot\text{s}$	$6.62606896\times10^{-34}\,\text{J}\cdot\text{s}$
ボーア半径	$5.29\times10^{-11}\,\text{m}$	$5.2917720859\times10^{-11}\,\text{m}$
リュードベリ定数	$1.10\times10^7/\text{m}$	$1.0973731568527\times10^7/\text{m}$
統一原子質量単位	$1.66\times10^{-27}\,\text{kg}\,(=1\,\text{u})$	$1.660538782\times10^{-27}\,\text{kg}$

※定義により若干異なる数値を用いることもある。

F. ギリシャ文字

大文字	小文字	読み方の例	使用例
A	α	アルファ	線膨張率 α (→p.184) 抵抗率の温度係数 α α 線
B	β	ベータ	β 線
Γ	γ	ガンマ	比熱比 γ (→p.215) γ 線
Δ	δ	デルタ	変位 $\Delta \vec{r}$ (→p.11)
E	ε	イプシロン	誘電率 ε
Z	ζ	ゼータ	
H	η	イータ	
Θ	θ	シータ	角 θ (→p.16 など)
I	ι	イオタ	
K	κ	カッパ	
Λ	λ	ラムダ	波長 λ
M	μ	ミュー	静止摩擦係数 μ (→p.69) 動摩擦係数 μ' (→p.71) 透磁率 μ

大文字	小文字	読み方の例	使用例
N	ν	ニュー	光の振動数 ν ニュートリノ ν
Ξ	ξ	グザイ	
O	o	オミクロン	
Π	π	パイ	円周率 π
P	ρ	ロー	密度 ρ 抵抗率 ρ
Σ	σ	シグマ	
T	τ	タウ	
Υ	υ	ウプシロン	
Φ	ϕ, φ	ファイ	初期位相 ϕ (→p.148) 磁束 Φ
X	χ	カイ	
Ψ	ψ	プサイ	
Ω	ω	オメガ	角速度(角振動数)ω (→p.134, 148) 抵抗の単位 Ω

問・類題の略解

第1編 力と運動

■第Ⅰ章 運動の表し方　（p.6〜43）

- 問1. 12m/s
- 問2. 20m/s, 54km/h
- 問3. 30m
- 問4. 2.5m/s
- 問5. A：12m/s, B：−15m/s
- 問6. 3.6m/s, 8.5m/s
- 問7. 6.5m/s, 3.5m/s
- 問8. $v_{AB} = -v_{BA}$
- 問9. (1) v_{AB}：1m/s, v_{BA}：−1m/s
  (2) v_{AB}：−7m/s, v_{BA}：7m/s
- 問10. 北西向きに14m/s
- 問11. 2.0m/s
- 問12. v_x：3.4m/s, v_y：2.0m/s
- 類題1. 17m/s
- 問13. (1) 1.5m/s² (2) −1.5m/s²
- 問14. 0.84m/s², 南東向き
- 問15. (1) 4.0m/s (2) 5.0m
- 問16. 4.0m
- 類題2. (1) 2.0m/s², 左向き
  (2) 2.0秒後 (3) 4.0m
- 問A. (1) 1.5m/s² (2) −2.0m/s²
  (3) −0.75m/s² (4) 12m/s²
  (5) −3.2m/s² (6) 4.0m/s²
  (7) −4.9m/s² (8) 3.4m/s²
- 類題3. (1) グラフ
  (2) 2.5×10²m
- 問17. 4.9m, 9.8m/s
- 問18. 5.0m, 9.9m/s
- 類題4. t_1：1.0s, t_2：2.0s
- 類題5. 5.6m
- 類題6. (1) v_{0y}：19.6m/s, v_{0x}：14.7m/s
  (2) 19.6m (3) 58.8m

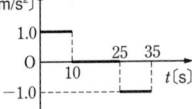

■第Ⅱ章 運動の法則　（p.44〜91）

- 問19. 98N
- 問20. 20N/m
- 問21. ① ② ③ 
- 問22. ① ② ③ 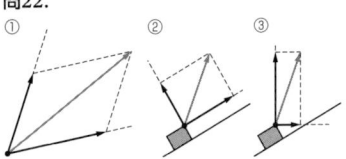
- 問23. ①x成分6N, y成分2N
  ②x成分−2N, y成分3N
  ③x成分0N, y成分−3N
  ④x成分5.1N, y成分3.0N
  ⑤x成分3N, y成分3N
  ⑥x成分−2.0N, y成分−3.4N
- 類題7. T_1：17N, T_2：10N
- 問24. (1) $\vec{F_1}$：地球から物体B
  $\vec{F_2}$：物体Aから物体B
  $\vec{F_3}$：物体Bから物体A
  $\vec{F_4}$：地球から物体A
  $\vec{F_5}$：床から物体A
  $\vec{F_6}$：物体Aから床
  (2) $\vec{F_3}$, $\vec{F_4}$, $\vec{F_5}$
  (3) A：$F_5 - F_4 - F_3 = 0$
  B：$F_2 - F_1 = 0$
- 問B. (1) ①受ける力 ②受ける力
  ③及ぼす力
  (2) ④受ける力 ⑤受ける力
  ⑥及ぼす力
  (3) ⑦及ぼす力 ⑧及ぼす力
  ⑨及ぼす力
- 問C. (1) $\vec{F_1}$と$\vec{F_2}$
  (2) $\vec{F_1}$と$\vec{F_2}$ (3) $\vec{F_2}$と$\vec{F_3}$
  (4) りんごにはたらく力のつりあいより
  $F_2 - F_1 = 0$　　　…①
  作用反作用の法則より
  $F_2 = F_3$　　　…②
  ①, ②式より　$F_1 = F_3$

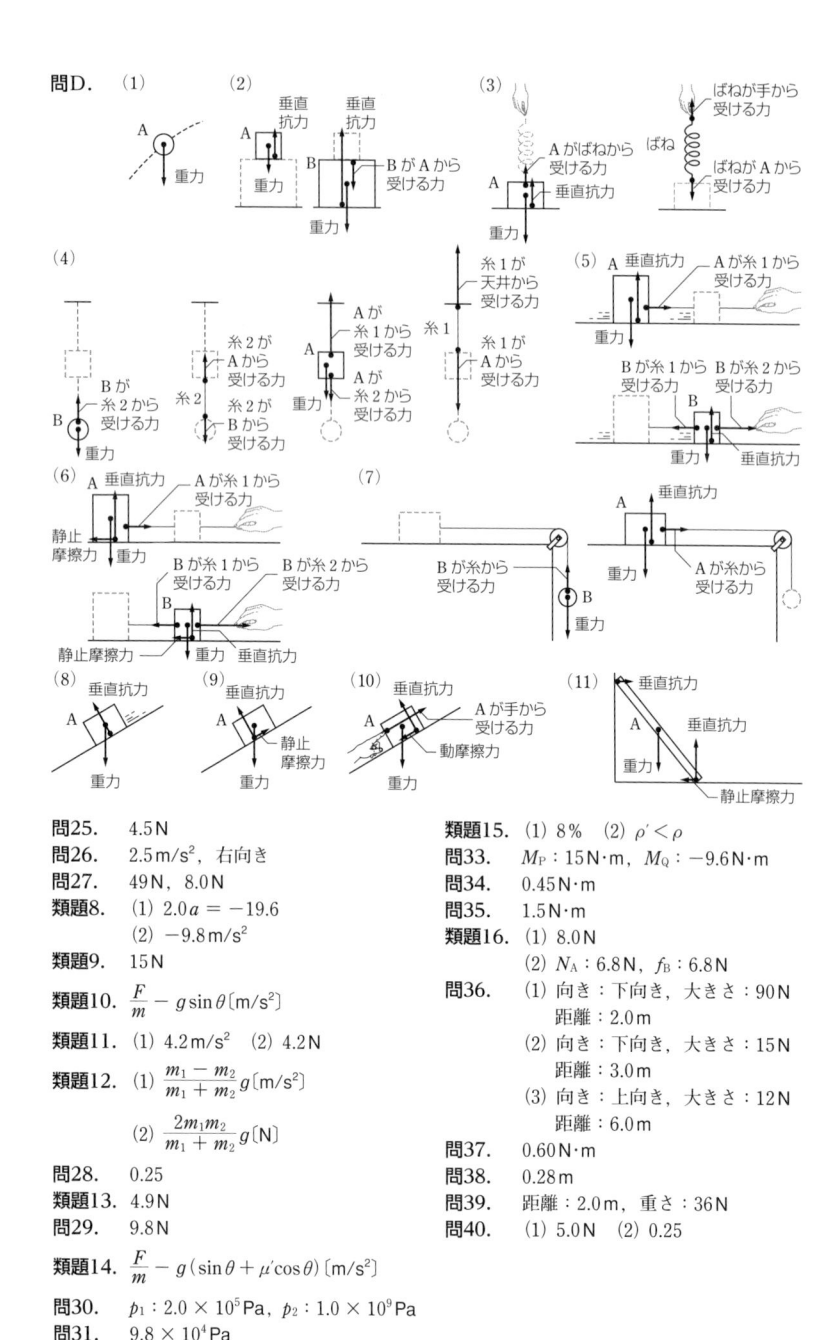

問D. (1)〜(11) 各物体にはたらく力の図示(図略)

問25. 4.5N
問26. 2.5m/s², 右向き
問27. 49N, 8.0N
類題8. (1) $2.0a = -19.6$
　　　 (2) -9.8m/s²
類題9. 15N
類題10. $\dfrac{F}{m} - g\sin\theta$ [m/s²]
類題11. (1) 4.2m/s²　(2) 4.2N
類題12. (1) $\dfrac{m_1 - m_2}{m_1 + m_2}g$ [m/s²]
　　　　(2) $\dfrac{2m_1 m_2}{m_1 + m_2}g$ [N]
問28. 0.25
類題13. 4.9N
問29. 9.8N
類題14. $\dfrac{F}{m} - g(\sin\theta + \mu'\cos\theta)$ [m/s²]
問30. $p_1 : 2.0 \times 10^5$Pa, $p_2 : 1.0 \times 10^9$Pa
問31. 9.8×10^4Pa
問32. 0.49N

類題15. (1) 8%　(2) $\rho' < \rho$
問33. $M_P : 15$N·m, $M_Q : -9.6$N·m
問34. 0.45N·m
問35. 1.5N·m
類題16. (1) 8.0N
　　　　(2) $N_A : 6.8$N, $f_B : 6.8$N
問36. (1) 向き：下向き，大きさ：90N
　　　　　距離：2.0m
　　　 (2) 向き：下向き，大きさ：15N
　　　　　距離：3.0m
　　　 (3) 向き：上向き，大きさ：12N
　　　　　距離：6.0m
問37. 0.60N·m
問38. 0.28m
問39. 距離：2.0m, 重さ：36N
問40. (1) 5.0N　(2) 0.25

■第Ⅲ章　仕事と力学的エネルギー
(p.92〜114)

問41.　12J
問42.　34J
類題17.　$W_1 : 40$J, $W_2 : -32$J
問43.　(1) $F_1 : 9.8$N, $W_1 : 49$J
　　　(2) $F_2 : 4.9$N, $W_2 : 49$J
問44.　$W : 9.8 \times 10^4$J, $P : 9.8 \times 10^3$W
問45.　3.0×10^5J
問46.　8.0m/s
問47.　(1) 98J　(2) 0J　(3) -98J
問48.　1.0J
問49.　4.9J
類題18.　$v_B : \sqrt{gl}$ [m/s], $v_C : \sqrt{\dfrac{3gl}{5}}$ [m/s]
類題19.　(1) $\dfrac{mg}{k}$ [m]　(2) $g\sqrt{\dfrac{m}{k}}$ [m/s]
　　　　(3) $2a$ [m]
類題20.　(1) $\sqrt{\dfrac{kx^2}{m} - 2\mu' gx}$ [m/s]
　　　　(2) $\dfrac{2\mu' mg}{k}$ [m]
問E.　(1) ①, ④, ⑤
　　　(2) ①$ma = -mg$
　　　　　　　　　$a = -g$ [m/s^2]
　　　　④$ma = mg\sin\theta$
　　　　　　　　　$a = g\sin\theta$ [m/s^2]
　　　　⑤$ma = mg\sin\theta - \mu' mg\cos\theta$
　　　　　　　　　$a = g(\sin\theta - \mu'\cos\theta)$ [m/s^2]
　　　(3) ①, ②, ④, ⑥
　　　(4) ①$\dfrac{1}{2}mv_0^2 = \dfrac{1}{2}mv^2 + mgh$
　　　　　　　　　$v = \sqrt{v_0^2 - 2gh}$ [m/s]
　　　　②$\dfrac{1}{2}mv_0^2 = \dfrac{1}{2}mv^2 + mgh$
　　　　　　　　　$v = \sqrt{v_0^2 - 2gh}$ [m/s]
　　　　④$\dfrac{1}{2}mv_0^2 + mgh = \dfrac{1}{2}mv^2$
　　　　　　　　　$v = \sqrt{v_0^2 + 2gh}$ [m/s]
　　　　⑥$\dfrac{1}{2}mv_0^2 + mgh + \dfrac{1}{2}kh^2$
　　　　　　　　　$= \dfrac{1}{2}mv^2$
　　　　　　$v = \sqrt{v_0^2 + 2gh + \dfrac{kh^2}{m}}$ [m/s]

■第Ⅳ章　運動量の保存 (p.115〜133)

問50.　4.5kg・m/s, 東向き
問51.　1.5m/s
問52.　(1) 5.6N・s　(2) 2.8×10^2N
　　　(3) 2倍
問53.　(1) 42kg・m/s, 南東向き
　　　(2) 42kg・m/s, 南西向き
　　　(3) 50kg・m/s
類題21.　6.8N・s, 150°
類題22.　-0.50m/s
類題23.　5.6m/s, 45°
類題24.　$\dfrac{MV + mv}{M - m}$ [m/s]
問54.　0.75
問55.　20cm
問56.　0.50
類題25.　$v_1' : -3.0$m/s, $v_2' : 1.0$m/s
類題26.　$\dfrac{1}{3}$
類題27.　-4.5J

問・類題の略解　243

■第Ⅴ章　円運動と万有引力
(p.134〜176)

問57.　$\omega : 0.20\pi$ rad/s, $v : 1.6\pi$ m/s
問58.　$T : 4.0$ s, $n : 0.25$ Hz,
　　　$\omega : 0.50\pi$ rad/s, $v : 0.20\pi$ m/s
問59.　$\omega : 0.12$ rad/s, $a : 7.2$ m/s^2
問60.　4倍
類題28.　(1) 0.90 N　(2) 3.5 rad/s
類題29.　(1) 0.14 N, 鉛直上向き
　　　(2) 1.4 m/s^2, 鉛直下向き
類題30.　(1) $\dfrac{a}{g}$　(2) $m\sqrt{g^2+a^2}$ [N]
類題31.　$S : ml\omega^2$ [N],
　　　$N : m(g - l\omega^2\cos\theta)$ [N]
類題32.　(1) $v_D : \sqrt{2g(l-2r)}$ [m/s],
　　　$T_D : \dfrac{2l-5r}{r}mg$ [N]

　　　(2) $\dfrac{2}{5}l$ [m]

問61.　$A : 0.50$ m, $T : 0.50$ s, $f : 2.0$ Hz
問62.　(1) $v = 0.80\cos 0.40t$
　　　$a = -0.32\sin 0.40t$
　　　(2) $x_1 : 0$ m, $a_1 : 0$ m/s^2
　　　(3) $x_2 : -2.0$ m, $v_2 : 0$ m/s
問63.　$\omega : 10$ rad/s, $T : 0.20\pi$ s
問64.　0.40π s
問65.　$2\pi\sqrt{\dfrac{m}{k_1+k_2}}$ [s]

類題33.　(1) $\dfrac{mg}{k}$ [m]
　　　(2) $A : \dfrac{2mg}{k}$ [m], $T : 2\pi\sqrt{\dfrac{m}{k}}$ [s],
　　　$v : 2g\sqrt{\dfrac{m}{k}}$ [m/s]

問66.　39.2 m
問67.　$\sqrt{6}$ 倍
問68.　0.60 倍
問69.　76 年
問70.　3.6×10^{22} N
類題34.　速さ : $\dfrac{1}{\sqrt{2}}$ 倍, 周期 : $2\sqrt{2}$ 倍
類題35.　(1) $K : G\dfrac{Mm}{2r}$ [J],
　　　$U : -G\dfrac{Mm}{r}$ [J]
　　　(2) $G\dfrac{Mm}{2r}$ [J]

第2編　熱と気体

■第Ⅰ章　熱と物質
(p.178〜195)

問1.　288 K, 27 ℃
問2.　25 J/K
問3.　0.45 J/(g·K)
問4.　銅
類題1.　0.84 J/(g·K)
問5.　6.6×10^3 J
問6.　6.9×10^4 J
問7.　1.2×10^{-2} m

■第Ⅱ章　気体のエネルギーと状態変化
(p.196〜225)

問8.　1.2×10^5 Pa
問9.　1.1×10^5 Pa
問10.　1.2 m^3
問11.　1.6×10^5 Pa
類題2.　$p : p_0 + \dfrac{mg}{S}$ [Pa],
　　　$T : \dfrac{3(p_0S + mg)}{4p_0S}T_0$ [K]

問12.　3.0×10^{-3} m^3
問13.　$\dfrac{1}{3}\rho\overline{v^2}$ [Pa]
問14.　(1) 1倍　(2) $\sqrt{5}$ 倍
　　　(3) 2倍, $\sqrt{2}$ 倍
類題3.　$T : 3.2 \times 10^2$ K, $p : 8.3 \times 10^4$ Pa
問15.　$W : 0$ J, $\varDelta U : 75$ J
問16.　$W : -30$ J, $\varDelta U : 45$ J
類題4.　(1) $\varDelta U : \dfrac{3}{2}\varDelta p V_0$ [J],
　　　$W : 0$ J, $Q : \dfrac{3}{2}\varDelta p V_0$ [J]
　　　(2) $\varDelta U : \dfrac{3}{2}p_0\varDelta V$ [J],
　　　$W : -p_0\varDelta V$ [J], $Q : \dfrac{5}{2}p_0\varDelta V$ [J]
問17.　$W : -75$ J, $\varDelta U : 0$ J
問18.　-65 J
問19.　29.1 J
問20.　n^γ 倍
問21.　$W' : 75$ J, $e : 0.15$
問A.　(1) $T_3 < T_2 < T_1$
　　　(2) $W_3' < W_2' < W_1'$
　　　(3) $Q_3 < Q_2 < Q_1$
類題5.　$Q_1 : \dfrac{21}{2}pV$ [J], $Q_2 : \dfrac{17}{2}pV$ [J],
　　　$W' : 2pV$ [J], $e : \dfrac{4}{21}$

■本文の資料　　　　　(p.226〜240)

問1. $\sin\theta_1 = \dfrac{3}{5}$, $\cos\theta_1 = \dfrac{4}{5}$,
$\tan\theta_1 = \dfrac{3}{4}$
$\sin\theta_2 = \dfrac{4}{5}$, $\cos\theta_2 = \dfrac{3}{5}$,
$\tan\theta_2 = \dfrac{4}{3}$

問2. (1) 3×10^8 m/s　(2) 6×10^{-7} m
(3) 5×10^{14} Hz

問3. (1) 10^9　(2) 10^6　(3) 10^{-2}

問4. $x=\dfrac{1}{2}$, $y=\dfrac{1}{2}$

実験Questionの答え

実験4 (p.38)　1. ウ　2. ウ
実験6 (p.53)　エ
実験7 (p.76)　ア
実験9 (p.102)　ウ
実験10(p.109)　1. ウ　2. ア
実験12(p.125)　エ
実験14(p.141)　鉄球：イ　コルク：ア
実験15(p.155)　イ

物理の小径　参考文献

- ガリレオ・ガリレイ(今野武雄，日田節次 訳)「新科学対話 下」（岩波書店）
- 広重徹　「物理学史Ⅰ」（培風館）
- 安孫子誠也　「歴史をたどる物理学」（東京教学社）
- 小山慶太　「物理学史」（裳華房）
- 安孫子誠也ほか　「はじめて読む物理学の歴史」（ベレ出版）
- 渡辺愈　「身近な物理学の歴史」（東洋書店）

索引

あ
圧力　　　　　　　73, 196
アボガドロ定数　　　201
アルキメデスの原理　75

い
位相　　　　　　　　148
位置エネルギー　　　104
位置ベクトル　　　　13
一次エネルギー　　　188
糸が引く力　　　　　46

う
運動エネルギー　　　98
運動の第一法則　　　62
運動の第三法則　　　62
運動の第二法則　　　62
運動の法則　　　　　62
運動方程式　　　　　62
運動量　　　　　　　115
運動量保存則　　　　121

え
SI　　　　　　　　　235
x成分　　　　13, 16, 49, 231
エネルギー　　　　　98
エネルギー保存則　　187
遠心力　　　　　　　144
円錐振り子　　　　　145
鉛直投射　　　　　　32
鉛直投げ上げ　　　　32
鉛直投げ下ろし　　　32
鉛直ばね振り子　　　152

お
重さ　　　　　　45, 63
温度　　　　　　　　179

か
回転運動　　　　　　79
回転数　　　　　　　136
外分　　　　　　　　85
外力　　　　　　　　121
化学エネルギー　　　187
可逆変化　　　　　　217
核エネルギー　　　　187

角振動数　　　　　　148
角速度　　　　　　　134
核反応　　　　　　　189
核分裂　　　　　　　189
核融合　　　　　　　189
化石燃料　　　　　　188
加速度　　　　　　　19
加速度運動　　　　　19
火力発電　　　　　　188
カロリー (cal)　　　180
カロリック　　　　　208
慣性　　　　　　　　59
慣性系　　　　　　　141
慣性質量　　　　　　63
慣性の法則　　　　　59
慣性力　　　　　　　141
完全非弾性衝突　　　126

き
気圧 (atm)　　　73, 197
基準水平面　　　　　101
気体定数　　　　　　201
基本単位　　　　　　235
逆ベクトル　　　　　231
キログラムメートル
　毎秒 (kg·m/s)　　115
キロメートル毎時
　(km/h)　　　　　　6
キロワット (kW)　　97
キロワット時 (kWh)　97

く
空気の抵抗　　　　　77
偶力　　　　　　　　86
偶力のモーメント　　86
組立単位　　　　　　235

け
撃力　　　　　　　　121
ケプラーの法則　　　156
ケルビン (K)　　　　179
原子核反応　　　　　189
原子量　　　　　　　205
原子力発電　　　　　189
原子炉　　　　　　　189

こ
向心加速度　　　　　137

向心力　　　　　　　138
合成速度　　　　　　11
剛体　　　　　　　　79
剛体のつりあいの条件
　　　　　　　　　　82
抗力　　　　　　46, 69
合力　　　　　　　　48
国際単位系　　　　　235
誤差　　　　　　　　235
弧度法　　　　　　　135

さ
最大摩擦力　　　　　69
作用　　　　　　　　52
作用線　　　　　　　44
作用点　　　　　　　44
作用反作用の法則　　52
三角関数　　　　　　229
三角比　　　　　　　228

し
次元　　　　　　　　235
仕事　　　　　　　　93
仕事の原理　　　　　96
仕事率　　　　　　　97
指数　　　　　　　　233
自然の長さ　　　　　46
質点　　　　　　　　51
質量　　　　　　45, 63
斜方投射　　　　　　37
シャルルの法則　　　198
周期　　　　　　136, 147
重心　　　　　　　　86
終端速度　　　　　　78
自由落下　　　　　　31
重量キログラム (kgw)
　　　　　　　　　　45
重量グラム (gw)　　 45
重力　　　　　　　　45
重力加速度　　　　　31
重力質量　　　　　　63
重力による
　位置エネルギー　　101
ジュール (J)　　　　93
ジュール毎キログラム
　毎ケルビン(J/(kg·K))
　　　　　　　　　　181

ジュール毎グラム毎ケル
　ビン(J/(g·K))　　181
ジュール毎ケルビン
　(J/K)　　　　　　180
瞬間の加速度　　　　20
瞬間の速度　　　　　10
昇華　　　　　　　　185
焦点　　　　　　　　157
蒸発熱　　　　　　　184
初期位相　　　　　　148
初速度　　　　　　　22
振動数　　　　　　　147
振幅　　　　　　　　147

す
水圧　　　　　　　　74
垂直抗力　　　　　　46
水平投射　　　　　　35
水平ばね振り子　　　151
水力発電　　　　　　190
スカラー　　　　9, 231

せ
正弦　　　　　　　　228
正弦曲線　　　　148, 229
静止衛星　　　　　　161
静止摩擦係数　　　　69
静止摩擦力　　　46, 69
正接　　　　　　　　228
セ氏温度　　　　　　179
接線　　　　　　　　11
絶対温度　　　　　　179
絶対零度　　　　　　179
セルシウス温度　　　179
潜熱　　　　　　　　184
線膨張率　　　　　　184

そ
相対速度　　　　12, 17
速度　　　　　　8, 14
速度の合成　　　11, 15
速度の成分　　　　　16
速度の分解　　　　　16

た
第一宇宙速度　　　　165
第一永久機関　　　　219
大気圧　　　　　74, 197

第三宇宙速度 165
第二宇宙速度 165
第二種永久機関 219
体膨張率 185
太陽定数 190
太陽電池 191
だ円 157
単原子分子 206
短軸 157
単振動 147
単振動のエネルギー 155
弾性エネルギー 103
弾性衝突 126
弾性力 46
弾性力による
　　位置エネルギー 102
断熱変化 213
単振り子 154

ち
力 44
力の合成 48
力の三要素 45
力の成分 48
力のつりあい 50
力の分解 48
力のモーメント 81
地熱発電 191
地動説 156
長軸 157
潮汐発電 191
張力 47

て
定圧変化 210
定圧モル比熱 214
定積変化 209
定積モル比熱 214
定容モル比熱 214
天動説 156

と
等圧変化 210
等温変化 212
等加速度運動 37
等加速度直線運動 22
等時性 154
等積変化 209
等速円運動 134
等速直線運動 7
等速度運動 9

動摩擦係数 71
動摩擦力 46, 71

な
内部エネルギー 207
内分 85
内力 120

に
二原子分子 206
二次エネルギー 188
2乗平均速度 205
ニュートン (N) 45
ニュートンの運動の
　3法則 62
ニュートン秒 (N·s) 116
ニュートン毎平方メー
　トル (N/m²) 73
ニュートン毎メートル
　(N/m) 46
ニュートンメートル
　(N·m) 81

ね
熱 180
熱運動 178
熱機関 217
熱機関の効率 219
熱効率 219
熱素 208
熱の仕事当量 186
熱平衡 180
熱膨張 184
熱容量 180
熱力学温度 179
熱力学第一法則 209
熱力学第二法則 219
熱量 180
熱量の保存 182

は
パスカル (Pa) 73, 196
はねかえり係数 126
ばね定数 46
ばね振り子 151
速さ 6
反作用 52
半短軸 157
半長軸 157
反発係数 126
万有引力 159
万有引力定数 159

万有引力による位置
　エネルギー 163
万有引力の法則 159

ひ
光エネルギー 187
非慣性系 141
非弾性衝突 126
ヒートポンプ 192, 217
比熱 181
比熱比 215
比熱容量 181
標準状態 201

ふ
風力発電 190
不可逆変化 217
復元力 150
フックの法則 46
物質の三態 183
物質量 200
物体系 120
沸点 183
ブラウン運動 178
ブラックホール 168
浮力 75
分解 16, 231
分子量 205
分速度 16
分力 48

へ
平均の加速度 20
平均の速度 10
平行四辺形の法則
　　　　　　14, 231
並進運動 79
ヘクトパスカル (hPa)
　　　　　　73, 197
ベクトル 9, 231
ヘルツ (Hz) 136
変位 9

ほ
ポアソンの法則 215
ボイル・シャルル
　の法則 199
ボイルの法則 197
放物運動 37
保存力 104
ボルツマン定数 205

ま
マイヤーの関係 214
摩擦角 70
摩擦力 46, 69

め
メートル毎秒 (m/s) 6
メートル毎秒毎秒
　(m/s²) 20
面積速度 157

も
モル (mol) 200
モル比熱 214

ゆ
融解熱 184
有効数字 236
融点 183

よ
余弦 228

ら
ラジアン (rad)
　　　　　　134, 135
ラジアン毎秒 (rad/s)
　　　　　　135

り
力学的エネルギー 105
力学的エネルギー
　保存則 107
力積 116
理想気体 199
理想気体の
　状態方程式 201
流体 75
臨界 189

る
累乗 233

れ
連鎖反応 189

わ
y成分
　　　　13, 16, 49, 231
ワット (W) 97

■教科書「物理基礎」・「物理」著作者・編集委員

國友正和	滝川昇
井上邦雄	牧島一夫
河本敏郎	黒田楯彦
小林雅之	田原輝夫
橋本道雄	増渕哲夫

数研出版編集部

カバーデザイン　デザイン・プラス・プロフ株式会社
イラスト　　　　神林光二, マカベアキオ

第1刷　2012年9月1日発行
第2刷　2018年6月1日発行
第3刷　2021年2月1日発行
第4刷　2023年2月1日発行
第5刷　2025年2月1日発行

もういちど読む
数研の高校物理　第1巻

編　者　数研出版編集部
発行者　星野泰也
発行所　数研出版株式会社
　　　　〒101-0052　東京都千代田区神田小川町2丁目3番地3
　　　　〔振替〕00140-4-118431
　　　　〒604-0861　京都市中京区烏丸通竹屋町上る大倉町205番地
　　　　〔電話〕代表　(075) 231-0161
　　　　ホームページ　https://www.chart.co.jp
印刷所　創栄図書印刷株式会社

本書の一部または全部の複写・複製を，許可なく行うことを禁じます。
乱丁，落丁はお取り替えします。

ISBN978-4-410-13955-0

〔撮影協力〕
株式会社島津理化
日本アビオニクス
販売株式会社

〔写真提供〕
伊知地国夫
エヌ・ティ・ティラーニン
グシステムズ株式会社
OPO
ゲッティイメージズ
JAXA
WPS
東京大学佐野研究室
東京電力株式会社
NASA
B-SAT／Lockheed
Martin Commercial
Space Systems
PPS
フォート・キシモト
ユニフォトプレス
株式会社　ユーラスエナ
ジーホールディングス
理研・JAXA・MAXI
チーム
（敬称略・五十音順）

241005

◀◀巻頭年表より続く

物理学探究の歴史

年	物理上の出来事	科学者
1849	波 地上で光の速さを測定	フィゾー
1850	熱 熱力学第二法則を提唱	クラウジウス
1864	電 電磁気を記述するマクスウェル方程式を導入	マクスウェル
1876	原 真空放電管で発生するものを陰極線と命名	ゴルトシュタイン
1885	原 水素スペクトルのバルマー系列に関する式を発見	バルマー
1887	波 光の速さを測定	マイケルソン・モーリー
1888	電 電波の発生と検出に成功	ヘルツ
1894	電 無線電信装置を組みたてる	マルコーニ
1895	電 ローレンツ力を提唱	ローレンツ
1895	原 X線を発見 ➡ p.170	レントゲン
1896	原 ウラン鉱からの放射線を発見	ベクレル
1897	原 電子の存在を確認	J. J. トムソン
1898	原 ラジウム, ポロニウムの自然放射能を発見	キュリー夫妻
1900	原 量子論の基礎を説く	プランク
1904	原 原子の土星型模型を発表	長岡半太郎
1905	熱 ブラウン運動の原理を説明	アインシュタイン
	原 光量子説を提唱	
	原 特殊相対性理論を提唱 ➡ p.169	
1911	電 超伝導を発見	カマーリング・オネス
1911	原 原子核の存在を提唱	ラザフォード
1912	原 結晶体にX線を当て,その回折写真(ラウエ斑点)を示す	ラウエ
1912	原 ブラッグの条件を導く	W.L. ブラッグ
1913	原 X線分光器を製作	W.H. ブラッグ
1913	原 油滴の実験結果を発表	ミリカン
1913	原 ボーアの原子模型を提唱	ボーア
1914	原 フランク・ヘルツの実験	フランク, ヘルツ
1915	原 一般相対性理論を提唱 ➡ p.169	アインシュタイン
1919	原 α線と窒素による人工的核反応を報告	ラザフォード
1923	原 粒子の波動性を提唱	ド・ブロイ
1923	原 コンプトン効果を発見	コンプトン

●レントゲンが撮影したX線写真

●アインシュタイン